计算机网络基础
（微课版）

主 编 高 静 胡江伟 房 菲
副主编 黄 磊 刘 静 邵 慧 孟令夫

清华大学出版社

北 京

内 容 简 介

本书是作者结合多年授课经验精心编写而成的。全书共分为 10 章，第 1～9 章立足计算机网络基础知识体系和实际应用，系统地介绍了计算机网络基础知识、数据通信技术基础、计算机网络体系结构、局域网技术、广域网技术与 Internet、网络互联技术、计算机网络应用、网络安全、网络故障分析与排除；第 10 章突出网络基础典型项目和任务的实践性。为了让读者能够及时地检查学习效果、巩固所学知识，章节最后还附有丰富的习题。

本书是微课版教材，以纸质教材为载体，配套 PPT 课件、视频、习题库等教学资源，实现了线上线下有机结合，为翻转课堂和混合课堂改革奠定了基础。

本书可作为高职高专计算机及相关专业的计算机网络基础教材，也可作为计算机网络培训、计算机网络爱好者和有关技术人员的自学参考资料。

图书在版编目（CIP）数据

计算机网络基础：微课版 / 高静，胡江伟，房菲主编. —北京：清华大学出版社，2021.9
ISBN 978-7-302-58493-3

Ⅰ．①计…　Ⅱ．①高…　②胡…　③房…　Ⅲ．①计算机网络—教材　Ⅳ．①TP393

中国版本图书馆 CIP 数据核字（2021）第 121300 号

责任编辑：贾小红
封面设计：飞鸟互娱
版式设计：文森时代
责任校对：马军令
责任印制：沈　露

出版发行：清华大学出版社
　　　　网　　　址：http://www.tup.com.cn，http://www.wqbook.com
　　　　地　　　址：北京清华大学学研大厦 A 座　　　邮　　　编：100084
　　　　社　总　机：010-62770175　　　　　　　　邮　　　购：010-62786544
　　　　投稿与读者服务：010-62776969，c-service@tup.tsinghua.edu.cn
　　　　质量反馈：010-62772015，zhiliang@tup.tsinghua.edu.cn
印　装　者：三河市少明印务有限公司
经　　　销：全国新华书店
开　　　本：185mm×260mm　　　印　　张：16.5　　　字　　数：377 千字
版　　　次：2021 年 9 月第 1 版　　　　　　　　印　　次：2021 年 9 月第 1 次印刷
定　　　价：49.00 元

产品编号：090936-01

编写委员会

主　编：高　静　胡江伟　房　菲

副主编：黄　磊　刘　静　邵　慧　孟令夫

参　编：苏羚凤　姚　娜　张　力　刘　煜

　　　　刘敬贤　师钰清　冯知岭　李长琪

前　言

1．写作初衷

计算机网络是计算机技术与通信技术相结合的产物。经过半个多世纪的发展，计算机网络已经渗透到社会的方方面面，并以前所未有的方式改变着人们的生活、工作与学习。与此同时，社会对网络人才的需求越来越迫切，需要越来越多的人掌握计算机网络的基础知识。因此，"计算机网络基础"已成为当代大学生的一门重要课程。

本书是作者近 20 年在讲授"计算机网络基础"课程及网络设备配置、服务器配置与管理、网络综合布线技术等理论与实践教学的基础上，精心编写而成的。第 1～9 章立足计算机网络基础知识体系和实际应用，第 10 章突出网络基础典型项目和任务的实践性。

2．内容介绍

为了使全书的知识体系架构更合理，作者在传统计算机网络基础教材的基础上，对部分章节进行了调整和完善，同时更新了部分知识。

章	名　称	小　节		
第 1 章	初识计算机网络	1.1　计算机网络的形成与发展 1.2　计算机网络的组成 1.4　计算机网络发展的新技术	1.3	计算机网络拓扑结构
第 2 章	数据通信技术基础	2.1　数据编码技术 2.3　数据交换技术	2.2 2.4	数据传输技术 无线通信技术
第 3 章	计算机网络体系结构	3.1　网络体系结构的基本概念 3.2　OSI/ISO 参考模型 3.4　OSI 参考模型与 TCP/IP 参考模型	3.3	TCP/IP 参考模型
第 4 章	局域网技术	4.1　认识局域网 4.3　虚拟局域网	4.2 4.4	交换式以太网 无线局域网
第 5 章	广域网技术	5.1　广域网连接方式 5.3　IPv6 技术 5.5　常见的 Internet 接入方式	5.2 5.4	IP 规划 VPN 与 NAT 技术
第 6 章	网络互联技术	6.1　网络传输介质的使用 6.3　交换机的典型配置与应用 6.4　路由器的典型配置与应用	6.2	网络互连设备
第 7 章	计算机网络应用	7.1　计算机网络应用模式 7.3　WWW 服务 7.5　远程登录服务	7.2 7.4 7.6	DNS 服务 FTP 服务 电子邮件服务
第 8 章	网络安全	8.1　网络安全概述 8.3　木马与拒绝服务攻击 8.5　防火墙	8.2 8.4	网络扫描与监听 PGP 协议

续表

章	名　称	小　节	
第 9 章	网络故障分析与排除	9.1　网络故障原因分析 9.2　常用网络故障测试命令工具 9.3　无线网络故障分析与排除	
第 10 章	项目实训	10.1　双绞线的制作与测试 10.3　无线路由器配置 10.5　Wireshark 网络抓包工具使用	10.2　网络打印机配置 10.4　常用网络命令

3．本书特点与适用对象

（1）颗粒化、立体化的动画和微课资源（扫描本书封底的二维码即可获得）有助于线上线下混合式教学模式的实施。

为降低学习难度，提高学习兴趣，本教材遵循系统化、颗粒化原则，为理论知识制作了系列原理动画，并录制了对应的讲解视频，使得抽象的理论知识变得形象直观、生动有趣。既为章节知识点录制了讲解视频，又为项目实训录制了讲解及操作视频，手把手地指导学生演练。这一系列的颗粒化资源帮助所有想学习本课程的人员从入门到精通，在线上既能系统地学习，又能灵活定位并查找需要的学习资源，拓展了教学的时空。

（2）从职业岗位所应具备的职业能力以及学生的认知特点出发，选择本教材的必要知识点，做到理论必需和够用，突出课程知识的实用性、综合性和先进性，着重培养学生的职业能力和职业素养，真正实现课程教学目标的职业性要求。

（3）从职业岗位的需要出发，对职业与岗位所需的网络知识和能力进行重构和排序，体现课程教学内容的实用性。

（4）本书可作为高职高专计算机及相关专业的计算机网络基础教材，也可作为计算机网络培训、计算机网络爱好者和有关技术人员的自学参考资料。

4．本书主要创作与编写人员

本书由山东理工职业学院计算机网络教研室的教师精心打造，高静、胡江伟、房菲担任主编，黄磊、刘静、邵慧、孟令夫担任副主编。高静负责教材的规划布局及审稿工作并编写了第 4 章；胡江伟编写了第 7 章、第 8 章；房菲编写了第 1 章、第 2 章；黄磊编写了 5.3 节、5.4 节及第 9 章；刘静编写了第 6 章；邵慧编写了第 3 章；孟令夫编写了第 10 章。苏羚凤、姚娜、张力、刘煜参与编写了其他小节及部分习题。刘敬贤、师钰清、冯知岭、李长琪参与了部分习题与微课的录制。

由于作者水平所限，书中难免出现疏漏和不足之处，恳请广大读者批评指正！

作者
2021 年 8 月 20 日

目　录

第 8 章　网络安全

第 1 章

初识计算机网络

引言

　　自 20 世纪 90 年代以来，以 Internet 为代表的计算机网络飞速发展，逐步成为供全球使用的商业网络，进而成为全球最大和最重要的计算机网络。计算机网络是计算机技术与通信技术相结合的产物，已经成为计算机及通信等相关专业的重要学科之一。人们的日常生活、工作和学习都离不开计算机网络，计算机网络对信息产业的发展有着深远的影响。本章主要介绍计算机网络的发展、计算机网络的概念、计算机网络的功能、组成和分类、计算机网络的拓扑结构，重点阐述计算机网络的概念和分类。

　　本章主要学习内容如下。
- ❑　计算机网络的形成与发展历程。
- ❑　计算机网络的概念和特点。
- ❑　计算机网络的功能。
- ❑　计算机网络的分类。
- ❑　计算机网络的拓扑结构。
- ❑　近年来出现的计算机网络新技术。

1.1　计算机网络的形成与发展

　　计算机网络是计算机技术与通信技术紧密结合的产物，涉及计算机与通信两个领域。计算机网络的诞生使计算机体系结构发生了巨大变化，在当今社会中起着非常重要的作用，它对人类社会的进步做出了巨大贡献。从某种意义上讲，计算机网络的发展水平不仅反映了一个国家的计算机科

学和通信技术的水平，而且已经成为衡量其国力及现代化程度的重要标志
之一。计算机网络的形成与发展大致经历了 4 个阶段：面向终端的计算机
通信网络阶段、初级计算机网络阶段、开放式的标准化计算机网络阶段和
综合性智能化宽带高速网络阶段。

1．面向终端的计算机通信网络阶段

1946 年，世界上第一台可编程数字计算机 ENIAC 问世，它的出现在计
算机发展史上具有重要的意义，计算机诞生初期的主要任务是进行科学计
算，当时的计算机数量稀少，并且价格昂贵，而通信设备和通信线路的价
格相对便宜。早期的计算机技术与通信技术并没有直接的联系，但随着军
事、工业、商业等使用计算机的深化，人们迫切需要将分散在不同地方的
数据进行集中处理。于是，在 1954 年，人们研究出一种叫作收发器的设备，
其能够利用电话线将穿孔卡片机上的数据发送到远方的计算机。随着终端
数量的增加，20 世纪 60 年代初期，出现了多重线路控制器，它可以和多个
远程终端相连接，形成"终端—通信线路—计算机"的结构。这样以单个
计算机为中心的远程联机系统出现，构成面向终端的计算机网络，如图 1-1
所示。这种系统用一台中央主机连接大量的地理上处于分散位置的终端，
其中终端都不具备自主处理的能力。例如，20 世纪 50 年代初美国的半自动
地面防空 SAGE 系统，该系统将远距离的雷达和其他设备的信息，通过通
信线路汇集到一台旋风计算机，第一次实现了利用计算机进行远距离的集
中控制和人机对话。SAGE 系统的诞生被誉为计算机通信发展史上的里程
碑。从此，第一代计算机网络诞生，也意味着计算机网络开始逐步形成与
发展。

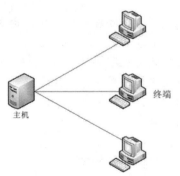

主机   终端

图 1-1   面向终端的远程联机系统

2．初级计算机网络阶段

在主机-终端系统中，随着终端设备的增加，主机的负荷不断加重，处
理数据效率明显下降，数据传输率较低，线路的利用率也低，因此，采用
主机-终端系统的计算机网络已不能满足人们对日益增加的信息处理的需
求，另外，由于计算机的性价比提高和通信技术的进步，在 20 世纪 60 年

代末，出现了计算机与计算机互连的系统，如图 1-2 所示，开创了"计算机-
计算机"通信时代，分布在不同地点且具有独立功能的计算机通过通信线
路，彼此之间交换数据、传递信息，为用户提供服务。

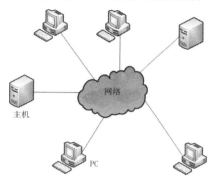

图 1-2　计算机互联

　　这一阶段的典型代表是 20 世纪 60 年代后期，美国国防部高级研究计
划局联合计算机公司和大学共同研制而组建的 ARPA 网（Advanced Research
Projects Agency Network，ARPANET）。ARPANET 利用通信线路将分布在
洛杉矶的加利福尼亚州大学洛杉矶分校、加州大学圣巴巴拉分校、斯坦福
大学、犹他大学 4 所大学的 4 台大型计算机连接起来，构成专门完成主机
之间通信任务的通信子网。最初，ARPANET 主要用于军事研究，要求网络
必须经受得住故障的考验而维持正常的工作，当网络的某一部分因遭受攻
击而失去工作能力时，网络的其他部分应能维持正常的通信工作。
ARPANET 中采用的许多网络技术，如分组交换、路由选择等，至今仍在使
用。ARPANET 是世界上第一个实现了以资源共享为目的的计算机网络，为
Internet 的前身，标志着计算机网络的兴起。

　　以 ARPANET 为基础，在 20 世纪 70 年代至 80 年代，计算机网络的发
展十分迅速，涌现了大量的计算机网络，仅美国国防部就资助建立了多个
计算机网络。同时，还出现了公共服务网络、研究试验性网络、校园网络等。

　　第 2 阶段的计算机网络的主要特点是：资源的多向共享、分散控制、
分组交换、采用专门的通信控制处理设备、分层的网络协议。这些特点往
往被认为是现代计算机网络的典型特征。但是这个时期的网络产品彼此之
间是相互独立的，没有统一标准。

3. 开放式的标准化计算机网络阶段

　　经过 20 世纪 60、70 年代的前期发展，人们对组网的技术、方法和理
论的研究日趋成熟。为了促进网络产品的开发，各大计算机公司纷纷制定
自己的网络技术标准。IBM 首先于 1974 年推出了该公司的系统网络体系结
构（System Network Architecture，SNA），为用户提供能够互连互通的成套
通信产品；1975 年，DEC 公司宣布了自己的数字网络体系结构（Digital

Network Architecture，DNA）；1976 年，UNIVAC 宣布了该公司的分布式通信体系结构（Distributed Communication Architecture）。但这些网络技术标准只是在一个公司范围内有效，遵从某种标准的、能够互联的网络通信产品，局限于同一公司生产的同构型设备。网络通信市场这种各自为政的状况使得用户在投资方向上无所适从，也不利于多厂商之间的公平竞争。

1977 年，国际标准化组织（International Standards Organization，ISO）的信息处理系统技术委员会开始着手制定"开放系统互联参考模型"，简称 OSI RM，即著名的 OSI 七层模型。1984 年，OSI RM 正式颁布。作为国际标准，ISO/OSI RM 规定了可以互连的计算机系统之间的通信协议，遵从 OSI 协议的网络通信产品都是所谓的"开放系统"。今天，几乎所有的网络产品厂商都声称自己的产品是开放系统，不遵从国际标准的产品逐渐失去了市场。从此，网络产品有了统一标准，促进了企业间的竞争，大大加速了计算机网络的发展。并使各种不同的网络互联、互相通信变为现实，实现了更大范围内的计算机资源共享。

4．综合性智能化宽带高速网络阶段

20 世纪 90 年代以后，随着数字通信的出现，计算机网络进入第 4 个发展阶段。第 4 代计算机网络主要是随着数字通信的出现及光纤通信的发展而产生的，其主要特征是综合化、高速化、智能化和全球化。这一时期，在计算机通信与网络技术方面以高速率、高服务质量、高可靠性等为指标，出现了高速以太网、VPN、无线网络、P2P 网络、NGN 等技术，计算机网络的发展与应用渗入了人们生活的各个方面，进入一个多层次的发展阶段。各个国家都建立了自己的高速因特网，这些因特网的互连构成了全球互连的因特网，并且渗透到社会的各个层次，发展了以 Internet 为代表的互联网。

1993 年美国政府公布了"国家信息基础设施（National Information Infrastructure，NII）"行动计划，即信息高速公路计划。这里的"信息高速公路"是指数字化大容量光纤通信网络，用以把政府机构、企业、大学、科研机构和家庭的计算机联网。美国政府又分别于 1996 年和 1997 年开始研究发展更加快速可靠的互联网 2（Internet 2）和下一代互联网（Next Generation Internet）。可以说，网络互联和高速计算机网络正成为最新一代计算机网络的发展方向。

另外，随着网络规模的增大与网络服务功能的增多，各国正在开展智能网络 IN（Intelligent Network）的研究，以提高通信网络开发业务的能力，并更加合理地进行网络各种业务的管理，真正以分布和开放的形式向用户提供服务。智能网的概念是美国于 1984 年提出的，智能网的定义中并没有人们通常理解的"智能"含义，它仅仅是一种"业务网"，目的是提高通信网络开发业务的能力。它的出现引起了世界各国电信部门的关注，国际电联（ITU）在 1988 年开始将其列为研究课题。1992 年 ITU-T 正式定义了智

能网，制定了一个能快速、方便、灵活、经济、有效地生成和实现各种新业务的体系。该体系的目标是应用于所有的通信网络，即不仅可应用于现有的电话网、N-ISDN 网和分组网，还同样适用于移动通信网和 B-ISDN 网。随着时间的推移，智能网络的应用将向更高层次发展。

1.2 计算机网络的组成

1.2.1 计算机网络的基本概念

计算机网络是现代计算机技术与通信技术相互渗透、密切结合的产物，是随着社会对信息共享和信息传递的日益增强的需求而发展起来的。计算机网络发展的不同阶段，对于计算机网络的定义也是不同的，被广泛认可的定义是这样的：所谓计算机网络，就是利用通信设备和通信线路将地理位置不同、功能独立的多个计算机系统互联起来，在网络通信协议、网络管理软件的管理和协调下，实现资源共享和信息传递的系统。

根据上述定义，计算机网络主要包含通信设备、通信线路、网络协议和网络管理软件 4 个方面的内容。通信设备是指完成网络连接所需要的传输设备，如路由器、交换机等。通信线路是指传输信号的媒介，如双绞线、同轴电缆、光纤、红外线等。网络协议是指计算机之间、网络之间相互识别并通信的标准和规则。网络管理软件是指对网络资源进行管理及对网络进行维护的软件。

1.2.2 计算机网络的组成

随着计算机网络结构的不断完善，我们可以从不同角度来研究计算机网络的组成。

（1）从组成成分上，一个完整的计算机网络由硬件、软件、协议三大部分组成，缺一不可。

（2）从工作方式上，计算机网络（主要指互联网）可以分为边缘部分和核心部分。边缘部分由所有连接在因特网上、供用户直接使用的主机组成，用来进行通信（如传输数据、音频或视频）和资源共享；核心部分由大量的网络和连接这些网络的路由器组成，主要为边缘部分提供连通服务和交换服务。

（3）从功能组成上看，计算机网络由通信子网和资源子网组成，如图 1-3 所示。

通信子网由通信控制处理机、通信线路和其他通信设备组成，完成网络数据传输、交换、控制和存储等通信处理任务，实现联网计算机之间的数据通信。网桥、交换机和路由器都属于通信子网。

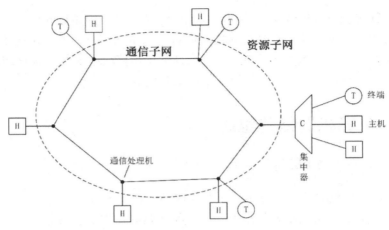

图 1-3 计算机网络的组成

资源子网主要由计算机系统、终端、联网外部设备、各种软件资源和信息资源等组成，完成全网的数据处理业务，向网络用户提供共享其他计算机上的硬件资源、软件资源和数据资源等网络资源与网络服务。计算机软件属于资源子网。

1.2.3 计算机网络的功能

随着计算机与通信技术的迅速发展，人们可以通过计算机网络进行信息交换和资源共享，而不受地理位置和时间的限制，计算机在各个领域发挥着巨大的作用，它的主要功能如下。

1. 资源共享

资源共享是计算机网络的主要功能之一。计算机在广大地域范围联网后，资源子网中各主机的资源在理论上都可以共享，可突破地域的限制。可共享的资源包括硬件、软件和数据资源。

- ❑　硬件资源：连接在网络上的用户可以共享使用网络上不同类型的硬件设备，例如超大型存储器、特殊的外部设备以及巨型计算机等，共享硬件资源是共享其他资源的物质基础。
- ❑　软件资源：软件资源共享可以使多个用户同时调用服务器的各种软件资源，并能保持数据的完整性和一致性。可以共享的软件资源包括各种语言处理程序、服务程序和各种应用程序等。
- ❑　数据资源：数据资源是非常宝贵的资源，包括各种数据文件、数据库等，共享数据资源是计算机网络最重要的目的。

2. 数据通信

数据通信是计算机网络的基本功能。组建计算机网络的主要目的就是使分布在不同地理位置的计算机用户能够相互通信、交流信息和共享资源。

计算机之间或者计算机与通信终端之间互联之后，相互之间可以快速可靠地传递数据，达到通信的目的。

3. 提高可靠性

为提高计算机系统的可靠性，在计算机网络中可以将重要的资源分布在不同地理位置的计算机上，采用分布式控制的方式，如果有部件或少量计算机发生故障，网络可以通过不同的路由来访问这些资源，不影响用户对同类资源的访问。另外，也可以采取用一台计算机通过网络为另外一台计算机备份的方式，一旦主用机发生故障，可以通过网络启用备用机，继续完成任务，使整个系统不受影响。

4. 分布式数据处理

当网络中某台计算机的负荷过重，超过一台计算机处理能力时，通过计算机网络可以将任务分散到网络中的其他计算机上，进行分布式处理，实现负载均衡。可以利用网络环境来建立性能优良、可靠性高的分布式数据库系统。

1.2.4 计算机网络的分类

根据不同的分类标准，可以对计算机网络做出不同的分类，常见的分类方式有：按网络覆盖的地理范围分类、按传输技术分类、按网络的使用者分类等。

1. 按网络覆盖的地理范围分类

按网络覆盖的地理范围从小到大，可将计算机网络分为局域网、城域网和广域网 3 种。

1）局域网

局域网（Local Area Network，LAN）在较小的区域内将若干独立的数据设备连接起来，使用户共享计算机资源，可以提供高速数据传输。局域网的地理范围一般只有几千米。局域网的基本组成包括服务器、客户机、网络设备和通信介质。一般情况下，局域网设在一个建筑物、一个工厂或者一个单位内部，局域网中的线路和网络设备的拥有、使用、管理通常都属于用户所在公司或组织。

2）城域网

城域网（Metropolitan Area Network，MAN）的地理范围从几千米至几百千米，数据传输速率可以从 1 kb/s 到 10 Gb/s。城域网可以实现企业、机关等多个局域网的互联。对于城域网，最好的传输媒介是光纤，光纤能够满足城域网在支持声音、图像和视频等业务上的带宽容量和速度需求。

3）广域网

广域网（Wide Area Network，WAN）也称为远程网，其覆盖范围为几百千米至几千千米，甚至上万千米，可以是一个地区或是一个国家。广域网由终端设备、节点交换设备和传送设备组成，其主要作用是实现远距离计算机之间的数据传输和信息共享，因特网（Internet）是典型的广域网。广域网的线路与设备的所有权和管理权一般属于电信服务提供商，而不属于用户。

2．按传输技术分类

1）广播式网络

在广播式网络（Broadcast Network）中，所有的计算机都共享一个公共通信信道。当一台计算机利用共享通信信道发送报文分组时，所有其他计算机都会接收到这个分组，接收到该分组的计算机将通过检查分组的目的地址和自己的地址，来决定是否接收该分组。

2）点对点网络

与广播式网络相反，点对点（Point to Point）网络由许多互相连接的节点构成，每条物理线路连接两台计算机，因此在点对点的网络中，不存在信道共享与复用的情况。当一台计算机发送数据分组后，它会根据目的地址，经过一系列的中间设备的转发，直至到达目的节点，这种传输技术称为点对点传输技术，采用这种技术的网络称为点对点网络。

3．按网络的使用者分类

1）公用网

公用网（Public Network）是指电信服务提供商出资建设的大型网络，凡是自愿按电信服务提供商的规定缴纳费用的用户都可以使用该网络。

2）专用网

专用网（Private Network）是指某个部门为满足本单位的工作业务的需要而建设的网络，只面向本单位内部的人使用。例如铁路、银行、军队、电力等系统均有各自的专用网。

1.3　计算机网络的拓扑结构

1.3.1　网络拓扑的基本概念

拓扑（Topology）来源于几何学，是一种研究与大小、形状无关的点、线、面的关系的方法。这种结构称为网络的网状拓扑结构。计算机网络的拓扑结构是指网络中各个站点相互连接的形式，引用了拓扑学中的研究方法。把网络中的计算机和通信设备抽象为一个“点”，把传输介质抽象为一条“线”，由点和线组成的几何图形就是计算机网络的拓扑结构。网络的拓扑结构反映出网络中各实体间的结构关系，是建设计算机网络的第一步，也是实现各种网络协议的基础，它对网络的性能、系统的可靠性与通信费用都有重大影响。

1.3.2 常见的网络拓扑结构

常见的计算机网络的拓扑结构有总线形、星形、树形、环形和网状形。

1．总线形拓扑结构

在总线形拓扑结构中，所有节点共享一条数据传输线路，如图 1-4 所示。采用广播的方式进行通信，即一个节点发送的信息可以被网络上的各个节点接收，因此，采用总线形拓扑结构的网络也被称为广播式网络。

总线形拓扑结构的优点是结构简单，安装方便，易于扩展，铺设成本较低。缺点是各节点采用竞争的方式发送信息，同一时刻只允许两个节点相互通信，通信的实时性较差；网络的承载能力有限，可容纳的节点数量有限；由于所有节点都连接到总线上，总线的任何一处故障都会导致网络的瘫痪。总线形拓扑结构主要应用于局域网。

2．星形拓扑结构

在星形拓扑结构中，每个节点都通过一条点到点的通信链路与中心节点相连，如图 1-5 所示。星形网络中一个节点向另一个节点发送数据时，首先要将数据发送到中央节点，然后中央节点将数据转发至目标节点。中央节点执行集中式通信控制策略，因此，中央节点相当复杂，而其他各个节点的通信处理负担都很小。

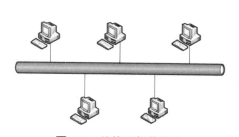

图 1-4 总线形拓扑结构

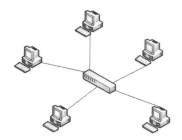

图 1-5 星形拓扑结构

星形拓扑结构的优点：结构简单，连接方便，管理和维护都相对容易，扩展性强；网络延迟时间较小，传输误差低；在同一网段内支持多种传输介质。

星形拓扑结构的缺点：线路总长度较长，安装和维护的费用较高；对中心节点的依赖性强，一旦中心节点出现故障，则整个网络将瘫痪。

3．树形拓扑结构

树形拓扑从总线形拓扑演变而来，形状像一棵倒置的树，顶端是树根，树根以下带分支，每个分支还可再带子分支，形成一种层次结构，如图1-6所示。树根接收各站点发送的数据，然后再广播发送到全网。网络中的节点设备都连接到一个根设备上，但不是所有的节点设备都直接与根设备相连，大多数的节点都首先连接一个上级设备，再采用同样的方式直至连接至根设备。

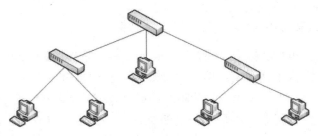

图 1-6　树形拓扑结构

树形拓扑结构的优点：易于扩展，这种结构可以延伸出很多分支和子分支，这些新节点和新分支都能容易地加入网内；故障隔离较容易，如果某一分支的节点或线路发生故障，很容易将故障分支与整个系统隔离开。

树形拓扑结构的缺点：各个节点设备对根设备的依赖性太大，如果根设备发生故障，则会造成整个网络不能工作。

4．环形拓扑结构

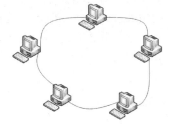

图 1-7　环形拓扑结构

环形拓扑结构是由节点和连接节点的链路组成的一个闭合环路，如图1-7所示。每个节点设备都只能与和它相邻的节点设备直接通信，能够接收从相邻节点传来的数据，并以同样的速率串行地把该数据沿环送到下一个节点上。这种数据环路可以是单向的，也可以是双向的。数据以分组形式发送，由于多个设备连接在一个环上，因此需要用分布式控制策略进行控制。

环形拓扑结构的优点：网络结构简单；数据传输的延时稳定；电缆长度短，环形拓扑网络所需的电缆长度和总线形拓扑网络相似，但比星形拓扑网络要短得多。

环形拓扑结构的缺点：节点的故障会引起全网故障，因为环上的数据传输要通过接在环上的每一个节点，一旦环中某一节点发生故障就会引起全网的故障；故障检测困难，由于不是集中控制，需在网上各个节点进行故障检测；不容易扩充。

5．网状形拓扑结构

网状形拓扑结构中的节点之间的连接是任意的，每个节点至少与其他两个节点相连，因此任意两个节点之间的通信线路都不是唯一的，如图 1-8 所示。这种拓扑结构在广域网中应用广泛。

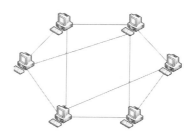

网状形拓扑结构的优点：可靠性高，由于节点之间有多条路径相连，可以为数据流的传输选择适当的路由，从而绕过故障或者过忙的节点；网络扩充简单、灵活。

图 1-8　网状形拓扑结构

网状形拓扑结构的缺点：结构和网络协议复杂；组网成本较高。

▲ 1.4　计算机网络发展的新技术

1.4.1　物联网

物联网（Internet of Things，IOT）起源于比尔·盖茨 1995 年的《未来之路》一书，只是当时受限于无线网络、硬件及传感设备的发展，并未引起重视。物联网的概念最初是在 1999 年提出的，随着技术不断进步，国际电信联盟于 2005 年正式提出物联网的概念。

目前，对物联网的定义尚未统一。中国物联网校企联盟将物联网定义为当下几乎所有技术与计算机、互联网技术的结合，以实现物体与物体之间、环境和状态信息的实时共享以及智能化的收集、传递、处理、执行。国际电信联盟（ITU）发布的 ITU 互联网报告，对物联网做了如下定义：通过二维码识读设备、射频识别（RFID）装置、红外感应器、全球定位系统和激光扫描器等信息传感设备，按约定的协议，把任何物品与互联网相连接，进行信息交换和通信，以实现智能化识别、定位、跟踪、监控和管理的一种网络。总地来说，物联网就是"物物相连的互联网"。物联网的核心和基础仍然是互联网，但其用户端扩展到了任何物品之间，在物与物之间进行信息交换和通信。

物联网是新一代信息技术的重要组成部分，也是"信息化"时代的重要发展阶段。近些年，随着物联网技术的不断发展，它已悄无声息地融入并影响着我们的生活，小到智能音箱、智能手表，大到汽车、工业设备，越来越多的物品都接入了物联网。

1.4.2　云计算

云计算（Cloud Computing）是网格计算、分布式计算、并行计算、网络存储、虚拟化、负载均衡等传统计算机和网络技术发展融合的产物。2006年 8 月 9 日，谷歌首席执行官埃里克·施密特在搜索引擎大会上首次提出了云计算的概念，目前，关于云计算的定义尚未精确统一，不同的国家、研究机构、学者都提出过关于云计算的概念。

美国国家标准与技术研究院（NIST）对云计算进行了定义：云计算是一种无处不在、便捷且按需对一个共享的可配置计算资源（包括网络、服务器、存储、应用和服务）进行网络访问的模式，它能够通过最少量的管理以及与服务提供商的互动实现计算资源的迅速供给和释放。

2012 年的国务院政府工作报告将云计算作为国家战略性新兴产业给出了定义：云计算是基于互联网的服务增加、使用和交付模式，通常涉及通过互联网来提供动态、易扩展且经常是虚拟化的资源。云计算是传统计算机和网络技术发展融合的产物，它意味着计算能力也可以作为一种商品，通过互联网进行流通。

中国网格计算、云计算专家刘鹏教授对云计算给出了长、短两种定义。长定义是："云计算是一种商业计算模型。它将计算任务分布在大量计算机构成的资源池上，使各种应用系统能够根据需要获取计算力、存储空间和信息服务。"短定义是："云计算是通过网络按需提供可动态伸缩的廉价计算服务。"

根据云计算的定义，可以看出云计算具有以下 5 个基本特征：按需使用、随处访问、资源池化、可度量的服务、高可伸缩性。按照服务类型可以将云计算大致分为 3 类：基础设施即服务（Infrastructure as a Service，IaaS）、平台即服务（Platform as a Service，PaaS）、软件即服务（Software as a Service，SaaS）。根据云环境类型的不同，目前，云计算主要有公有云、私有云、社区云、混合云 4 种部署模型。

亚马逊、谷歌、微软等公司作为云计算的先行者，极大地推动了云计算的发展，国内云计算也进入了快速发展阶段，以阿里巴巴、腾讯、百度等为代表的互联网企业不断提高云计算能力，已经成为中国云计算服务发展的主导力量。当前，在"互联网+"时代背景下，云计算已然成为数字经济时代下的基础设备，云计算作为国家正在加快培育和发展的七大战略性新兴产业之一，将对整个社会生产力和生产关系的变化起到至关重要的作用。中国加快实施大数据战略，大数据生态系统的日益完善为云计算发展奠定了重要基础，云计算也催化了大数据在应用领域的发展。

1.4.3　大数据

大数据（Big Data）是一个比较抽象的概念，与物联网、云计算等信息领域出现的新兴概念类似，大数据至今也没有确切统一的概念。研究机构 Gartner 对大数据的定义如下："大数据"是需要新处理模式才能具有更强的决策力、洞察发现力、流程优化能力的海量、高增长率和多样化的信息资产。

大数据被普遍认为具有以下特征。

1. 数据量（Volume）大

存储的数据量巨大，PB 级别是常态，因而对其分析的计算量也大。

2．多样（Variety）

大数据的类型可以包括网络日志、音频、视频、图片和地理位置信息等，具有异构性和多样性的特点，没有明显的模式，也没有连贯的语法和句义，多类型的数据对数据的处理能力提出了更高的要求。而随着人类活动的进一步拓宽，数据的来源更加多样。

3．价值（Value）密度低

大数据的价值密度相对较低。随着物联网的广泛应用，信息感知无处不在，存在海量的信息，价值密度较低，而且有大量不相关信息。因此，需要对未来趋势与模式做可预测分析，利用机器学习、人工智能等进行深度复杂的分析。而如何通过强大的机器算法更迅速地完成数据的价值提炼，是大数据时代亟待解决的难题。

4．快速（Velocity）

数据增长速度快，而且越新的数据价值越大，这就要求对数据的处理速度也要快，以便能够从数据中及时地提取信息、发现价值，这也是大数据区别于传统数据挖掘最显著的特征。

大数据技术的战略意义不在于掌握庞大的数据信息，而在于对这些含有意义的数据进行专业化处理，使其为国家治理、企业决策乃至个人生活服务。如果把大数据比作一种产业，那么这种产业实现盈利的关键，在于提高对数据的"加工能力"，通过"加工"实现数据的"增值"。从技术上看，大数据与云计算的关系就像一枚硬币的正反面一样密不可分，云计算是处理大数据的手段。

随着大数据的出现，数据仓库、数据安全、数据分析、数据挖掘等围绕大数据商业价值的应用正逐渐成为行业争相追逐的利润焦点，在全球引领着新一轮的信息技术浪潮。大数据无处不在，包括金融、汽车、餐饮、电信、能源、体能和娱乐等在内的社会各行各业都已经融入了大数据的印迹。大数据对各行各业的渗透，大大地推动了社会生产和生活，未来必将产生重大而深远的影响。

1.4.4　人工智能

1956 年，在著名的"达特莫斯"会议上，"人工智能"这一术语被首次提出，标志着人工智能作为一门新兴学科的出现，这一年也被称为"人工智能元年"。人工智能（Artificial Intelligence，AI）是当前全球最热门的话题之一，也是 21 世纪引领世界未来科技领域发展和生活方式转变的风向标，在我们的生活中也有着广泛的应用，如人脸识别门禁、人工智能医疗影像、人工智能导航系统、人工智能语音助手等。2016 年，Google 的人工智能

AlphaGo 战胜了韩国职业九段围棋手李世石，震撼全球，AlphaGo 的胜利向世人展示了人工智能的跨越式发展，掀起了人工智能的热潮。

关于人工智能的定义也是多样的，其中，被广泛认可的主要有以下两种。

（1）《人工智能，一种现代的方法》一书认为，人工智能是类人思考、类人行为，理性的思考、理性的行动，它的基础是哲学、数学、经济学、神经科学、心理学、计算机工程、控制论、语言学。人工智能的发展，经过了孕育、诞生、早期的热情、现实的困难等数个阶段。

（2）人工智能是研究、开发用于模拟、延伸和扩展人的智能的理论、方法、技术及应用系统的一门新的技术科学，它是计算机科学的一个分支。

人工智能是一门综合学科，主要有模式识别、机器学习、数据挖掘和智能算法四大分支，其中，模式识别是指对表征事物或者现象的各种形式，包括数值的文字、逻辑的关系等信息进行处理分析，以及对事物或现象进行描述、分析、分类、解释的过程，例如车牌号的识别；机器学习主要通过研究计算机怎样模拟或实现人类的学习行为来获取新的知识或技能；数据挖掘主要通过算法搜索挖掘出有用的信息，被应用于市场分析、疾病预测等领域；智能算法是指解决某类问题（例如最短路径问题）的一些特定模式算法。

人工智能主要应用于机器人领域、语音识别领域、图像识别领域、专家系统领域等。在机器人领域，典型的应用是人工智能机器人。语音识别领域是与机器人领域有交叉的，把语言和声音转换成可处理的信息，如语音开锁、语音邮件等。在图像识别领域，其原理是利用计算机进行图像处理、分析和理解，以识别各种不同模式的目标和对象的技术，例如刷脸支付，属于模式识别分支。专家系统是指具有专门知识和经验的计算机智能程序系统，后台的数据库相当于人脑丰富的知识储备，采用数据库中的知识数据和知识推理技术模拟专家，解决复杂问题。

人工智能的不断发展，改变了我们的日常生活，也改变了企业的运营方式，人工智能几乎渗透到了各个行业。如今，越来越多的实际应用被发现，我们也期待人工智能在未来的更大发展。

▲ 1.5　本章小结

计算机网络是通信技术与计算机技术相结合的产物，是信息社会重要的基础设施，人们的日常生活已经离不开计算机网络，计算机网络技术已经成为信息时代的核心技术，随着大数据、云计算、物联网、5G 等技术的发展，计算机网络在促进经济社会发展方面起着更加重要的作用。学习好本章的内容，可以使读者对计算机网络的相关知识有比较深入的了解。

1.6　练习题

一、填空题

1. 在计算机网络的定义中，一个计算机网络包含多台具有_____功能的计算机；把众多计算机有机地连接起来，要遵循规定的约定和规则，即_____；计算机网络的最基本特征是_____。

2. 计算机网络系统的逻辑结构包括_____和资源子网两部分。

3. 计算机网络按网络覆盖范围分为_____、_____和_____ 3 种。

4. 常见的计算机网络拓扑结构有_____、_____、_____、_____和_____。

二、选择题

1. 世界上第一个计算机网络是（　　　）。

　　A．ARPANET　　　　　　　B．CHINANET

　　C．Internet　　　　　　　　D．CERNET

2. 计算机互联的主要目的是（　　　）。

　　A．制定网络协议　　　　　B．将计算机技术与通信技术相结合

　　C．集中计算　　　　　　　D．资源共享

3. 下列说法中正确的是（　　　）。

　　A．网络中的计算机资源主要指服务器、路由器、通信线路与用户计算机

　　B．网络中的计算机资源主要指计算机操作系统、数据库与应用软件

　　C．网络中的计算机资源主要指计算机硬件、软件、数据

　　D．网络中的计算机资源主要指 Web 服务器、数据库服务器与文件服务器

4. 组建计算机网络的目的是实现连网计算机系统的（　　　）。

　　A．硬件共享　　　　　　　B．软件共享

　　C．数据共享　　　　　　　D．资源共享

5. 一座大楼内的一个计算机网络系统属于（　　　）。

　　A．PAN　　　B．LAN　　　C．MAN　　　　D．WAN

6. 计算机网络中可以共享的资源包括（　　　）。

　　A．硬件、软件、数据、通信信道

　　B．主机、外设、软件、通信信道

　　C．硬件、程序、数据、通信信道

　　D．主机、程序、数据、通信信道

7．早期的计算机网络是由（　　）组成的系统。

　　A．计算机——通信线路——计算机

　　B．PC 机——通信线路——PC 机

　　C．终端——通信线路——终端

　　D．计算机——通信线路——终端

8．在计算机网络中处理通信控制功能的计算机是（　　）。

　　A．通信线路　　　　　　　　B．终端

　　C．主计算机　　　　　　　　D．通信控制处理机

9．下列不是局域网特征的是（　　）。

　　A．分布在一个宽广的地理范围之内

　　B．提供给用户一个高宽带的访问环境

　　C．连接物理上相近的设备

　　D．传输速率高

10．星形、总线形、环形和网状形是按照（　　）分类的。

　　A．网络跨度　　　　　　　　B．网络拓扑

　　C．管理性质　　　　　　　　D．网络功能

三、问答题

1．什么是计算机网络？

2．计算机网络的主要功能是什么？

3．什么是通信子网和资源子网？

4．计算机网络的拓扑结构有哪些，各有什么优缺点？

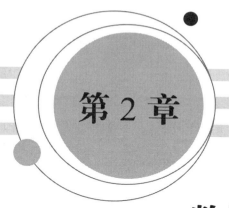

第 2 章

数据通信技术基础

引言

近年来，计算机技术和通信技术发展迅速，计算机网络技术是计算机技术和通信技术相结合的产物，计算机网络的发展离不开通信技术的发展。数据通信是在通信技术和计算机技术相结合的背景下产生的一种新的通信方式，为计算机网络的发展提供了可靠的通信环境。本章主要介绍数据通信的基本概念、数据编码技术、数据传输技术、数据交换技术以及无线通信技术，重点阐述数据编码技术、数据传输技术、数据交换技术。

本章主要学习内容如下。

❑ 数据通信的基本概念。
❑ 数据编码的类型和方法。
❑ 数据传输技术的基本概念和原理。
❑ 数据交换技术的基本工作原理。
❑ 几种典型的无线通信技术。

2.1 数据编码技术

2.1.1 数据通信的基本概念

1. 数据通信系统

以两台计算机通过公用电话网通信为例，一个数据通信系统主要包括 3 个部分：源系统（发送端）、传输系统和目的系统（接收端），如图 2-1 所示。

源系统包括信源和变换器两个部分，目的系统包括信宿和反变换器两个部分。

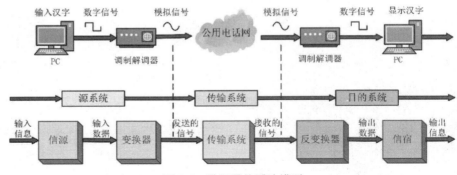

图 2-1   数据通信系统模型

1）信源和信宿

信源就是信息的发送端，是指产生或发送信息的设备。信宿就是信息的接收端，主要指接收或处理信息的终端设备。

2）信道

信道就是信息传输的通道，一般用来表示向某一个方向传送信息的媒体。信道由通信线路及其通信设备（如收发设备）组成。信道按传输型号类型的不同又可分为数字信道和模拟信道。

3）变换器与反变换器

发送端的信号变换器可以是编码器或调制器，接收端的反变换器相对应的就是译码器或解调器。编码器的功能是把输入的二进制数字序列做相应的变换，变换成能够在接收端正确识别的信号形式；译码器是在接收端完成编码的反过程。调制器是把信源或编码器输出的二进制信号转换成模拟信号，以便在模拟信道上进行远距离传输；解调器的作用是反调制，即把接收端接收的模拟信号还原为二进制数字信号。

2．消息、信息、数据与信号

1）消息（Message）

消息是通信系统传输的对象。它来自于信源且有多种形式。消息可以分为连续消息和离散消息两大类。

2）信息（Information）

通信的目的在于传输消息中所包含的信息。信息是对客观世界中各种事物的运动状态和变化的反应，信息的载体可以是数值、文字、图形、声音、图像及动画等。

3）数据（Data）

数据是运送消息的实体，由数字、字母、字符和符号等组成，是网络上传输信息的单元，例如一段语音、一串 ASCII 码字符等。数据可以分为模拟数据和数字数据两类。模拟数据是指在某个时间间隔内具有连续值的数据，如语音和图像。数字数据是指取值具有离散特性的数据，如文本、符号等。

4）信号（Signal）

信号是消息的电表示形式，在电信系统中，为了将各种消息（如一幅图片）通过线路传输，必须首先将消息转变成电信号（如电压、电流、电磁波等）。相应地，信号也分为数字信号和模拟信号两大类。模拟信号是指取值随时间连续变化的信号，如图 2-2 所示。数字信号是指取值随时间离散变化的信号，如图 2-3 所示。

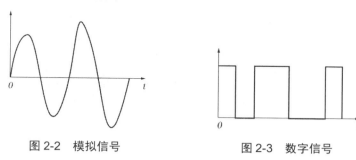

图 2-2　模拟信号　　　　图 2-3　数字信号

3. 数据通信系统的性能指标

通信的任务是快速、准确地传递信息，因此评价通信系统性能的主要指标是有效性和可靠性。有效性指的是传输一定信息量时所占用的信道资源（频带宽度或时间）；可靠性指的是接收信息的准确程度。

1）有效性

码元速率，是指单位时间（每秒）内传送的码元数目，通常用 R_B 表示，它是衡量数字通信系统有效性的指标之一。单位为波特（Baud），简写为 B，所以也称 R_B 为波特率。设码元宽度为 T_S，则码元速率为

$$R_B = \frac{1}{T_S} \tag{2-1}$$

信息速率，是指单位时间内传送的信息量，通常用 R_b 表示，又称为比特率，是衡量数字通信系统的另一个有效性指标。单位为比特/秒（bit/s），简记为 b/s 或 bps。

当 M 进制码元等概率发送时，码元速率 R_B 与信息速率 R_b 有如下关系

$$R_b = R_B \log_2 M \tag{2-2}$$

传输带宽，可以用来衡量模拟通信系统的有效性。信号占用的传输带宽越小，通信系统的有效性就越好。

2）可靠性

数字通信系统的可靠性常用误码率和误比特率来衡量，模拟通信系统的可靠性通常用信噪比来衡量。

误码率。误码率 P_e 表示码元在传输过程中被传错的概率。

$$P_e = \frac{\text{错误码元数}}{\text{传输总码元数}} \qquad (2\text{-}3)$$

误比特率。误比特率 P_b 表示错误接收的比特数在传输总比特数中所占的比例。

$$P_b = \frac{\text{错误比特数}}{\text{传输总比特数}} \qquad (2\text{-}4)$$

信噪比。信噪比 SNR 是指信号与噪声的功率之比，反映了消息经传输后的"保真"程度和抗噪能力。

2.1.2　数据编码技术

数据可以用模拟信号和数字信号表示，根据信道中传输的信号类型的不同，通信信道也分为模拟信道和数字信道。若模拟数据或数字数据采用模拟信号传输，则需采用调制技术，可分为模拟信号的调制和数字信号的调制两类；若模拟数据或数字数据采用数字信号传输，则需采用编码技术，可分为模拟数据的数字信号编码和数字数据的数字信号编码两类。

1．模拟数据的调制

调频广播、中波广播等系统实际传输的信号往往是基带信号，频率一般较低，为避免信号之间的干扰，有效地利用频率资源，在发送端需将基带信号的频率搬移至信道传输的某个较高的频率范围，这个搬移的过程就是调制。在模拟数据的调制技术中，根据模拟信号分别控制载波的幅度、频率和相位，可把调制技术分为幅度调制（AM）、频率调制（FM）和相位调制（PM），分别简称为调幅、调频和调相。

2．数字数据的调制

有线信道和无线信道传输模拟信号，模拟信号可以表示成连续变化的电压、光强度或声音强度等，为了发送数字数据，我们必须先把数字数据用模拟信号来表示，用模拟信号表示数字信号的过程，称为数字调制。模拟信号发送的基础就是一种称为载波信号的连续的频率恒定信号，载波可用 $c(t) = A\cos(\omega t + \varphi)$ 表示，数字数据的模拟信号编码通过调制载波的 3 种特性（振幅、频率、相位）之一来表征所要传输的数字数据。数字调制信号为键控信号，相应的 3 种基本调制形式又分为幅移键控（ASK）、频移键控（FSK）、相移键控（PSK）。

1）幅移键控

幅移键控将载波的幅度 A 定为变量，频率 ω 和相位 φ 定为常量，通过改变载波的幅度 A 来表示二进制数值"0"和"1"，如图 2-4（a）所示。

2）频移键控

频移键控将载波的频率 ω 定为变量，幅度 A 和相位 φ 定为常量，通过

改变载波的频率 ω 来表示二进制数值 "0" 和 "1"，如图 2-4（b）所示。

3）相移键控

相移键控将载波的相位 φ 定为变量，幅度 A 和频率 ω 定为常量，通过改变载波的相位 φ 来表示二进制数值 "0" 和 "1"，如图 2-4（c）所示。

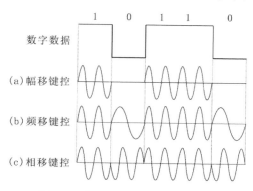

图 2-4　数字数据的模拟信号编码

3．数字数据的数字信号编码

数字信号可以不经过调制，直接通过数字信道传输，即基带传输。在基带传输时需解决数字数据的数字信号表示、收发两端间信号同步的问题。对于传输数字信号来说，最简单的办法是用两个电压电平来表示二进制数字，这种对应关系就是数字数据的数字信号编码。在基带传输中，数字数据的数字信号编码常见的编码方案有以下几种。

1）非归零码

非归零码（NRZ）可以用低电平表示 "0"，高电平表示 "1"，整个码元期间电平保持不变，如图 2-5（a）所示。非归零码可分为单极性非归零码和双极性非归零码，是最简单的一种编码方式，但其性能较差，没有检错功能，需要另一个信号传输时钟信号，只适用于极短距离的传输，所以很少采用。

2）归零码

归零码（RZ）的码元信号波形不占码元的全部时间，在发送 "1" 时只持续一段时间 τ 的高电平，其余时间则返回零电平，如图 2-5（b）所示。归零码可分为单极性归零码和双极性归零码，除具有非归零码的一般缺点外，具有可以直接提取位定时信号的优点，是其他码型在提取位定时信号时通常采用的一种过渡码型。

3）曼彻斯特编码

曼彻斯特编码用电平的跳变来表示的二进制数值 "0" 和 "1"，如图 2-5（c）所示。在曼彻斯特编码中，每一码元的中间均有一个跳变，这个跳变既作为时钟信号，又作为数据信号。曼彻斯特编码可以用电平从高到低的跳变表示"1"、从低到高的跳变表示"0"。

曼彻斯特编码将时钟同步信号包含在自身信号中，在接收端可以提取时钟同步信息，提高了信号的抗干扰能力，但却牺牲了一定的传输速率，常应用于以太网。

4）差分曼彻斯特编码

差分曼彻斯特编码是对曼彻斯特编码的改进，每一码元中间的跳变仅做同步之用，每码元的值根据其开始边界是否发生跳变来决定，如图2-5（d）所示。每一码元的开始有跳变表示"0"，无跳变表示"1"。

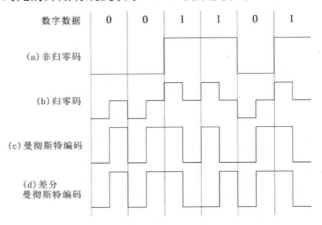

图 2-5   数字数据的数字信号编码

4．模拟数据的数字信号编码

脉冲编码调制（Pulse Code Modulation，PCM）是一种将模拟信号变换成数字信号的编码方式，在光纤通信、数字微波通信及卫星通信中都得到了广泛的应用。PCM 过程主要包括抽样、量化和编码 3 个步骤。

- ❑   抽样：把在时间上连续的模拟信号转换成时间上离散而幅度上连续的抽样信号，如图2-6 所示。
- ❑   量化：把幅度上连续的抽样信号转换成幅度上离散的量化信号，如图 2-7 所示。

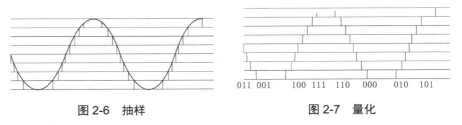

图 2-6   抽样   图 2-7   量化

- ❑   编码：把时间和幅度都已离散的量化信号用二进制码组表示，如图 2-8 所示。

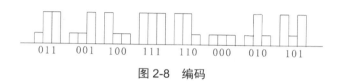

011　001　100　111　110　000　010　101

图 2-8　编码

2.2　数据传输技术

2.2.1　数据通信方式

数据通信方式是在信道上传送数据所采取的方式，根据数据传输方向与时间的关系、数据的传输顺序、数据的同步方式等，可以将数据通信方式从不同角度进行划分。

1. 单工、半双工和全双工通信

按照数据的传输方向与时间的关系，数据通信方式可分为单工、半双工、全双工 3 种。

1）单工通信

单工通信是指通信信道是单向信道，数据只能沿一个方向传输，发送方只能发送不能接收，接收方只能接收而不能发送，任何时候都不能改变数据的传输方向，如图 2-9 所示。例如，无线电广播就是一种典型的单工通信方式。

2）半双工通信

半双工通信是指通信信道是双向信道，通信双方都可以发送和接收信息，但是不能同时发送或接收，只能交替进行，如图 2-10 所示。例如，对讲机就是一种典型的半双工通信方式。

图 2-9　单工通信　　　　图 2-10　半双工通信

3）全双工通信

全双工通信是指通信双方可以同时接收和发送信息，如图 2-11 所示。全双工通信的通信效率较高，当前，多数通信都采用的是全双工的通信方式，如固定电话、移动通信等。

图 2-11　全双工通信

2. 串行通信和并行通信

按照每次传输的数据位数的不同，数据通信方式可以分为串行通信和

并行通信。

1）串行通信

采用串行通信方式传输时，数据是一位一位地在通信线路上传输的。先由计算机内的发送设备，将并行数据经并/串转换硬件转换成串行方式，再逐位通过传输线路到达接收站的设备，并在接收端将数据从串行方式重新转换成并行方式，以供接收方使用，如图 2-12 所示。串行通信的特点是：传输线路简单，最少只需一根传输线即可完成，成本低，但传输速度比并行通信慢，串行通信的传输距离可以从几米到几千米，与并行通信相比，更适用远距离通信的场景。

2）并行通信

并行通信中，有多个数据位同时在两个设备之间传输，如图 2-13 所示。发送设备将这些数据位通过对应的数据线传送给接收设备，还可附加一位数据校验位。接收设备可同时接收到这些数据，不需要做任何变换就可直接使用。一个编了码的字符通常是由若干位二进制数表示，如用 ASCII 码编码的符号是由 8 位二进制数表示的，则并行传输 ASCII 码编码符号就需要 8 个传输信道，使表示一个符号的所有数据位能同时沿着各自的信道并排传输。并行通信主要用于近距离通信。计算机内的总线结构就是并行通信的例子。并行通信的特点是传输速度快，处理简单，抗干扰能力差，费用高，适用于近距离和高速通信场景，计算机内的总线形结构就是并行通信的典型应用。

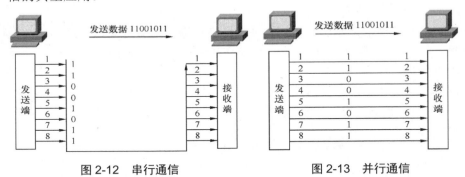

图 2-12　串行通信　　　　　　　　　图 2-13　并行通信

3．同步技术

在通信中，为了保证通信双方交换数据时具有高度的协同性，必须要解决同步的问题。所谓同步，就是要求通信的收发双方在时间基准上保持一致。常用的同步技术有两种：异步传输和同步传输。

1）异步传输

异步传输一般以字符为单位，每传送一个字符都要在字符的前面加 1 个起始位，表示传输字符的开始；在传输结束时，在字符和校验位后面加 1 个停止位表示该次传输的终止。按照惯例，空闲（没有传送数据）的线路携带着一个代表二进制 1 的信号，异步传输的开始位使信号变成 0，其他的比特位使信号随传输的数据信息而变化。最后，停止位使信号重新变回 1，该信号一直保持到下一个开始位到达。例如在键盘上数字"1"，按照 8 比特位的扩展 ASCII 码编码，将发送"00100110"，同时需要在 8 比特位的前面加一个起始位，后面加一个停止位，如图 2-14 所示。

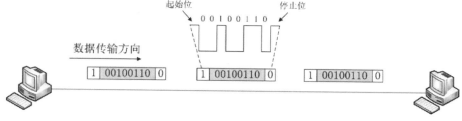

图 2-14　异步传输

异步传输的实现比较容易，由于每个信息都加上了"同步"信息，因此计时的漂移不会产生大的积累，但却产生了较多的开销。例如上面的例子，每 8 个比特要多传送两个比特，总的传输负载就增加 25%。对于数据传输量很小的低速设备来说问题不大，但对于那些数据传输量很大的高速设备来说，25%的负载增值就相当严重了。因此，异步传输常用于低速通信。

2）同步传输

在同步传输中，并不是独立地发送每个字符，每个字符都有自己的开始位和停止位，而是把一组字符组合成数据帧来发送。数据帧的第一部分包含一组同步字符，它是一个独特的比特组合，类似于异步传输中提到的起始位，用于通知接收方一个帧已经到达，但它同时还能确保接收方的采样速度和比特的到达速度一致，使收发双方进入同步。

数据帧的最后一部分是一个帧结束标记。与同步字符一样，它也是一个独特的比特串，类似于异步传输中提到的停止位，用于表示在下一帧开始前没有其他即将到达的数据了。

同步传输通常要比异步传输快得多。接收方不必对每个字符进行开始和停止的操作。一旦检测到帧同步字符，它就在接下来的数据到达时接收它们。另外，同步传输的开销也比较少。随着数据帧中实际数据比特位的增加，开销比特所占的百分比将相应地减少。但是，数据比特位越长，缓存数据所需的缓冲区也越大，这就限制了一个帧的大小。

2.2.2　数据传输技术

1．基带传输

一般而言，未经调制的数字信息代码所对应的电脉冲信号都是从低频甚至直流开始的，所以一般把这种信号称为数字基带信号。把低频或直流开始到能量集中的一段频率范围称为基本频带，简称基带。在信道中直接传输这种基带信号就称为基带传输。

在基带传输中，整个信道只传输一种信号，通信信道利用率低。在基带传输中，需要对数字信号进行编码来表示数据。一般来说，要将信源的数据经过变换变为直接传输的数字基带信号，这项工作由编码器完成。在发送端，由编码器实现编码；在接收端由译码器进行解码，恢复发送端发送的数据。

基带传输是一种最简单、最基本的传输方式。在近距离范围内，基带信号的功率衰减不大，基带信号可以不经过调制直接传输。在局域网内的有线传输、计算机与外设之间的通信等近程通信系统广泛使用了基带传输技术。

2．频带传输

频带传输，又称为带通传输、数字调制传输，就是先将基带信号调制成便于在模拟信道中传输的、具有较高频率范围的模拟信号，我们通常称为频带信号，再将这种频带信号在模拟信道中传输。实际通信中，在绝大部分情况下都不能直接传送数字基带信号，例如，传统的电话通信信道只适用于传输音频范围的模拟信号，不适用于直接传输频带很宽但能量集中在低频段的数字基带信号。远距离通信信道多为模拟信道，因此，计算机网络的远距离通信通常采用的是频带传输。

3．宽带传输

所谓宽带，就是指比音频带宽还要宽的频带，简单地说就是包括了大部分电磁波频谱的频带。使用这种宽频带进行传输的系统称为宽带传输系统，它几乎可以容纳所有的广播，并且还可以进行高速率的数据传输。

借助频带传输，一个宽带信道可以被划分为多个逻辑基带信道。这样就能把声音、图像和数据信息的传输综合在一个物理信道中进行，以满足用户对网络的更高要求。例如，闭路电视的信号传输就采用的是宽带传输。宽带传输一定是采用频带传输技术的，但频带传输不一定就是宽带传输。

知识拓展

"宽带"与"带宽"

宽带的概念来源于电话业，是一种相对概念，是指比 4 kHz 更宽的频带。带宽是指数据信号传输时所占用的频率范围。

2.2.3 多路复用技术

通信中的"复用"是指一种将若干个彼此独立的信号合并为可在同一

信道上传输的复合信号的技术或方法，其原理如图 2-15 所示。发送方通过复用器将 n 路彼此独立的信号按一定规则合并为一路信号，经一条物理线路传送到接收端，接收端再通过分路设备还原成 n 路信号，分发给接收方的多个用户。多路复用可分为 3 类：频分多路复用、时分多路复用和波分多路复用。

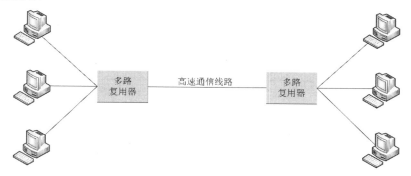

图 2-15　多路复用

1. 频分多路复用

频分多路复用（Frequency Division Multiplexing，FDM）是指在物理信道的可用带宽超过单个原始信号所需带宽的情况下，把每个要传输的信号以不同的载波频率进行调制，而且各个载波频率是完全独立的，即信号的带宽不会相互重叠，然后在传输介质上进行传输，这样在传输介质上就可以同时传输许多路信号，如图 2-16 所示。例如，在电话通信系统中，每路语音信号的频带宽度都是 300～3400 Hz，把若干这样的信号分别调制到不同的频段，再把它们合并在一起，通过一个信道进行传输，在接收端再根据不同的载波将它们彼此分离，进而解调还原。

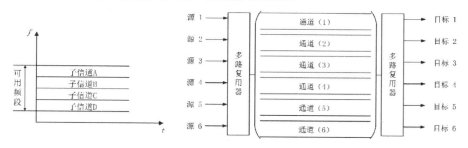

图 2-16　频分多路复用

频分多路复用适合于传输模拟信号，所有信道并行工作，每一路数据传输无时延，最大传输率较低。为了防止互相干扰，各信道之间应留有一定宽度的隔离频带。电话系统、无线广播系统、有线电视系统、宽带局域网等多采用频分复用技术。

2．时分多路复用

时分多路复用（Time Division Multiplexing，TDM）是建立在抽样定理的基础上的，将一条线路按工作时间划分周期，每一周期再划分成若干时间片，轮流分配给多个信源来使用公共线路，在每一周期的每一时间片内，线路仅供一对终端使用，如图 2-17 所示。这样，利用每个信号在时间上的交叉，就可以在一条物理信道上传输多个数字信号，各子通道按时间片轮流地占用整个带宽。

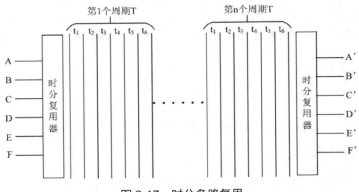

图 2-17　时分多路复用

时分多路复用又可以划分为同步时分多路复用和统计时分多路复用。同步时分多路复用（STDM）将时间片固定地分配给各个用户，不考虑用户是否有数据发送，这要求收发双方必须同步，当某用户无数据发送时，其他用户也不能占用其时间片，将会造成带宽浪费。统计时分多路复用（ATDM），也叫作异步时分多路复用，是根据用户对时间片的需要来动态地分配时间片，没有数据传输的用户不分配时间片，同时，发送端对每一个时间片加上地址码，接收端通过各路信号的不同地址码来进行识别、分离，提高了通信线路的利用率。

时分多路复用不仅限于传输数字信号，也可同时交叉传输模拟信号，其应用十分广泛，常见的数字语音信号传输就采用了这种技术。

3．波分多路复用

波分复用（Wavelength Division Multiplexing，WDM）是将两种或多种不同波长的光载波信号（携带各种信息）在发送端经复用器（合波器）汇合在一起，并耦合到同一根光纤中进行传输的技术，在接收端，经解复用器（分波器）将各种波长的光载波分离，然后由光接收机作进一步处理以恢复原信号，如图 2-18 所示。

本质上波分多路复用是光纤通信上的频分复用技术。每个波长通路通过频域的分割实现，每个波长通路占用一段光纤的带宽。通信系统的设计不同，每个波长之间的间隔宽度也有不同。按照通道间隔的不同，WDM 可以细分为稀疏波分复用（CWDM）和密集波分复用（DWDM）。

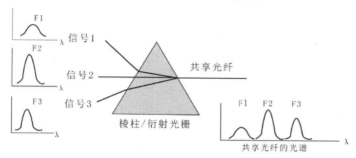

图 2-18　波分多路复用

知识拓展

网络中节点的连接方式

（1）点对点的连接：点对点的连接就是发送端和接收端之间采用一条线路连接，称为一对一通信或端到端通信。

（2）点对多点的连接：点对多点的连接是一个端点通过通信线路连接两个以上端点的通信方式。

2.3　数据交换技术

就像从拉萨到哈尔滨，在没有直达车的情况下，只能采用中间换乘的方式，在现代通信系统中，存在大量的数据终端。在多数情况下，这些终端之间没有直接相连的线路，那么终端间的数据传输也要采取"换乘"的方式，在数据通信中，我们把这种方式称为数据交换。数据交换是多站点网络中实现数据传输的有效手段，常用的数据交换技术可分为电路交换和存储-转发交换两大类。根据数据传输单元的不同，存储-转发交换又可进一步分为报文交换和分组交换。

2.3.1　电路交换

电路交换（Circuit Switching）也叫线路交换，是数据通信领域最原始的数据交换方式。通过电路交换进行通信，需要通过中心交换节点在两个站点之间建立一条专用的物理通信线路，它也是一种静态的时分复用，通过预分配带宽资源，这样在通信过程中就不需要等待了。

1. 电路交换的原理

使用电路交换方式进行通信，通信过程包括线路建立、数据传输和线路释放 3 个阶段。

1）线路建立

在传输数据之前，需要经过呼叫过程建立一条端到端的线路，如图 2-19 所示。主机 A 要与主机 B 建立线路，首先主机 A 向与其直接相连的节点 A 发出请求，然后节点 A 在它的关联路径中找到下一个节点 B，在 A 与 B 之间分配一个未被占用的通道，并告知 B 还要与节点 C 建立连接，接着用同样的方式与节点 D 建立连接，节点 D 将呼叫请求发送至与其直接相连的主机 B。主机 B 发出呼叫应答沿呼叫请求路径相反的方向发送给主机 A，这样，通信线路就建立了。只有线路建立成功之后，才可以进行数据传输。

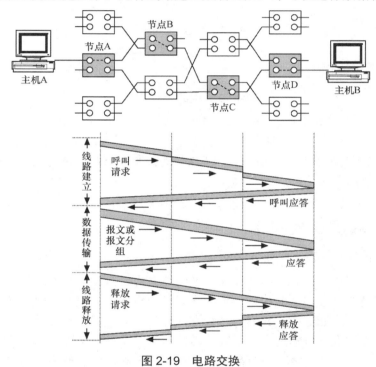

图 2-19　电路交换

2）数据传输

线路建立之后，主机 A 与主机 B 之间发送的数据就沿着节点 A-B-C-D 这一路径双向传输。整个数据传输的过程中，线路一直保持连接状态。

3）线路释放

数据传输结束后，主机 A 或主机 B 都可以发出线路释放请求，收到释放应答后，逐步释放线路中被占用的节点。

2．电路交换的特点

（1）在数据传送开始之前必须先设置一条专用的通路，采用"面向连接"的方式。

（2）一旦线路建立，用户就可以以固定的速率传输数据，传输实时性好，透明性好，适用于实时或交互式会话类通信，如电话。

（3）在线路释放之前，该通路由一对用户完全占用，即使没有数据传输也要占用线路，因此，线路利用率低。

（4）如果通信双方之间的节点较多，那么线路建立延迟较大，对于突发式的通信，线路交换效率不高。

（5）电路交换既适用于传输模拟信号，也适用于传输数字信号。

（6）由于中间节点不对数据进行处理，因此采用电路交换方式的中间节点设备不具备差错控制能力，也不具备拥塞控制能力。

2.3.2　报文换

报文交换（Message Switching）是存储-转发方式的一种。存储-转发方式是指网络节点先接收并储存传输单元，随后再通过路由算法为其选择一条合适的路径转发出去，直到抵达目的地点。这种方式数据流通的路径不像电路交换的物理通路，而是一种逻辑通路，但是与电路交换相比，这种模式时延更高，也有一定随机性。

1．报文交换的原理

报文交换方式的数据传输单位是报文。报文就是站点一次性要发送的数据块，其长度不限且可变，每个报文由报头和传输的数据组成，报头中有源地址和目的地址。节点根据报头中的目的地址为报文进行路径选择，并且对收发的报文进行相应的处理。

在采用报文交换方式的网络中，每一个节点先将整个报文完整地接收并存储下来，然后选择合适的链路转发到下一个节点，每个节点都对报文进行同样的存储转发，最终到达目的站点。

2．报文交换的特点

（1）报文传输之前不需要建立端到端的连接，仅在相邻节点传输报文时建立节点间的连接，是一种“无连接”方式。

（2）报文采用接力方式传送，一个时刻仅占用传输通路上的一段线路资源，线路的利用率高。

（3）报文交换可以把一个报文发送到多个目的地。

（4）报文大小不一，大报文造成存储转发的延时过长，对节点的存储能力要求较高，因此，报文适合于非实时的通信业务，如电报网。

（5）由于报文交换方式是以整个报文作为存储转发单位，因此，传输出错后必须重发整个报文。

（6）在报文交换方式中，可以建立报文的优先权，优先级高的报文在节点可优先转发。

（7）报文交换只适用于传输数字信号。

2.3.3 分组交换

分组交换（Packet Switching）又称包交换，也是一种存储-转发交换，其与报文交换的区别是参与交换的数据单元的长度不同。在分组交换中，将数据分成若干个分组，我们将这些分组称为"包"（Packet）。每个分组的长度有上限，通常为 1000～2000 bit。每个分组除了包含要传输的数据外，还要包含目的地址等控制信息，因此，分组降低了每个节点的存储能力。

分组交换结合了报文交换与电路交换的优点。分组可以存储到内存中，传输延迟减小，提高了交换速度。它适用于交互式通信，如终端与主机通信。由于分组长度小，减少了出错概率和重发数据量，简化了存储管理，更适合采用优先级策略，便于及时传送一些紧急数据。

根据网络中传输控制协议和传输路径的不同，分组交换又分为两种方式：一种是使用数据报（Datagram）在要转发的分组头部加上源节点和目的节点的地址，通过路由技术逐级转发抵达目的地；另一种则是不依赖路由功能，通过建立专用的虚电路（Virtual Circuit，VC）来进行分组交换，ADSL 拨号连接至 ISP 就是典型的虚电路。

1. 数据报分组交换

在数据报分组交换中，每个分组被称为数据报，若干个数据报构成要传送的报文或数据块。每个数据报都必须带有数据、源地址和目的地址，在传输的过程中，可以独立进行路径选择，各个数据报可以按照不同的路径到达目的站点。各个数据报不能保证按发送的顺序到达目的站点，同一报文的不同分组到达目的站点时可能出现乱序、重复或丢失现象。在接收端，需按分组的顺序将数据报重新合成一个完整的报文。如图 2-20 所示，分组 1 和分组 2 到达主机 B 的顺序不同，主机 B 必须对分组重新排序才能得到完整的报文。

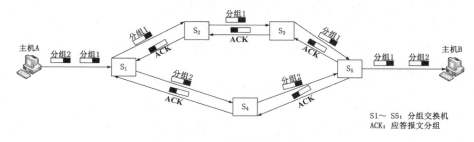

图 2-20 数据报分组交换

2. 虚电路分组交换

虚电路分组交换结合了数据报交换方式与电路交换方式的优点，达到最佳的数据交换效果。两个站点在开始互相发送和接收数据之前需要通过通信网络建立的一条逻辑上的连接，所有分组都必须沿着事先建立的这条虚电路传输，在不需要发送和接收数据时清除该连接。因此，虚电路分组交换可以看成是采用了电路交换思想的分组交换。整个通信过程分为虚电路的建立、数据传输、虚电路的释放 3 个阶段，如图 2-21 所示。

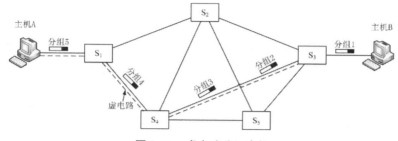

图 2-21　虚电路分组交换

虚电路分组交换具有以下特点。

（1）在数据传送之前必须通过虚呼叫设置一条虚电路，但并不像电路交换那样有一条专用通路，分组在每个节点上仍然需要缓冲，并在线路上排队等待输出，有一定时间延迟。

（2）各分组沿虚电路传送，不需做路由选择，数据传输时只需指定虚电路号，不需带全地址信息。

（3）能够保证分组按顺序到达。

（4）提供的是"面向连接"的服务。

（5）每节点可以和任何节点建立多条虚电路连接，可共享带宽。

（6）虚电路又分为永久虚电路 PVC 和交换虚电路 SVC 两种。

📚知识积累

虚电路和数据报之间的主要区别

（1）传输方式：虚电路和电路一样，需要在数据交换前建立逻辑通路，完成后也需要释放该逻辑通路。而数据报则无须，它是根据路由信息进行交换的。

（2）数据格式：虚电路仅需要在建立时提供源和目的地信息，在数据传输阶段分组只需要提供虚电路号（Virtual Circuit Identifier，VCI）和分组号即可。而数据报都是独立传输的，因此每个报头都需要加上源和目的地地址，供中间节点进行路由使用，对于非常频繁的通信，会在一定程度上降低信道的利用率。

（3）转发路径：在同一次通信中虚电路每个分组都沿着同样的路径进行转发。而数据报每经过一个节点都需要进行路径选择，甚至报文分出的报文分组的转发路径也可能不一样。

（4）可靠性：由于虚电路经过同一条虚拟电路进行传输，所以能保证分组按发送顺序到达，且目的主机每接收到一个分组需要向源主机应答，可靠性高。而数据报无法保证到达顺序，而且目的主机不需要应答，所以可靠性相对低。

（5）适应性：虚电路在交换过程中如遇中间节点出现故障，必须重新建立虚电路才能进行通信。而数据报可以绕开故障节点重选路径进行通信，数据报交换比虚电路交换的适应性更强。

（6）拥塞控制：虚电路建立后无法根据流量情况改变路径，必须重新建立。而数据报交换可以根据流量信息动态选择路由路径，既可以减少拥塞，又可以提高转发效率，数据报的拥塞控制能力明显比虚电路更强。

知识拓展

ATM 技术

异步传输模式 ATM（Asynchronous Transfer Mode）是一种高速交换技术，可传输语音、图像等各种类型数据。将数据分成一个一个的数据分组，每个分组称为一个信元。每个信元的固定长度为 53 字节，其中 5 字节为信头，48 字节为数据段，用来装载来自不同用户、不同业务的信息。

ATM 采用异步时分多路复用技术，采用不固定时隙传输，每个时隙的信息中都带有地址信息。ATM 技术将数据分成定长 53 字节的信元，一个信源占用一个时隙，时隙分配不固定，包的大小进一步减小，更充分地利用了线路的通信容量和带宽。

2.4   无线通信技术

2.4.1   微波通信

微波通信是指在微波频段，通过地面视距进行信息传播的一种无线通信方式。所谓微波是指频率在 300 MHz～3 THz 的电磁波，也就是说，微波的波长范围是 0.1 mm～1 m，是分米波、厘米波、毫米波与亚毫米波的统称。但事实上，微波通信并没有使用微波的全部频率。它主要使用的频率范围是 3～40 GHz。自二战时期以来，工程师们将部分微波波段进行了定义，并且单独命名，例如人们经常说的 C 波段、L 波段、Ka 波段、Ku 波段等。

人类使用微波进行通信已有近 90 年的历史。早在 1931 年，从英国多佛尔到法国加莱，横跨英吉利海峡，人类建立了世界上第一条超短波通信线路。第二次世界大战后，微波通信得到了迅速发展和广泛应用。1947 年，美国贝尔实验室在纽约和波士顿之间，建立了世界上第一条模拟微波通信线路。我国的微波通信研究启动比较晚，开始于 20 世纪 60 年代。我国自 1956 年从东德引进第一套微波通信设备以来，经过仿制和自发研制过程，

取得了很大的成就，微波通信在地震救灾等方面的应用发挥出巨大的威力。与此同时，模拟微波逐渐被淘汰，人类逐渐进入数字微波通信时代。数字微波通信，又分为 PDH（准同步）和 SDH（同步）两个阶段。

　　由于微波波长短，沿直线传播具有视距传播特性，而地球表面是个曲面，电磁波长距离传输时，会受到地面的阻挡。为了延长通信距离，需要在两地之间设立若干中继站，中继站之间的距离大致与微波塔高的平方根成正比，如图 2-22 所示，进行电磁波转接。另外，微波传播有损耗，随着通信距离的增加信号衰减，需要采用中继方式对信号逐段接收、放大后发送给下一段，延长通信距离，保持通信质量。这种通信方式，也被称为微波中继通信或者微波接力通信。

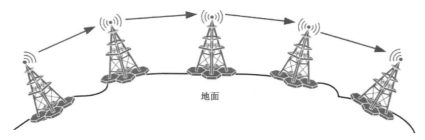

图 2-22　微波通信示意图

　　微波通信具有良好的抗灾性能，一般不受水灾、风灾以及地震等自然灾害的影响。微波通信不需要铺设电缆，因此成本要低很多。但微波经空气传播，在雨雪天传输时会被吸收，产生多径衰落现象，从而造成损耗。因此，有些运营商将 10%的频段保持空闲，当多径衰落现象使得一些频段临时失效时，立即切换到空闲频段进行工作。

2.4.2　卫星通信

　　通过微波通信可知，微波天线距离地面越高越好，如果把中继站挂到天空，就形成了卫星通信。所以，按照最简单的理解方式，我们可以把一个通信卫星想象成天空中的一个大型微波中继站。卫星通信就是在地球上的无线电通信站之间，利用人造地球卫星作为中继站转发或反射无线电波，以此来实现两个或多个地面站之间通信的一种通信方式。

　　常见的卫星通信方式是利用地球同步卫星进行通信。同步卫星是在地球赤道上空约 36000 km 的太空中围绕地球的圆形轨道运行的通信卫星，它与地球自转同步，因而与地球之间处于相对静止状态，故称其为静止卫星、固定卫星或同步卫星，其运行轨道称为地球同步轨道（GEO）。一颗同步卫星可以覆盖地球 1/3 以上的表面，只要在地球赤道上空的同步轨道上，等距离地放置 3 颗相隔 120°的卫星就可以覆盖全球，从而使地球上各地面站之间可以相互通信，如图 2-23 所示。

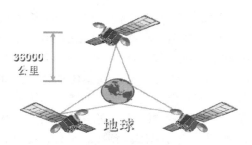

图 2-23　同步卫星通信示意图

卫星通信的优点是覆盖区域大，通信距离远，在电波覆盖范围内，任何一处都可以通信，并且通信的成本与通信距离无关。卫星通信以广播方式工作，信号受陆地灾害影响小，便于实现多址连接，组网方式比较灵活，通信容量大，可以满足多种通信业务的需求。卫星通信的缺点是设备复杂，通信费用高，延时较大，不管两个地面站之间的地面距离是多少，传播的延迟时间都为 270 ms，这比地面电缆的传播延迟时间要高几个数量级。此外，卫星通信还需要解决星蚀及空间干扰的问题。

在卫星通信领域中，甚小口径天线终端（Very Small Aperture Terminal，VSAT）已被广泛使用。VSAT 就是使用小口径天线的用户地球站，它的天线口径小于 2.5 m。VAST 是由美国在 20 世纪 80 年代中期开发的一种卫星通信设备，其建设成本比较低，容易在作业现场或其他地面线路难以到达的场合进行安装。一个典型的 VSAT 系统，是由众多的 VSAT、一个或几个大的主站组成。以通信卫星为中继，VSAT 可以与其他主站或 VSAT 对通，提供各种电信业务。

2.4.3　红外通信

红外通信是指利用红外线作为传输手段的信号传输。红外线是电磁波的一部分，波长比可见光略短，但是携带的信息量大。红外传输一般由红外发射系统和接收系统两部分组成。发射系统对一个红外辐射源进行调制后发射红外信号，接收系统利用光学装置和红外探测器进行接收。

红外通信被广泛应用于短程通信，电视机、机顶盒等的遥控器都采用红外线通信。相对来说，红外线的传播具有方向性、成本低且易于制造，但它有一个很大的特点就是不能穿过固体物质，这既是红外线的缺点也是一个优势，不能很好地穿透固体物质意味着建筑物中某个房间内的一个红外系统不会干扰其他相邻房间的另一个类似系统，这使得红外系统的防窃听安全性比无线电系统要好。另外，在桌面环境中红外通信也有一定的用途，例如将笔记本电脑与打印机按照红外数据协会标准连接起来。但是，在整个通信技术中，红外通信的地位不那么重要。

2.4.4　移动通信

移动通信诞生于 19 世纪末，至今已有 100 多年的历史，在这 100 多年中，移动通信飞速发展，各种技术不断被应用到移动通信中，进一步推动了移动通信的快速发展。移动通信系统经历了从第一代到第五代的发展。

1．第一代移动通信系统（1G）

第一代移动通信系统出现于 19 世纪 70 年代末 80 年代初，解决了系统容量问题。1G 系统主要采用模拟技术和频分多址技术，因此，大多数人把 1G 系统也称为模拟通信系统。第一代移动通信系统最显著的特点就是以较小的频率支持一个或多个用户，以小区（Cell）为基本单元，采用类似蜂窝状的小区频率规划实现频率复用，所以 1G 系统也是第一代蜂窝网。1G 系统的传输速率仅为 2.4 kb/s，只提供模拟语音移动通信业务，不支持漫游，容量有限，保密性差，通话质量不高，不能提供数据业务。1G 系统的设备成本比较高，体积大，质量大，其中的用户终端设备就是大家熟知的"大哥大"，如图 2-24 所示。

图 2-24　第一代移动通信系统终端

1G 时代的通信标准众多，如美国的 AMPS、英国的 TACS、北欧的 NMT、日本的 JTAGS、西德的 C-Netz，法国的 Radiocom 2000 和意大利的 RTMI 等，其中比较有代表性的是美国的 AMPS。AMPS 由贝尔实验室在 1978 年开发，1982 年全美部署，继而在世界各地迅速发展。1987 年 11 月 18 日，国内第一个模拟蜂窝移动电话系统在广东省建成并投入商用，其使用的正是 AMPS 制式。

2．第二代移动通信系统（2G）

第二代移动通信系统出现于 20 世纪 80 年代末 90 年代初，由欧洲发起，解决了漫游的问题，从此移动通信进入数字时代。第二代移动通信系统具有保密性强、频谱利用率高、能提供丰富的业务、标准化程度高等特点，使得移动通信得到了空前的发展，跃居通信的主导地位。第二代移动通信的典型代表系统有 GSM 和 CDMA。

1）GSM 系统

GSM 全称为数字蜂窝移动通信系统，依照欧洲通信标准化委员会（ETSI）制定的 GSM 规范研制而成，于 1992 年开始在欧洲商用，最初仅为泛欧标准，随着该系统在全球的广泛应用，其含义已成为全球移动通信系统，俗称"全球通"。在 GSM 标准中，未对硬件进行规定，只对功能和接口等作了详细规定，便于不同公司产品的互联互通，包括 GSM900 和

DCS1800 两个并行的系统，这两个系统功能相同，工作频段不同，均采用 TDMA 接入方式。中国移动和中国联通主要使用 GSM 制式。

GSM 最初规定的工作频段为上行（移动台发，基站收）890～915 MHz，下行（基站发，移动台收）935～960 MHz，上行频段和下行频段的各 25 MHz 宽带又被分为 125 个宽带为 200 kHz 的信道，也称载频。采用全双工的工作方式，调制方式采用的是 GMSK（高斯最小频移键控），提供 9.6 kb/s 的传输速率。

GSM 系统的主要特点有移动台具有漫游功能，可以实现国际漫游；提供多种业务，除了能提供语音业务外，还可以开放各种承载业务，补充业务和与 ISDN 相关的业务；抗干扰能力强，覆盖区域内的通信质量高；具有加密和鉴权功能，能确保用户保密和网络安全；具有灵活和方便的组网结构，频率重复利用率高，移动业务交换机的话务承担能力一般都很强，保证在语音和数据通信两个方面都能满足用户对大容量、高密度业务的要求；相比于 1G 系统，GSM 系统容量大、通话音质好。

2）CDMA 系统

CDMA 是在扩频通信技术的基础上发展起来的一种无线通信技术。第二次世界大战期间因战争的需要而研究开发的 CDMA 技术，其初衷是为了防止敌方对己方通信的干扰，后来由美国高通（Qualcomm）公司将其发展为商用蜂窝移动通信技术。第一个 CDMA 商用系统在 1995 年运行。CDMA 技术的标准经历了 IS-95、IS-95A 和 IS-95B 3 个阶段。IS-95 即"双模宽带扩频蜂窝系统的移动台-基站兼容标准"，是 CDMA ONE 系列标准中最先发布的标准，是美国电信工业协会 TIA 于 1993 年确定的美国蜂窝移动通信标准，采用了高通公司推出的 CDMA 技术规范，是典型的第二代蜂窝移动通信技术。真正在全球得到广泛应用的第一个 CDMA 标准是 IS-95A，这一标准支持 8K 编码话音服务。随后推出的 IS-95B 提高了 CDMA 系统的性能，并增加了用户移动通信设备的数据流量，提供对 64 kb/s 数据业务的支持。中国电信的 2G 业务主要使用 CDMA 制式。

IS-95 的工作频段为上行 824～849 MHz，下行 869～894 MHz，每一个网络分为 9 个载频，其中收发各占 12.5 MHz，共占 25 MHz。上下行收发频率相差 45 MHz。基站采用的调制方式为 QPSK；移动台采用的调制方式为 OQPSK。扩频方式采用 DS（直接序列扩频），码片的速率为 1.2288 Mc/s，最大话音速率可达 8 kb/s；最大数据速率可达 9.6 kb/s，每帧时长为 20 ms。信道编码采用卷积编码加交织编码。

CDMA 系统的主要特点：抗干扰能力强，这也是扩频通信的基本特点；宽带传输，抗衰落能力强，有利于信号隐蔽；利用扩频码的相关性来获取用户的信息，抗截获的能力强；可实现多个用户同时接收，同时发送。

2G 的典型用户终端如图 2-25 所示。

图 2-25　2G 典型用户终端

3. 第三代移动通信系统（3G）

第三代移动通信系统的概念最初是在 1985 年由 ITU（国际电联）提出，当时也称为 FPLMTS（未来公众陆地移动通信系统），1996 年正式更名为 IMT2000，解决了多媒体业务传输的问题。第三代移动通信系统能够提供多种类型、高质量的多媒体业务，可以实现全球无缝覆盖，具有全球漫游功能，同时，其与固定网络兼容，并能以小型便携式终端在任何时候、任何地点进行任何种类的通信。3G 系统使用智能网技术进行移动性管理和业务控制，集成蜂窝系统、卫星系统等多种网络环境，用以提供广泛的电信业务。国际电信联盟（ITU）在 2000 年 5 月确定了三大主流制式，分别是 WCDMA、CDMA2000、TD-SCDMA。

WCDMA（宽带码分多址）由欧洲和日本提出，继承了 GSM 标准化程度高和开放性好的特点，能够兼容 GSM 的所有业务。WCDMA 采用 FDD 双工方式，其多址方式采用 FDMA+CDMA，载频间隔为 5 MHz，码片速率为 3.84 Mc/s，采用 10 ms 的帧长度，不需要和基站同步，功率控制速率为上下行 1500 Hz。由于接收机可获取的信道信息较多，可以适应更高速的移动信道；上下行的频段对称分配，更加适合语音等对称业务；但上下行信道之间间隔较大，不利于智能天线的使用。

CDMA2000 由美国和韩国提出，采用 FDD 双工方式，多址方式采用 FDMA+CDMA，载频间隔为 1.25 MHz。CDMA2000 继承了 IS-95 窄带 CDMA 系统的技术特点，无线部分采用前向功率控制等技术，电路交换部分采用传统的电路交换方式，分组交换部分采用以 IP 技术为基础的网络结构。

TD-SCDMA 由中国提出，采用 TDD 双工方式，上下行时隙可灵活配置，适合对称和不对称业务，多址方式采用 TDMA+CDMA+FDMA，载频间隔为 1.6 MHz，采用 5 ms 的帧长度，需要和基站严格同步。上下行信道在相同时隙适合采用智能天线技术，提高了频谱效率。但用户移动速度越高，智能天线的可靠性越低。

3G 的典型用户终端如图 2-26 所示。

图 2-26　3G 典型用户终端

4．第四代移动通信系统（4G）

第四代移动通信系统出现于 21 世纪初，大幅度提高了传输速率，解决了高质量多媒体业务的传输问题。

2012 年，ITU 将 LTE-Advanced 和 WirelessMAN-Advanced（802.16m）技术规范确立为 IMT-Advanced 国际标准，中国主导制定的 TD-LTE-Advanced 和 FDD-LTE-Advance 同时并列成为 4G 国际标准，此后，ITU 又将 WiMax、HSPA+、LTE 正式纳入 4G 标准。LTE（Long Term Evolution）是由 3GPP（The 3rd Generation Partnership Project，第三代合作伙伴计划）组织制定的 UMTS（Universal Mobile Telecommunications System，通用移动通信系统）技术标准的长期演进，目前，LTE 已经成为 4G 的全球标准，包括 FDD-LTE 和 TD-LTE 两种制式。

3GPP LTE 支持的带宽为 1.25～20 MHz，在带宽为 20 MHz 的条件下，上下行峰值速率分别可以达到 50 Mb/s 和 100 Mb/s，上行 50 Mb/s；控制面从驻留到激活的迁移时延小于 100 ms，从睡眠到激活的迁移时延小于 50 ms，用户面时延小于 10 ms；能为 350 km/h 高速移动用户提供大于 100 kb/s 的接入速率；下行频谱效率是 HSDPA 的 3～4 倍，下行频谱效率是 HSUPA 的 2～3 倍；无线宽带配置灵活，支持 1.4 MHz、3 MHz、5 MHz、10 MHz、15 MHz、20 MHz；与 2G、3G 相比取消了 CS 域，CS 域业务由 PS 域实现，如 VOIP；可支持 100 km 半径的小区覆盖。

4G 系统的主要特点：通信速度快，可达到 20 Mb/s，最高甚至可以达到 100 Mb/s；通信灵活，可以随时随地通信；智能性能高，终端设备的设计和操作具智能化；兼容性好，具备全球漫游，接口开放，能跟多种网络互联，终端多样化以及能从第二代平稳过渡等特点；提供增值服务；通信质量高，可以容纳市场庞大的用户数；网络结构更加扁平化，如图 2-27 所示。

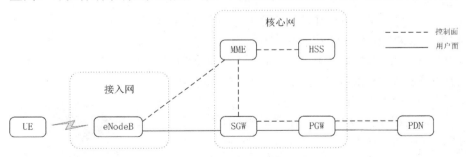

图 2-27　LTE 网络结构模型

5．第五代移动通信系统（5G）

中国 IMT-2020（5G）推进组发布的 5G 概念白皮书认为，综合 5G 关键能力与核心技术，5G 概念可由标志性能力指标和一组关键技术来共同定义。其中，标志性能力指标为 Gb/s 级的用户体验速率，一组关键技术包括大规模天线阵列、超密集组网、新兴多址技术、全频谱接入和新型网络架构。5G 的关键能力比前几代移动通信更加丰富，用户体验速率、连接数密度、端到端时延、峰值速率和移动性等都将成为 5G 的关键性能指标。

国际电信联盟无线电通信部门（ITU-R）在 2015 年 6 月定义了未来 5G 的三大类应用场景，分别是增强型移动互联网业务 eMBB（Enhanced Mobile Broadband）、海量连接的物联网业务 mMTC（Massive Machine Type Communication）和超高可靠性与超低时延业务 uRLLC（Ultra Reliable & Low Latency Communication），并从吞吐率、时延、连接密度和频谱效率提升等 8 个维度定义了对 5G 网络的能力要求。5G 的关键技术包括载波聚合（CA）、补充上行链路（SUL）、新型网络架构（C-RAN）、大规模 MIMO、双连接、端到端通信（D2D）技术等。

中国的移动通信经历了"1G 空白、2G 跟随、3G 突破"到"4G 同步、5G 引领"的跨越式发展，在 5G 标准制定的过程中，中国专家和中国通信企业起了非常重要的作用。2019 年 11 月 1 日，随着中国三大运营商发布 5G 套餐，5G 在中国正式商用。面向未来，移动互联网和物联网业务将成为移动通信发展的主要驱动力。5G 将满足人们在居住、工作、休闲和交通等领域的多样化业务需求，即便在密集住宅区、办公室、体育场、露天集会、地铁、快速路、高铁和广域覆盖等具有超高流量密度、超高连接数密度、超高移动性特征的场景，如图 2-28 所示，也可以为用户提供超高清视频、虚拟现实、增强现实、云桌面、在线游戏等极致业务体验。与此同时，5G 还将渗透到物联网及各个行业领域，与工业设施、医疗仪器、交通工具等深度融合，有效满足工业、医疗、交通等垂直行业的多样化业务需求，实现真正的"万物互联"。

图 2-28　5G 典型应用场景

⭐ 知识拓展

电磁频谱，当电子运动时，会产生电磁波，电磁波可以在空气中传播。1862 年，英国物理学家麦克斯韦推导出麦克斯韦方程组，预言了电磁波的存在，1887 年，电磁波第一次被德国物理学家赫兹观测到。通常，我们用 3 个参数来描述电磁波：波长 λ、频率 f、光速 c，它们之间的基本关系是：

$$c = \lambda f \tag{2-5}$$

由于 c 是光在真空中的传播速度，为常数，因此如果我们知道 f，就可以计算出 λ，反之亦然。

电磁波谱如图 2-29 所示。按照频率由低到高的顺序排列，不同频率的电磁波可以分为无线电、微波、红外线、可见光、紫外线、X 射线和 γ 射线，现在人们已经利用无线电、微波、红外线、可见光这几个波段进行通信。图中列出的波段是 ITU 依据波长给出的命名，LF、MF 和 HF 分别指低频、中频、高频，对于超过 10 MHz 以上的高频波段，后来被命名为甚高频、超高频、特高频、极高频和巨高频，对应的缩写分别为 VHF、UHF、SHF、EHF 和 THF。

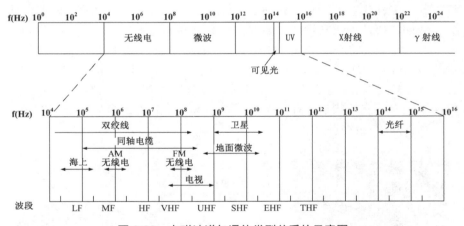

图 2-29　电磁波谱与通信类型关系的示意图

△ 2.5　本章小结

通信的目的是传送消息，数据是运送消息的实体，信号则是数据的电磁或电气表现。数据编码的方法分为两大类：模拟数据编码和数字数据编码。其中，模拟数据编码主要有幅移键控、频移键控和相移键控 3 种方式；数字数据编码主要有非归零法编码、曼彻斯特编码和差分曼彻斯特编码 3 种方式。数据传输技术主要有基带传输、频带传输、多路复用等技术。数据交换方式主要分为电路交换和存储转发交换两大类。目前，网络中计算机之间的数据交换主要采用存储转发方式下的分组交换技术。

随着信息技术的发展，现代数据通信技术与计算机技术结合得越来越紧密，学好本章的内容对理解计算机网络中数据通信的基本知识具有很大帮助。

2.6 练习题

一、选择题

1. 采用曼彻斯特编码的数字信道，其数据传输速率为波特率的（　　）。
   A. 2 倍　　　　　B. 4 倍　　　　　C. 1/2 倍　　　　　D. 1 倍

2. PCM 是（　　）的编码。
   A. 数字信号传输模拟数据
   B. 数字信号传输数字数据
   C. 模拟信号传输数字数据
   D. 模拟数据传输模拟数据

3. 在获取与处理音频信号的过程中，正确的处理顺序是（　　）。
   A. 采样、量化、编码、存储、解码、D/A 变换
   B. 量化、采样、编码、存储、解码、A/D 变换
   C. 编码、采样、量化、存储、解码、A/D 变换
   D. 采样、编码、存储、解码、量化、D/A 变换

4. 下列关于 3 种编码的描述中，错误的是（　　）。
   A. 采用 NRZ 编码不利于收发双方保持同步
   B. 采用曼彻斯特编码，波特率是数据速率的两倍
   C. 采用 NRZ 编码，数据速率与波特率相同
   D. 在差分曼彻斯特编码中，用每比特中间的跳变来区分"0"和"1"

5. 能从数据信号波形中提取同步信号的典型编码是（　　）。
   A. 归零码　　　　　　　　　　B. 不归零码
   C. 定比码　　　　　　　　　　D. 曼彻斯特编码

6. 通过改变载波信号的相位值来表示数字信号 1、0 的方法叫作（　　）。
   A. ASK　　　B. FSK　　　　C. PSK　　　　D. QAM

7. 在数字数据转换为模拟信号中，（　　）编码技术受噪声影响最大。
   A. ASK　　　B. FSK　　　　C. PSK　　　　D. QAM

8. 在同一个信道上的同一时刻，能够进行双向数据传送的通信方式是（　　）。
   A. 单工　　　　　　　　　　　B. 半双工
   C. 全双工　　　　　　　　　　D. 上述 3 种均不是

9. 通信信道是双向信道，通信双方都可以发送和接收信息，但是不能同时发送或接收的通信方式是（　　）。

   A．单工　　　　　　　　　　　B．半双工

   C．全双工　　　　　　　　　　D．上述 3 种均不是

10. 对于实时性要求很高的场合，适合的技术是（　　　）。

   A．电路交换　　　　　　　　　B．报文交换

   C．分组交换　　　　　　　　　D．无

11. 计算机网络通信采用同步和异步两种方式，但传送效率最高的是（　　　）。

   A．同步方式

   B．异步方式

   C．同步与异步方式传送效率相同

   D．无法比较

12. 数据传输速率是描述数据传输系统的重要指标之一。数据传输速率在数值上等于每秒钟传输构成数据代码的二进制（　　　）。

   A．比特数　　　　　　　　　　B．字符数

   C．帧数　　　　　　　　　　　D．分组数

13. 将物理信道总频带分割成若干个子信道，每个子信道传输一路信号，这就是（　　　）。

   A．同步时分多路复用　　　　　B．空分多路复用

   C．异步时分多路复用　　　　　D．频分多路复用

14. 将一条物理信道按时间分成若干时间片，轮换地给多个信号使用，每一时间片由复用的一个信号占用，这样可以在一条物理信道上传输多个数字信号，这就是（　　　）。

   A．频分多路复用

   B．时分多路复用

   C．码分多路复用

   D．频分与时分混合多路复用

15. CDMA 系统中使用的多路复用技术是（　　　）。

   A．时分多路　　　　　　　　　B．波分多路

   C．码分多址　　　　　　　　　D．空分多址

二、填空题

1. 信号是_____的表示形式，它分为_____信号和_____信号。

2. 模拟信号是一种连续变化的_____，而数字信号是一种离散的_____。

3. 模拟信号传输的基础是载波，载波具有 3 个要素，即_____、_____和_____。数字数据可以针对载波的不同要素或它们的组合进行调制，有 3 种基本的数字调制形式，即_____、_____和_____。

4. 模拟数据的数字化必须经过＿＿＿＿＿、＿＿＿＿＿、＿＿＿＿＿ 3 个步骤。

5. 在数字通信网络中，必须对二进制数据代码进行适当的＿＿＿＿＿，以提高其抗干扰能力。

6. 最常用的两种多路复用技术为＿＿＿＿＿和＿＿＿＿＿，其中，前者是同一时间同时传送多路信号，而后者是将一条物理信道按时间分成若干个时间片，轮流分配给多个信号使用。

7. 数据交换技术主要有＿＿＿＿＿、＿＿＿＿＿和＿＿＿＿＿，其中＿＿＿＿＿ 技术有数据报和虚电路之分。

8. 信道的复用的方式通常有：＿＿＿＿＿、＿＿＿＿＿和＿＿＿＿＿。

三、判断题

1. 信息是经过处理的数据。（　　）

2. 在脉冲编码调制方法中，第一步要做的是对模拟信号进行量化。（　　）

3. 时分多路复用是以信道传输时间作为分割对象，通过为多个信道分配互不重叠的时间方法来实现多路复用。（　　）

4. 在线路交换、数据报与虚电路方式中，都要经过线路建立、数据传输与线路拆除这 3 个过程。（　　）

5. 在 ATM 技术中，一条虚通道中可以建立多个虚通路连接。（　　）

6. 误码率是衡量数据传输系统在不正常工作状态下传输可靠性的参数。（　　）

四、问答题

1. 请画出信息"0011001"的非归零码、曼彻斯特编码、差分曼彻斯特编码的波形图。

2. 单工、半双工和全双工有何区别和联系？

3. 什么是并行传输、串行传输、同步传输、异步传输？各有什么特点？

4. 常见的多路复用技术有哪些？

5. 网络交换方式有哪些？各有什么特点？

第 3 章

计算机网络体系结构

引言

由于计算机网络技术的发展和各国网络技术发展的快慢不同，世界现有的计算机网络国家标准以及各种类型的计算机网络种类繁多。特别是早期的计算机网络，各自奉行截然不同的标准，运行着不同的操作系统与网络软件，使得只有同一制造商生产的计算机组成的网络才能相互通信。例如 IBM 的 SNA 和 DEC 的 DNA 就是两个典型的例子。这样的异构计算机网络相互封闭，它们之间不能相互通信，更无法接入因特网实现资源共享，就像海洋里的孤岛，与世隔绝，没有渠道沟通来往。为了使它们能够相互交流，必须在世界范围内统一网络协议，制定软件标准和硬件标准，并将计算机网络及其部件所应完成的功能精确定义，从而使不同的计算机能够在相同功能中进行信息对接。这就是通常所说的计算机网络体系结构。

本章将从网络体系结构和网络协议的基本概念入手，详细讨论 OSI 参考模型和 TCP/IP 参考模型的层次结构和层次功能，并将两类参考模型进行比较，通过学习，了解网络协议集合是怎样保证有条不紊地传输数据的。

本章主要学习内容如下。

❏ 网络体系结构和网络协议的基本概念。

❏ OSI 参考模型的层次结构和各层的功能。

❏ TCP/IP 参考模型各层的功能及其与 OSI 层次间的对应关系。

❏ OSI 参考模型与 TCP/IP 参考模型的区别。

3.1　计算机网络体系结构的基本概念

计算机网络体系结构是计算机网络系统的整体设计，它为网络硬件、软件、协议、信息交换、传输会话等提供标准，通过分层精确定义网络软硬件的各种功能，是计算机网络结构最准确的描述与规范。

1．网络体系结构的形成

计算机网络是一个非常复杂的系统，它不仅综合了当代计算机技术和通信技术，还涉及其他应用领域的知识和技术。

网络的设计、建造与使用不仅涉及硬件设备，也涉及软件，其中硬件设备用于搭建物理环境，软件在物理环境的基础上，实现网络通信与数据交换的功能。为了保证物理环境中各环节的硬件设备能够协同工作，硬件设备的生产与使用标准应统一；为了保证软件能够适应网络，软件的开发也应遵循预定的规则，此外，所有软件都应遵循网络协议，实现基于硬件环境的网络通信。

为了将网络传输过程中复杂的问题简单化，网络设计人员采用了层次结构的方法来描述复杂的计算机网络，把复杂的网络互连问题划分为若干个较小的、单一的问题，并在不同的层次上予以解决。

2．网络体系的分层结构

为了便于理解网络体系结构的概念，我们以如图 3-1 所示的邮政通信系统为例，以此引出计算机网络通信和网络体系结构的概念，这一概念对计算机网络中电子邮件的发送和接收有着重要的参考意义。

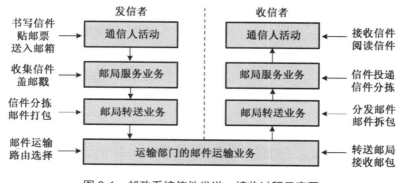

图 3-1　邮政系统信件发送、接收过程示意图

1）层次结构的概念

对网络进行层次划分就是将计算机网络这个庞大的、复杂的问题划分为若干个较小的简单问题。通常把一组相近功能放在一起，形成网络的一个结构层次。

层次结构将计算机网络划分成有明确定义的层次，并规定了相同层次的进程通信协议和相邻层次之间的接口及服务。通常将网络的层次结构、相同层次的通信协议集合、相邻层的结构及服务，统称为计算机网络体系结构。

知识积累

1. 接口

接口（Interface）是指相邻两层之间交互的界面，定义相邻两层之间的操作及下层对上层的服务。

网络中每一层都有明确的功能，相邻层之间有一个清晰的接口，就能减少在相邻层之间传递的信息量，在修改本层功能时，也不会影响到其他各层，即只要能向上层提供完全相同的服务集合，改变下层功能的实现方式并不影响上层。

2. 服务

服务（Service）是指某一层及其以下各层通过接口提供给其相邻上层的一种能力。

常用4种类型的服务原语是：请求、指示、响应和确认。

3. 服务的分类

根据是否需建立连接可将服务分为两类：面向连接服务和无连接服务。

面向连接服务就像打电话，有一个明显的拨通电话、讲话、再挂断电话的过程，即面向连接服务的提供者要进行建立连接、维护连接和拆除连接的工作。这种服务的最大好处就是能够保证数据高速、可靠和顺序地传输。

无连接服务就像发电报，电报发出后并不能马上确认对方是否已收到。因此，无连接服务不需要维护连接的额外开销，但是可靠性较低，也不能保证数据的顺序传输。

4. 服务原语

上层使用下层所提供的服务必须通过与下层交换一些命令来实现，这些命令称为服务原语。

2）分层的优点

采用分层的体系结构描述网络有以下优点。

（1）可以把复杂的问题简单化。把复杂的问题分成多层，每层只实现一种相对独立的功能，这样就把问题分成若干个小的易于解决的局部问题，这样问题的复杂程度就大大下降了。

（2）能促进标准化工作。网络分层后可有针对性地制定协议，网络使用协议随着层次的划分被分割，每层的协议只需要对该层功能与提供的服务进行规定。

（3）层与层之间相互独立。网络中的各层负责实现一定的功能，提供与其上层交互的接口；各层不关心下层如何实现，仅使用下层提供的服务。

（4）灵活性好。各层可选择最优技术实现本层功能；当需要改进网络中的某些功能时，只需保证层次间接口不变，对功能涉及的网络中的部分层次进行维护，无须调整整个网络。

3）层次结构解决的主要问题

层次结构方法要解决的问题主要有以下 3 个方面。

（1）网络应该设置哪些层次？每一层的功能是什么？即分层与功能问题。

（2）各层之间的关系是怎样的？它们如何进行交互？即服务与接口问题。

（3）通信双方的数据传输要遵循哪些规则？即协议设计问题。

总而言之，网络的层次结构方法主要包括 3 个方面的内容：分层及每层功能、服务与层间接口、协议，即

$$网络体系结构=\{层,协议,功能\} \tag{3-1}$$

4）层次之间的关系

网络中的各层实现一定的功能，各层之间通过下层接口实现交互，进而实现完整的网络通信与数据交换功能。相邻层之间的关系如图 3-2 所示。

当网络设计者在决定一个网络应包括多少层、每一层应当做什么时，其中一个很重要的考虑就是要在相邻层次之间定义一个清晰的接口。为达到这些目的，又要求每一层能完成一组特定的有明确含义的功能。低层通过接口向高层提供服务。只要接口条件不变、低层功能不变，低层功能的具体实现方法与技术的变化就不会影响整个系统的工作。

计算机网络的层次模型如图 3-3 所示。

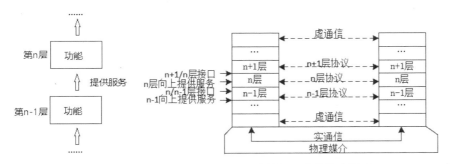

图 3-2　相邻层之间的关系　　　图 3-3　计算机网络的层次模型

3. 层次结构中的相关概念

1）实体与对等实体

每一层中用于实现该层功能的活动元素被称为实体，实体既可以是软件实体（如一个进程、电子邮件系统、应用程序等），也可以是硬件实体（如终端、智能输入/输出芯片等）。软件实体可以嵌入本地操作系统中或用户应用程序中，不同主机上位于同一层次、完成相同功能的实体称为对等实体。

2）协议

为进行计算机网络中的数据交换（通信）而建立的规则、标准或约定的集合称为协议（Protocol）。

协议总是指某一层协议，准确地说，它是为对等实体之间实现通信而制定的有关通信规则、约定的集合。

一个网络协议主要由以下 3 个要素组成（见图 3-4）。

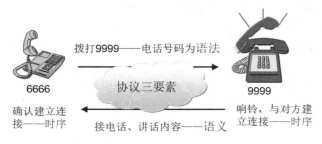

图 3-4　协议中三要素的关系

（1）语法，指数据与控制信息的结构或格式，如数据格式、编码及信号电平等。

（2）语义，指用于协调与差错处理的控制信息，如需要发出何种控制信息，完成何种动作及做出何种应答。

（3）定时，指事件的实现顺序，如速度匹配、排序等。

3）层间通信

（1）相邻层之间通信：相邻层之间通信发生在相邻的上下层之间，通过服务来实现。

上层使用下层提供的服务，上层称为服务调用者；下层向上层提供服务，下层称为服务提供者。

（2）对等层之间通信：对等层是指不同开放系统中的相同层次，对等层之间通信发生在不同开放系统的相同层次之间，通过协议来实现。对等层实体之间是虚通信，依靠下层向上层提供服务来完成，而实际的通信是在最底层完成的。

3.2　OSI/ISO 参考模型

随着全球网络应用的不断发展，不同网络体系结构的网络用户之间需要进行网络互连和信息交换。1984 年，国际标准化组织 ISO（International Organization for Standardization）发表了著名的 ISO/IEC 7498 标准，定义了网络互连的 7 层框架，这就是开放系统互连参考模型。开放系统互联参考模型 OSI/RM（Open System Interconnection Reference Model），简称 OSI，这里的"开放"是指只要遵循 OSI 标准，一个系统就可以与位于世界上任何地方、同样遵循 OSI 标准的其他任何系统进行通信。

3.2.1　OSI 参考模型

　　ISO/OSI 只给出了一些原则性的说明，并不是一个具体的网络。OSI 参考模型将整个网络的功能划分成 7 个层次，最高层为应用层，面向用户提供网络应用服务；最低层为物理层，与通信介质相连实现真正的数据通信。两个用户计算机通过网络进行通信时，除物理层外，其余各对等层之间均不存在直接的通信关系，而是通过各对等层的协议来进行通信。只有两个物理层之间是通过通信介质进行真正的数据通信，如图 3-5 所示。

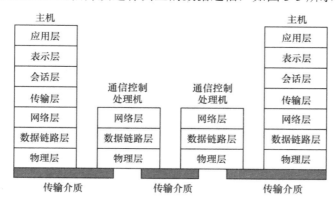

图 3-5　OSI 参考模型的结构

3.2.2　参考模型各层的功能

　　ISO 已经为各层制定了标准，各个标准作为独立的国际标准公布。下面以从低层到高层的顺序依次介绍 OSI 参考模型的各层。

1. 物理层

　　物理层（Physical Layer）位于 OSI 参考模型的最低层，是构成计算机网络体系结构的基础。所有通信设备、主机都需要用物理线路相互连接。物理层建立在物理通信介质的基础上，是网络通信系统与通信介质的物理接口。因此，物理层是整个开放系统的基础。

　　物理层的主要功能在于提供数据终端设备（简称 DTE，如计算机）和数据通信设备（简称 DCE，如 Modem）之间的二进制数据传输的物理连接，将数据信息以二进制比特串的形式从一个实体经物理信道传输到另一实体，从而向数据链路层提供透明的比特流传输服务。物理层的数据传输单位称为比特。

　　为建立、维持和拆除物理连接，物理层规定了传输介质的机械特性、电气特性、功能特性和规程特性等特性。

　　1）机械特性

　　机械特性指数据终端设备和数据通信设备之间接口互连时的连接方

式，包括可插接连接器的尺寸、插头的针和孔的数量与排列状况、信号线数目和排列方式、连接器的形状等。

2）电气特性

电气特性指数据终端设备和数据通信设备接口线的电气连接方式，即规定了导线的电气连接方式、信号电平（如规定了多大电压表示 0，多大电压表示 1）、信号波形和参数、同步方式等。

3）功能特性

功能特性指数据终端设备和数据通信设备之间，每一条接口线的功能分配和确切定义。包括每条信号线的用途，如发送数据线、接收数据线、信号地线和时钟线等。

4）规程特性

规程特性定义了如何使用这些接口线。即完成物理连接的建立、维护、信息交换和拆除连接时，数据终端设备和数据通信设备在各条线路上的动作规则和动作序列。规程特性与信息的传输方式（如单工、半双工和全双工）有关，不同的传输方式其规程特性也有所不同。

2. 数据链路层

数据链路层（Data Link Layer）是 OSI 参考模型的第 2 层。数据链路层在物理层提供比特流传输服务的基础上，通过在通信的实体之间建立数据链路连接，传送以"帧"为单位的数据，将有差错的物理信道变为无差错的、能可靠传输数据帧的数据链路，即提供可靠的通过物理介质传输数据的方法，如图 3-6 所示。

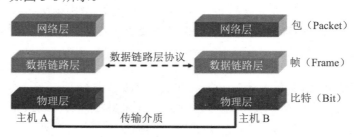

图 3-6　数据链路层任务

数据链路层的数据传输单位是帧。

数据链路层关心的主要问题是物理地址、网络拓扑、线路规程、错误通告、数据帧的有序传输和流量控制。

3. 网络层

网络层（Network Layer）是 OSI 参考模型中的第 3 层，它建立在数据链路层所提供的两个相邻节点之间数据帧的传送功能上，将数据从源端经过若干中间节点传送到目的端，从而向传输层提供最基本的端到端的数据传送服务。

如图 3-7 所示，在源端与目的端之间提供最佳路由传输数据，实现了两主机之间的逻辑通信。

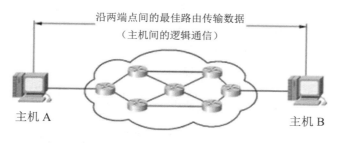

沿两端点间的最佳路由传输数据
（主机间的逻辑通信）

主机 A   主机 B

图 3-7　网络层任务

网络层是处理端到端数据传输的最低层，体现了网络应用环境中资源子网访问通信子网的方式。

概括地说，网络层主要关注的问题有以下几个方面。

（1）网络层的信息传输单位是分组（Packet）。

（2）逻辑地址寻址。

数据链路层的物理地址只解决了在同一网络内部的寻址问题，如一个数据包从一个网络跨越到另一个网络时，就需要使用网络层的逻辑地址。当传输层传递给网络层的一个数据包时，网络层就在这个数据包的头部加入控制信息，其中包含了源节点和目的节点的逻辑地址（IP）。

（3）路由功能。

信息从源节点出发，要经过若干个中继节点的存储转发后，才能到达目的节点。通信子网中的路径是指从源节点到目的节点之间的一条通路。一般在两个节点之间会有多条路径可选择，这时就存在最佳路由问题，路由选择就是根据一定的原则和算法，在传输的通路中选出一条通向目的节点的最佳路径。

（4）拥塞控制。

当到达通信子网中某一部分的分组数高于一定的水平，使得该部分网络来不及处理这些分组时，就会致使这部分乃至整个网络的性能下降。

（5）流量控制。

保证发送端不会以高于接收者能承受的速率传输数据，一般涉及接收者向发送者发送反馈。

4．传输层

传输层（Transport Layer）的主要目的是向用户提供无差错、可靠的端到端（End to End）服务，透明地传送报文，提供端到端的差错恢复和流量控制。由于它向高层屏蔽了下层数据通信的细节，因而是计算机通信体系结构中最关键的一层。传输层关心的主要问题是建立、维护和中断虚电路，传输差错校验和恢复以及信息流量控制等。

传输层提供"面向连接"（虚电路）和"无连接"（数据报）两种服务。

传输层被看作是高层协议与下层协议之间的边界，其下 4 层与数据传输问题有关，上 3 层与应用问题有关，起到承上启下的作用。

传输层提供了两端点间可靠的透明数据传输，实现了真正意义上的"端到端"的连接，即应用进程间的逻辑通信，如图 3-8 所示。

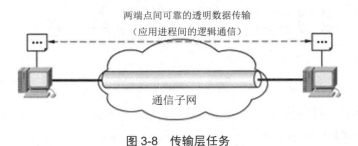

图 3-8　传输层任务

5. 会话层

就像它的名字一样，会话层实现建立、管理和终止应用程序进程之间的会话和数据交换，这种会话关系是由两个或多个表示层实体之间的对话构成的。

6. 表示层

表示层保证一个系统应用层发出的信息能被另一个系统的应用层读出。如有必要，表示层用一种通用的数据表示格式在多种数据表示格式之间进行转换，它包括数据格式变换、数据加密与解密、数据压缩与恢复等功能。

7. 应用层

应用层是 OSI 参考模型中最靠近用户的一层，它为用户的应用程序提供网络服务。这些应用程序包括电子数据表格程序、字处理程序和银行终端程序等。

3.2.3　OSI 参考模型中的数据传输过程

通过 OSI，信息可以从一台计算机的应用程序传输到另一台计算机的应用程序上。如图 3-9 所示的场景是信息在 OSI 模型中通过 7 个环节的传输过程。

例如：发送方主机 A 上的应用程序要将信息发送到接收方主机 B 的应用程序，则发送方计算机中的应用程序需要将信息先发送到其应用层（第 7 层），然后此层将信息发送到表示层（第 6 层）。表示层将数据转送到会话层（第 5 层），如此继续，直至物理层（第 1 层）。在物理层，数据被放置在物理网络媒介中并被发送至接收方主机 B。

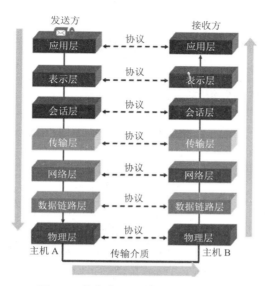

图 3-9 信息在 OSI 模型中传输过程

接收方主机 B 的物理层接收来自物理媒介的数据，然后将信息向上发送至数据链路层（第 2 层），数据链路层再转送给网络层，依次继续直到信息到达接收方主机 B 的应用层。最后，主机 B 的应用层再将信息传送给应用程序接收端，从而完成通信。

3.2.4　OSI 参考模型中的数据封装

OSI 参考模型中，对等层协议之间交换的信息单元统称为协议数据单元（Protocol Data Unit，PDU）。

传输层及以下各层的 PDU 都有各自特定的名称。传输层是数据段（Segment）；网络层是分组或数据报（Packet）；数据链路层是数据帧（Frame）；物理层是比特（Bit）。

数据自上而下递交的过程实际上就是不断封装的过程，到达目的地后自下而上递交的过程就是不断拆封的过程，如图 3-10 所示。

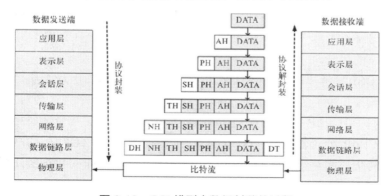

图 3-10　OSI 模型中数据封装的过程

某一层只能识别由对等层封装的"信封"，对被封装在"信封"内部的数据，只是将其拆封后提交给上层，本层不做任何处理。

3.3 TCP/IP 参考模型

说到 TCP/IP 的历史，不得不谈到 Internet 的历史。20 世纪 60 年代初期，美国国防部委托高级研究计划局（Advanced Research Pojects Agency，ARPA）研制广域网络互连课题，并建立了 ARPANET 实验网络，这就是 Internet 的起源。ARPANET 的初期运行情况表明，计算机广域网络应该有一种标准化的通信协议，于是在 1973 年，TCP/IP 诞生了。虽然 ARPANET 并未发展成公众可以使用的 Internet，但 ARPANET 的运行经验表明，TCP/IP 是一个非常可靠且实用的网络协议。当现代 Internet 的雏形——美国国家科学基础网（NSFNET）于 20 世纪 80 年代末出现时，其借鉴了 ARPANET 的 TCP/IP 技术。借助于 TCP/IP 技术，NSFNET 使越来越多的网络互连在一起，最终形成了今天的 Internet。TCP/IP 也因此成为了 Internet 上广泛使用的标准网络通信协议。

TCP/IP 标准由一系列的文档定义组成，这些文档定义描述了 Internet 的内部实现机制，以及各种网络服务或服务的定义。TCP/IP 标准并不是由某个特定组织开发的，实际上它是由一些团体共同开发的，任何人都可以把自己的意见作为文档发布，但只有被认可的文档才能最终成为 Internet 标准。

3.3.1 TCP/IP 参考模型的概念

TCP/IP 协议是目前最流行的商业化网络协议，尽管它不是某一标准化组织提出的正式标准，但它已经被公认为目前的"工业标准"或"事实标准"。因特网之所以能迅速发展，就是因为 TCP/IP 协议能够适应和满足世界范围内数据通信的需要。

由于 TCP/IP 先于 OSI 参考模型出现，当时对网络体系结构的认识还没有达到现在的高度，所以 TCP/IP 协议体系的层次化结构并不十分清晰和严谨，但这并不影响 TCP/IP 协议的使用。网络接口层是 TCP/IP 协议与具体物理网络的接口。

与 OSI 参考模型不同，TCP/IP 参考模型将网络划分为 4 层，即应用层、传输层、网络互联层和网络接口层。如图 3-11 所示为这种对应关系，其中：（1）TCP/IP 的应用层与 OSI 的应用层、表示层及会话层相对应；（2）TCP/IP 的传输层与 OSI 的传输层相对应；（3）TCP/IP 的网际层与 OSI 的网络层相对应；（4）TCP/IP 的网络接口层与 OSI 的数据链路层及物理层相对应。

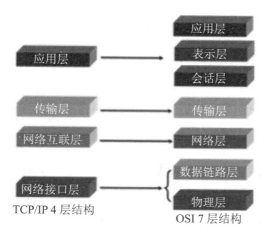

图 3-11　OSI 参考模型与 TCP/IP 参考模型的层次对应关系

3.3.2　TCP/IP 参考模型各层的功能

1．网络接口层

TCP/IP 中没有详细定义网络接口层的功能，只是指出通信主机必须采用某种协议连接到网络上，并且能够传输网络数据分组。该层没有定义任何实际协议，只定义了网络接口，任何已有的数据链路层协议和物理层协议都可以用来支持 TCP/IP。

2．网络互联层

网络互联层又称网际层，是 TCP/IP 参考模型的第 2 层，它实现的功能相当于 OSI 参考模型网络层的无连接网络服务。

3．传输层

传输层位于网际层之上，它的主要功能是负责应用进程之间的端到端通信。在 TCP/IP 参考模型中，设计传输层的主要目的是在网际层中的源主机与目的主机的对等实体之间，建立用于会话的端到端连接。

在 TCP/IP 参考模型的传输层，定义了以下两种协议。

❑　传输控制协议（TCP）。TCP 是一种可靠的面向连接的协议，提供主机间字节流的无差错传输。TCP 同时要实现差错恢复和流量控制功能，协调双方的发送与接收速度，达到正确传输的目的。

❑　用户数据报协议（UDP）。UDP 是一种不可靠的面向无连接的协议，主要用于不要求分组数据按顺序到达的传输中，分组传输顺序检查与排序由应用层完成，不提供流量控制和差错恢复。

4．应用层

应用层是最高层。它与 OSI 模型中的高 3 层的任务相同，用于提供网络服务，如文件传输、远程登录、域名服务和简单网络管理等。

3.3.3　TCP/IP 协议簇及特点

计算机网络的层次结构使网络中每层的协议形成了一种从上至下的依赖关系。在计算机网络中，从上至下相互依赖的各协议形成了网络中的协议簇。TCP/IP 体系结构与 TCP/IP 协议簇之间的对应关系，如图 3-12 所示。

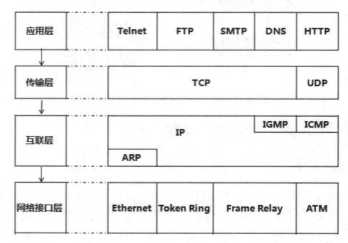

图 3-12　TCP/IP 体系结构与 TCP/IP 协议簇之间的对应关系

关于 TCP/IP 协议的特点，可归纳如下。

（1）开放的协议标准，独立于特定的计算机硬件和操作系统。

（2）统一的网络地址分配方案，采用与硬件无关的软件编址方法，使得网络中的所有设备都具有唯一的 IP 地址。

（3）独立于特定的网络硬件，可以运行在局域网、广域网，特别适用于 Internet。

（4）标准化的高层协议，可以提供多种可靠的用户服务。

▲ 3.4　OSI 参考模型与 TCP/IP 参考模型

3.4.1　两种模型的比较

OSI 参考模型和 TCP/IP 参考模型有很多相似之处，都是基于独立的协议簇，采用层次结构的概念，而且层的总体功能也大致相似。但两者的层次划分各有特点。

（1）两个模型间明显的差别是层的数量：OSI 模型有 7 层，而 TCP/IP 参考模型只有 4 层。其中，TCP/IP 的应用层相当于 OSI 参考模型的应用层、表示层和会话层；传输层相当于 OSI 参考模型的网络层；网络接口层相当于 OSI 参考模型的数据链路层和物理层。相对于 OSI 参考模型而言，TCP/IP 参考模型的 4 层结构显得简单、高效、容易实现。

（2）OSI 参考模型产生于协议发明之前。这意味着该模型没有偏向于任何特定的协议，因此非常通用；而 TCP/IP 则恰好相反，首先出现的是协议，将网际协议 IP 作为 TCP/IP 的重要组成部分，模型实际上是对已有协议的描述。因此 TCP/IP 协议和模型非常吻合，不仅不会出现协议不能匹配模型的情况，而且配合得还相当好。

3.4.2　OSI 参考模型的缺点

无论是 OSI 参考模型和协议，还是 TCP/IP 参考模型和协议，都不是十全十美的，都存在一定的缺陷。下面介绍 OSI 参考模型的缺点。

（1）模型和协议都存在缺陷。实践证明，OSI 参考模型的会话层和表示层对于大多数应用程序来说，都没有用。

（2）某些功能重复出现。OSI 参考模型的某些功能（如寻址、流量控制和出错控制）在各层重复出现。为了提高效率，出错控制应该在高层完成，因此在低层不断重复是低效的、完全不必要的。

（3）结构和协议复杂。由于 OSI 参考模型的结构和协议太复杂，因此最初的实现又大又笨拙，而且很慢。不久之后，人们就把"OSI"和"低质量"联系起来了。虽然随着时间的推移，产品有了很大改进，但之前的印象还残留在人们的记忆里。

3.4.3　TCP/IP 参考模型的缺点

TCP/IP 参考模型的第一次实现是作为 Berkeley UNIX 的一部分流行开来的。TCP/IP 的成功已为其赢得了大量投资和用户，其地位日益巩固，但是 TCP/IP 参考模型也有自己的问题。

（1）TCP/IP 参考模型没有明显地区分服务、接口和协议的概念。因此，对于使用新技术设计新网络，TCP/IP 参考模型不是一个很好的模板。

（2）由于 TCP/IP 参考模型是对已有协议的描述，因此是不完全通用的，并且不适合描述除 TCP/IP 参考模型之外的其他任何协议。

▲ 3.5　本章小结

计算机网络体系结构是计算机网络系统的整体设计，它为网络硬件、软件、协议、信息交换、传输会话等提供标准，为了将网络传输过程中复杂的问题简单化，网络设计人员采用了层次结构的方法来描述复杂的计算机网络，把复杂的网络互连问题划分为若干个较小的、单一的问题，并在不同的层次上予以解决。网络的层次结构方法主要包括 3 个方面的内容：

分层及每层功能，服务与层间接口和协议。层次结构中的相关概念有实体、协议、接口、服务、层间通信等。

国际标准化组织发表了著名的 ISO/IEC 7498 标准，定义了网络互连的 7 层框架，这就是开放系统互连参考模型，即 ISO/OSI RM。本章中按照从低层到高层的顺序依次介绍了 OSI 参考模型的各层及每层的功能。

TCP/IP 是 Internet 上广泛使用的标准网络通信协议，其中 TCP/IP 参考模型是在 TCP 与 IP 出现之后才提出来的，与 OSI 参考模型不同，TCP/IP 参考模型将网络划分为 4 层，即应用层、传输层、网络互联层和网络接口层。

OSI 参考模型和 TCP/IP 参考模型有很多相似之处，都是基于独立的协议簇，采用层次结构的概念，而且层的总体功能也大体相似，但两者的层次划分各有特点。

3.6　练习题

一、填空题

1．协议主要由_____、_____和_____3 个要素组成。

2．OSI 模型分为_____、_____、_____、_____、_____、_____和_____7 个层次。

3．物理层定义了_____、_____、_____和_____4 个方面的内容。

4．数据链路层的主要功能有_____、_____、_____、_____、_____和_____。

5．数据链路层处理的数据单位为_____。

6．在数据链路层中，定义的地址通常为_____和_____。

7．网络层所提供的服务可以分为_____和_____。

8．传输层的功能包括_____、_____、_____和_____。

二、选择题

1．计算机网络的体系结构是指（　　）。

    A．计算机网络的分层结构和协议的集合

    B．计算机网络的连接形式

    C．计算机网络的协议集合

    D．由通信线路连接起来的网络系统

2．在 OSI/RM 参考模型中，（　　）处于模型的最底层。

    A．物理层　　　　　　　　　　B．数据链路层

    C．传输层　　　　　　　　　　D．应用层

3．完成路径选择功能是在 OSI 模型的（　　　）。

A．物理层　　　　　　　　　B．数据链路层

C．网络层　　　　　　　　　D．运输层

4．TCP/IP 层的网络接口层对应 OSI 的（　　　）。

A．物理层　　　　　　　　　B．链路层

C．网络层　　　　　　　　　D．物理层和链路层

5．在 OSI 7 层结构模型中，处于数据链路层与运输层之间的是（　　　）。

A．物理层　　　　　　　　　B．网络层

C．会话层　　　　　　　　　D．表示层

三、判断题

1．网络协议的三要素是语义、语法与层次结构。（　　　）

2．如果一台计算机可以和其他物理位置的另一台计算机进行通信，那么这台计算机就是一个遵循 OSI 标准的开放系统。（　　　）

3．ISO 划分网络层次的基本原则是：不同的节点都有相同的层次；不同节点的相同层次可以有相同的功能。（　　　）

4．传输层的主要功能是向用户提供可靠的端到端服务，以及数据包处理错误次序等关键问题。（　　　）

四、问答题

1．什么是网络体系结构？为什么要定义网络体系结构？

2．什么是网络协议？它在网络中的定义是什么？

3．什么是 OSI 参考模型？

4．举出 OSI 参考模型和 TCP/IP 协议的共同点及不同点。

5．OSI 的哪一层分别处理以下问题：

（1）把传输的比特划分为帧。

（2）决定使用哪条路径通过通信子网。

（3）提供端到端的服务。

（4）为了数据的安全将数据加密传输。

（5）光纤收发器将光信号转为电信号。

（6）电子邮件软件为用户收发邮件。

（7）提供同步和令牌管理。

6．为什么要采用分层的方法解决计算机的通信问题？

第 4 章

局域网技术

引言

自 20 世纪 80 年代以来，随着计算机硬件的价格不断下降，用户共享需求增强，局域网技术得到了飞速发展，通信网络从传统的布线网络发展到了无线网络，作为无线网络之一的无线局域网，满足了人们实现移动办公的梦想，创造了丰富多彩的自由天空。局域网的应用范围非常广泛，从简单的分时服务到复杂的数据库系统，管理信息系统、事务处理系统等。它的网络结构简单、经济、功能强且灵活性大。本章主要介绍局域网的基本知识、局域网的模型和标准、介质访问控制方法、虚拟局域网技术，无线局域网技术，重点阐述以太网技术、无线局域网技术及其应用。

本章主要学习内容如下。

❑ 局域网的特点、体系结构和拓扑结构。

❑ IEEE 802 模型与标准。

❑ 介质访问控制方法。

❑ 以太网技术。

❑ VLAN 的划分与实现。

❑ 虚拟局域网。

❑ 无线局域网。

4.1　认识局域网

4.1.1　局域网技术概述

1．局域网特点

局域网是在一个局部的地理范围内（如一个学校、工厂、机关内），将各种计算机、外部设备和数据库等互相联接起来组成的计算机通信网，其覆盖范围一般是方圆几千米之内。

局域网是封闭型的，可以由办公室内的两台计算机组成，也可以由一个公司内的上千台计算机组成。局域网中的通信能够使用具有中等或较高数据传输速率的物理通道，且具有较低的误码率。局域网可以实现文件管理、应用软件共享、打印机共享、工作组内的日程安排、电子邮件和传真通信服务等功能。

2．局域网的体系结构

局域网主要是在最低两层工作——物理层和数据链路层，如图 4-1 所示。为了使局域网中的数据链路层不至于太过复杂，就将局域网的数据链路层划分为两个子层，即 MAC（Media Access Control，媒体访问控制）子层和 LLC（Logical Link Control，逻辑链路控制）子层，MAC 子层的主要功能是控制对传输介质的访问，LLC 子层的主要功能是向高层提供一个或多个逻辑接口，具有帧的发送和接收功能。发送时把要发送的数据加上地址和循环冗余校验 CRC 字段等封装成 LLC 帧，接收时把帧拆封，执行地址识别和 CRC 校验功能，并且还有差错控制和流量控制等功能。

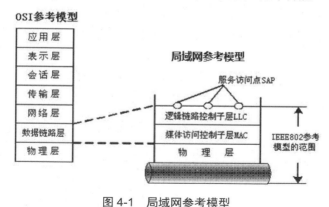

图 4-1　局域网参考模型

3．MAC 地址

MAC 地址，即网卡的物理地址（Physical Address），是一个用来确认网上设备位置的地址。形象地说，MAC 地址就如同身份证上的身份证号码，具有全球唯一性。

在 OSI 模型中，MAC 地址专注于第 2 层数据链接层，将一个数据帧从一个节点传送到相同链路的另一个节点。MAC 地址用于在网络中唯一标识一个网卡，一台设备若有一个或多个网卡，则每个网卡都需要并会有唯一的 MAC 地址。

MAC 地址是在 IEEE 802 标准中定义并规范的，MAC 地址由 48 位二进制数组成，分为前 24 位和后 24 位，如图 4-2 所示，前 24 位叫作组织唯一标志符，是由 IEEE 的注册管理机构给不同厂家分配的代码，区分了不同的厂家。后 24 位是由厂家自己分配的，称为扩展标识符。同一个厂家生产的网卡中，MAC 地址的后 24 位是不同的。MAC 地址通常分成 6 段，用十六进制表示，如 00-E0-FC-A1-56-2B、28-7F-CF-BC-B8-03。

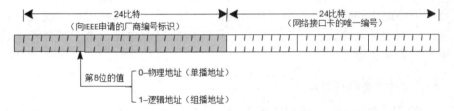

图 4-2　MAC 地址组成

知识拓展

以太网帧

以太网技术所使用的帧称为以太网帧，或简称以太帧。主要有 Ethernet II 和 IEEE 802.3 两种标准帧格式。以太网中大多数的数据帧使用的是 Ethernet II 格式。

以太网帧起始部分由前同步码和帧开始定界符组成，后面紧跟着一个以太网报头，以 MAC 地址说明目的地址和源地址。以太网帧的中部是该帧负载的包含其他协议报头的数据包，如 IP 协议。以太网帧由一个 32 位冗余校验码结尾，用于检验数据传输是否出现损坏。以太网帧的结构如图 4-3 所示，以太网帧的每个字段含义如表 4-1 所示。

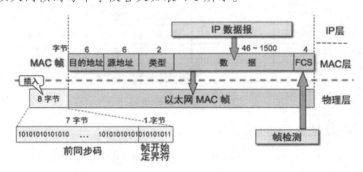

图 4-3　Ethernet II 以太网帧的结构

表 4-1　以太网帧每个字段的含义

字　段	含　义
前同步码	用来使接收端的适配器在接收 MAC 帧时能够迅速调整时钟频率，使它和发送端的频率相同。前同步码为 7 个字节，1 和 0 交替
帧开始定界符	帧的起始符，为 1 个字节。前 6 位 1 和 0 交替，最后的两个连续的 1 表示告诉接收端适配器："帧信息要来了，准备接收"
目的地址	接收帧的网络适配器的物理地址（MAC 地址），为 6 个字节（48 比特）。其作用是当网卡接收到一个数据帧时，首先会检查该帧的目的地址是否与当前适配器的物理地址相同，如果相同，就会进一步处理；如果不同，则直接丢弃
源地址	发送帧的网络适配器的物理地址（MAC 地址），为 6 个字节（48 比特）
类型	上层协议的类型。由于上层协议众多，所以在处理数据时必须设置该字段，标识数据交付哪个协议处理。例如，字段为 0x0800 时，表示将数据交付给 IP 协议
数据	也称为有效载荷，表示交付给上层的数据。以太网帧的数据长度最小为 46 字节，最大为 1500 字节。不足 46 字节时，会填充到最小长度。最大值也叫最大传输单元（MTU）。在 Linux 中，使用 ifconfig 命令可以查看该值，通常为 1500
帧检验序列 FCS	检测该帧是否出现差错，占 4 个字节（32 比特）。发送方计算帧的循环冗余码校验值（CRC），把这个值写到帧里。接收方计算机重新计算 CRC，与 FCS 字段的值进行比较。如果两个值不相同，则表示传输过程中发生了数据丢失或改变。这时，就需要重新传输这一帧

4.1.2　局域网关键技术

局域网的类型很多，若按网络使用的传输介质分类，可分为有线网和无线网；若按网络拓扑结构分类，可分为总线形、星形、环形、树形、混合形等。若按传输介质所使用的访问控制方法分类，又可分为以太网、令牌环网、FDDI 网和无线局域网等。以太网是当前应用最普遍的局域网技术。决定局域网性能的主要因素有传输介质、拓扑结构和介质访问控制方法。

1. 传输介质

局域网常用的传输介质有双绞线、同轴电缆、光纤、无线电波等。早期的传统以太网中使用最多的是同轴电缆，随着技术的发展，双绞线和光纤的应用日益普及，特别是快速局域网中，双绞线依靠其低成本、高速度和高可靠性等优势获得了广泛的使用，引起了人们的普遍关注。光纤的传输速度快，可靠性高，防干扰能力强，虽然使用光纤连接的交换机必须是有光纤接口的，价格比较贵，但是目前新建局域网的干线大多使用光纤作为传输介质。

2．拓扑结构

网络拓扑结构反映出网络的结构关系，它对于网络的性能、可靠性以及建设管理成本等都有着重要的影响，因此网络拓扑结构的设计在整个网络设计中占有十分重要的地位，在网络构建时，网络拓扑结构往往是首先要考虑的因素之一。

局域网最常用的网络拓扑是总线形拓扑（Bus Topology）、星形拓扑（Star-Topology）和环形拓扑（Ring Topology）。

3．介质访问控制方法

所谓介质访问控制，就是控制网上各工作站在什么情况下才可以发送数据，在发送数据过程中如何发现问题以及出现问题后如何处理等的管理方法。

介质访问控制技术是局域网最关键的一项基本技术，将对局域网的体系结构和总体性能产生决定性的影响。经过多年研究，人们提出了多种介质访问控制方法，但目前被普遍采用并形成国际标准的方法只有以下 3 种。

1）带有冲突检测的载波帧听多路访问（CSMA/CD）

IEEE 802.3 标准规定了 CSMA/CD 访问方法和物理层技术规范，采用 IEEE 802.3 标准协议的典型局域网是以太网。CSMA/CD 是以太网的核心技术。

CSMA/CD 主要解决多节点如何共享公共总线的问题。在以太网（Ethernet）中，任何节点都不会预约发送，发送都是随机的，而且网络中根本不存在集中控制的节点，网络中的节点都必须平等地争用信道。CSMA/CD 属于随机争用型介质访问控制方法，其可以概括为 4 点：先听后发、边听边发，冲突停止，随机延迟后重发。

以太网采用带冲突检测的载波帧听多路访问（CSMA/CD）机制。以太网中的节点都可以看到在网络中发送的所有信息，因此，我们说以太网是一种广播网络。

当以太网中的一台主机要传输数据时，它将按如下步骤进行（见图 4-4 和图 4-5）。

（1）监听信道上是否有信号在传输。如果有的话，则表明信道处于忙状态，就继续监听，直到信道空闲为止。

（2）若没有监听到任何信号，就传输数据。

（3）传输的时候继续监听，如发现冲突，则执行退避算法，随机等待一段时间后，重新执行步骤（1）（当冲突发生时，涉及冲突的计算机会返回到监听信道状态）。

（4）若未发现冲突，则发送成功，所有计算机在试图再一次发送数据之前，必须在最近一次发送后等待 9.6 μs（以 10 Mb/s 运行）。

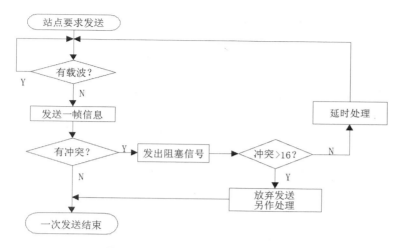

图 4-4　CSMA/CD 发送过程流程图

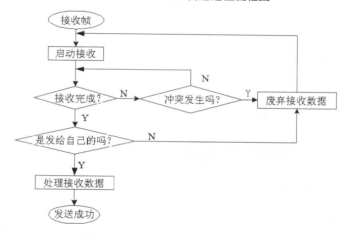

图 4-5　CSMA/CD 接收过程流程图

2）令牌环（Token Ring）

IEEE 802.5 标准协议规定了令牌环访问方法和物理层技术规范，采用 IEEE 802.5 标准协议的网络称作令牌环网（代表网络：IBM 令牌环网），令牌环网的主要介质访问控制方法是令牌环访问控制方法。

令牌环网是一种基于令牌传递机制的网络技术，令牌是一种特殊的 MAC 控制帧，通常有 8 位，其中一位标志令牌的忙/闲状态，当环正常工作时，令牌总是沿着环单向逐节点传送，获得令牌的节点可以向网络发送数据，如果不发送，则继续将令牌下传，如图 4-6 所示。

3）令牌总线（Token Bus）

IEEE 802.4 标准协议规定了令牌总线访问方法和物理层技术规范，采用 IEEE 802.4 标准协议的网络称作令牌总线网。

令牌总线网在物理结构上是总线结构，在逻辑结构上是环形。令牌总线介质访问控制方法的原理与令牌环介质访问控制方法的原理相同，如

图 4-7 所示。

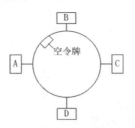 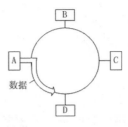

（a）A 等待令牌　　　　　（b）将空令牌置成忙令牌，并附上数据

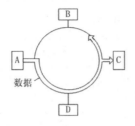

（c）接收者复制发送给它的数据　　（d）发送者删除数据，并产生新的令牌

图 4-6　令牌环访问控制流程图

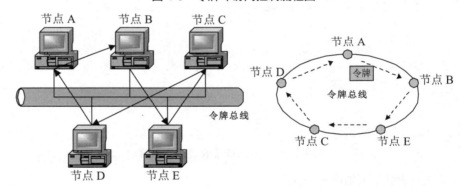

图 4-7　令牌总线访问控制示意图

🌟 知识拓展（见表 4-2）

表 4-2　局域网标准

局域网标准	描述
IEEE 802.1A	局域网标准系列
IEEE 802.1B	寻址、网络互连与网络管理
IEEE 802.2	逻辑链路控制（LLC）
IEEE 802.3	CSMA/CD 访问控制方法与物理层规范
IEEE 802.3i	10Base-T 访问控制方法与物理层规范
IEEE 802.3u	100Base-T 访问控制方法与物理层规范
IEEE 802.3ab	1000Base-T 访问控制方法与物理层规范

续表

局域网标准	描　述
IEEE 802.3z	1000Base-SX 和 1000Base-LX 访问控制方法与物理层规范
IEEE 802.4	Token-Bus 访问控制方法与物理层规范
IEEE 802.5	Token-Ring 访问控制方法
IEEE 802.7	宽带局域网访问控制方法与物理层规范
IEEE 802.8	FDDI 访问控制方法与物理层规范
IEEE 802.9	综合数据话音网络
IEEE 802.10	网络安全与保密
IEEE 802.11	无线局域网访问控制方法与物理层规范
IEEE 802.12	100VG-AnyLAN 访问控制方法与物理层规范
IEEE 802.14	协调混合光纤同轴（HFC）网络的前端和用户站点间数据通信的协议
IEEE 802.15	无线个人网技术标准，其代表技术是蓝牙（Bluetooth）

4.1.3　局域网组网技术

不同类型的局域网采用的网络拓扑结构、使用的传输介质和网络设备是不同的。虽然目前我们所能看到的局域网主要是以双绞线为代表传输介质的以太网，但那是因为我们所看到的基本上都是企、事业单位的局域网。在网络发展的早期或在各行各业中，因行业特点所采用的局域网也不一定都是以太网。

IEEE 的 802 标准委员会定义了多种主要的局域网：以太网（Ethernet）、令牌环网（Token Ring）、光纤分布式接口网络（FDDI）、异步传输模式网（ATM）以及无线局域网（WLAN）。但是，以太网是当前应用最普遍的局域网技术，它很大程度上取代了其他局域网标准，如令牌环、FDDI 等。

4.2　交换式以太网

4.2.1　了解以太网

以太网最早由 Xerox（施乐）公司创建，于 1980 年由 DEC、Intel 和 Xerox 3 家公司联合开发，成为一个标准。以太网是当前应用最为广泛的局域网，包括标准以太网（10 Mb/s）、快速以太网（100 Mb/s）、千兆以太网（1000 Mb/s）和 10G 以太网，它们都符合 IEEE 802.3 系列标准规范。

1. 标准以太网

最开始以太网只有 10 Mb/s 的吞吐量，它所使用的是 CSMA/CD 的访问控制方法，通常把这种最早期的 10 Mb/s 以太网称为标准以太网。以太网主要有两种传输介质，那就是双绞线和同轴电缆。所有的以太网都遵循 IEEE

802.3 标准，下面列出的是 IEEE 802.3 的一些以太网络标准，在这些标准中，前面的数字表示传输速度，单位是"Mb/s"，最后一个数字表示单段网线长度（基准单位是 100 m），Base 表示"基带"的意思，Broad 代表"带宽"。

❑　10Base5 使用直径为 10 mm、阻抗为 50 Ω 的粗同轴电缆，也称粗缆以太网，其最大网段长度为 500 m，基带传输方法，拓扑结构为总线形。

❑　10Base2 使用直径为 10 mm、阻抗为 50 Ω 的细同轴电缆，也称细缆以太网，其最大网段长度为 185 m，基带传输方法，拓扑结构为总线形。

❑　10BaseT 使用 3 类以上双绞线电缆，最大网段长度为 100 m，拓扑结构为星形。

❑　10BaseF 使用光纤传输介质，拓扑结构为星形。

1）粗缆以太网

10Base5 以太网也叫粗缆以太网，是最早实现 10 Mb/s 的以太网，早期 IEEE 标准使用单根 RG-11 同轴电缆，尽管由于早期的大量布设，直到现在还有一些系统在使用，这一标准实际上已被 10Base2 取代。

2）细缆以太网

10Base2 以太网也叫细缆以太网，使用 RG-58 同轴电缆，虽然在能力、规格上不及 10Base5，但是因为其线材较细、布线方便、成本也便宜，得到更广泛的使用，从而淘汰了 10Base5。由于双绞线的普及，它也被各式的双绞线网络取代。

3）双绞线以太网

10BaseT 又称双绞线以太网，是一种传输介质采用非屏蔽双绞线（UTP）的星形局域网。站点到集线器（HUB）的最大距离为 100 m。

10BaseT 将所有的网络操作都集中到集线器中，以取代单一的收发器。每个节点都装有一块带 RJ-45 接口的网卡，通过一根 8 芯的 UTP 连接到集线器，连接插头为 RJ-45 插头，双绞线的灵活性以及 RJ-45 插头的易用性，使得 10BaseT 成为 IEEE 802.3 中最易于安装和改装的局域网。

虽然双绞线以太网在物理上看起来是星形结构，但在逻辑上我们可以把集线器内部看作是一段总线，所有主机仍然是连在了这段总线上共享总线带宽，因此在逻辑上它的拓扑结构仍为总线形。

4）光缆

快速 10BaseF 也叫作 10Base-F，是基于曼彻斯特信号编码传输的 10Mb/s 以太网系统，通过编码传输的光缆。10BaseF 包括 10BaseFL、10BaseFB 和 10BaseFP，它们被定义在 IEEE 802.3j 标准中。

2．快速以太网

随着网络的发展，传统标准的以太网技术已难以满足日益增长的网络数据流量速度需求。1993 年 10 月，Grand Junction 公司推出了世界上第一台快速以太网集线器 FastSwitch10/100 和网络接口卡 FastNIC100，快速以太网技术正式得以应用。随后 Intel、Synoptics、3COM、Bay Networks 等公司亦相继推出自己的快速以太网装置。与此同时，IEEE 802 工程组亦对 100 Mb/s 以太网的各种标准（如 100Base-TX、100Base-T4、MII、中继器、全双工等标准）进行了研究。1995 年 3 月，IEEE 宣布了 IEEE 802.3u 100Base-T 快速以太网标准（Fast Ethernet），就这样，开启了快速以太网的时代。

快速以太网仍是基于 CSMA/CD 技术，当网络负载较重时，会造成效率的降低，当然这可以使用交换技术来弥补。100 Mb/s 快速以太网标准又分为 100Base-TX、100Base-FX、100Base-T4 3 个子类。

1）100Base-TX

100Base-TX 是一种使用 5 类及以上数据级无屏蔽双绞线或屏蔽双绞线的快速以太网技术。它使用两对双绞线，一对用于发送数据，一对用于接收数据，支持全双工的数据传输。在传输中使用 4B/5B 编码方式，信号频率为 125 MHz。符合 EIA586 的 5 类布线标准和 IBM 的 SPT 1 类布线标准。使用同 10Base-T 相同的 RJ-45 连接器。它的最大网段长度为 100 m，拓扑结构为星形。

2）100Base-FX

100Base-FX 是一种使用光缆的快速以太网技术，可使用单模（62.5 μm）和多模（125 μm）光纤。多模光纤连接的最大距离为 550 m。单模光纤连接的最大距离为 3000 m，它支持全双工的数据传输。在传输中使用 4B/5B 编码方式，信号频率为 125 MHz。它使用 MIC/FDDI 连接器、ST 连接器或 SC 连接器。它的最大网段长度为 150 m、412 m、2000 m 或更长至 10 km，这与所使用的光纤类型及工作模式有关，拓扑结构为星形。100Base-FX 特别适合在有电气干扰的环境、较大距离连接或高保密环境等情况下使用。

3）100Base-T4

100Base-T4 是一种可使用 3、4、5 类无屏蔽双绞线或屏蔽双绞线的快速以太网技术。100Base-T4 使用 4 对双绞线，其中的 3 对用于传送数据，1 对用于 CSMA/CD 冲突检测。在传输中使用 8B/6T 编码方式，信号频率为 25 MHz，符合 EIA586 结构化布线标准。它使用与 10Base-T 相同的 RJ-45 连接器，最大网段长度为 100 m。

3. 千兆以太网（吉比特以太网)

随着以太网技术的深入应用和发展，企业用户对网络连接速度的要求越来越高，1995 年 11 月，IEEE 802.3 工作组委任了一个高速研究组（Higher Speed Study Group），研究将快速以太网速度增至更高。该研究组研究了将快速以太网速度增至 1000 Mb/s 的可行性和方法。1996 年 6 月，IEEE 标准委员会批准了千兆位以太网方案授权申请（Gigabit Ethernet Project

Authorization Request）。随后 IEEE 802.3 工作组成立了 802.3z 工作委员会。IEEE 802.3z 委员会的目的是建立千兆位以太网标准，包括在 1000 Mb/s 通信速率的情况下的全双工和半双工操作、802.3 以太网帧格式、载波侦听多路访问和冲突检测（CSMA/CD）技术、在一个冲突域中支持一个中继器（Repeater）、10Base-T 和 100Base-T 向下兼容技术。千兆位以太网具有以太网的易移植、易管理特性。千兆以太网在处理新应用和新数据类型方面具有灵活性，它是在赢得了巨大成功的 10 Mb/s 和 100 Mb/s IEEE 802.3 以太网标准的基础上的延伸，提供了 1000 Mb/s 的数据带宽。这使得千兆位以太网成为高速、宽带网络应用的战略性选择。

千兆位以太网的数据传输速率为 1 Gb/s，支持最大距离为 550 m 的多模光纤、最大距离为 70 km 的单模光纤和最大距离为 100 m 的铜轴电缆。千兆以太网技术有两个标准：IEEE 802.3z 和 IEEE 802.3ab。IEEE 802.3z 制定了光纤和短程铜线连接方案的标准。IEEE 802.3ab 制定了 5 类双绞线上较长距离连接方案的标准。

1）IEEE 802.3z

IEEE 802.3z 工作组负责制定光纤（单模或多模）和同轴电缆的全双工链路标准。IEEE 802.3z 定义了基于光纤和短距离铜缆的 1000Base-X，采用 8B/10B 编码技术，信道传输速度为 1.25 Gb/s，去耦后实现 1000 Mb/s 传输速度。IEEE 802.3z 具有下列千兆以太网标准。

（1）1000Base-SX 只支持多模光纤，可以采用直径为 62.5 μm 或 50 μm 的多模光纤，工作波长为 770～860 nm，传输距离为 220～550 m。

（2）1000Base-LX 单模光纤：可以支持直径为 9 μm 或 10 μm 的单模光纤，工作波长范围为 1270～1355 nm，传输距离为 5 km 左右。

（3）1000Base-CX 采用 150 Ω 屏蔽双绞线（STP），传输距离为 25 m。

2）IEEE 802.3ab

IEEE 802.3ab 工作组负责制定基于 UTP 的半双工链路的千兆以太网标准，产生 IEEE 802.3ab 标准及协议。IEEE 802.3ab 定义基于 5 类 UTP 的 1000Base-T 标准，其目的是在 5 类 UTP 上以 1000 Mb/s 速率传输 100 m。IEEE 802.3ab 标准的意义主要有以下两点。

（1）保护用户在 5 类 UTP 布线系统上的投资。

（2）1000Base-T 是 100Base-T 的自然扩展，与 10Base-T、100Base-T 完全兼容。不过，在 5 类 UTP 上达到 1000 Mb/s 的传输速率需要解决 5 类 UTP 的串扰和衰减问题，因此使 IEEE 802.3ab 工作组的开发任务比 IEEE 802.3z 要复杂些。

知识积累

在市场上，利用交换机的全双工连接所达到的速度才真正符合标准。

4．10G 以太网（10 吉比特以太网，万兆以太网）

吉比特以太网标准 IEEE 802.3z 通过后不久，在 1999 年 3 月，IEEE 成立了高速研究组，其任务是致力于 10 吉比特以太网（10GE）的研究。10G 以太网的标准由 IEEE 802.3ae 委员会制定，10G 以太网的正式标准已在 2002 年 6 月完成。10G 以太网是一种数据传输高达 10 Gb/s，通信距离可延伸到 40 km 的以太网。

10G 以太网的帧格式与 10 Mb/s、100 Mb/s 和 1 Gb/s 以太网的帧格式完全相同。10G 以太网还保留了 802.3 标准规定的以太网最小和最大帧长。这就使用户在将其已有的以太网进行升级时，仍能很方便地和较低速率的以太网通信。由于数据率很高，10G 以太网不再使用铜线而只使用光纤作为传输媒体。它使用长距离的光收发器与单模光纤接口，以便能够工作在广域网和城域网的范围。10G 以太网也可使用较便宜的多模光纤，但传输距离为 65～300 m。10G 以太网只工作在全双工方式，因此不存在争用问题，也不使用 CSMA/CD 协议。这就使得 10G 以太网的传输距离因不再受冲突检测的限制而大大提高了。10G 以太网使用点对点链路，支持星形结构的局域网。10G 以太网也可用于城域网、广域网，创造了新的光物理媒体相关（PMD）子层。

 **知识拓展**

1．令牌环网

令牌环网是 IBM 公司于 20 世纪 70 年代发展的，现在这种网络比较少见。在老式的令牌环网中，数据传输速度为 4 Mb/s 或 16 Mb/s，新型的快速令牌环网速度可达 100 Mb/s。令牌环网的传输方法在物理上采用了星形拓扑结构，但逻辑上仍是环形拓扑结构。节点间采用多站访问部件（Multistation Access Unit，MAU）连接在一起。MAU 是一种专业化集线器，它是用来围绕工作站计算机的环路进行传输的。由于数据包看起来像在环中传输，所以在工作站和 MAU 中没有终结器。

在这种网络中，有一种专门的帧称为"令牌"，在环路上持续地传输以确定一个节点何时可发送包。令牌为 24 位长，有 3 个 8 位的域，分别是首定界符（Start Delimiter，SD）、访问控制（Access Control，AC）和终定界符（End Delimiter，ED）。首定界符是一种与众不同的信号模式，作为一种非数据信号表现出来，用途是防止它被解释成其他东西。这种独特的 8 位组合只能被识别为帧首标识符（SOF）。

由于目前以太网技术发展迅速，同时令牌环网有较为复杂的令牌维护要求，任何一个节点出问题，都会使网络失效。所以，在整个计算机局域网令牌环网已不多见，原来提供令牌环网设备的多数厂商也退出了市场。

2．FDDI 网

FDDI 的英文全称为 Fiber Distributed Data Interface，中文名为"光纤分布式数据接口"，它是 20 世纪 80 年代中期发展起来的一项局域网技术，它提供的高速数据通信能力要高于当时的以太网（10 Mb/s）和令牌环网（4 Mb/s 或 16 Mb/s）的能力。FDDI 标准由 ANSI X3T9.5 标准委员会制定，为繁忙网络上的高容量输入/输出提供了一种访问方法。FDDI 技术同 IBM 的 Token Ring 技术相似，并具有 LAN 和 Token Ring 所缺乏的管理、控制和可靠性措施，FDDI 支持长达 2 km 的多模光纤。FDDI 网络的主要缺点是价格贵，且因为它只支持光缆和 5 类电缆，所以其使用环境受到限制，当以太网升级更是面临大量移植问题。

当数据以 100 Mb/s 的速度输入输出时，在当时 FDDI 与 10 Mb/s 的以太网和令牌环网相比，性能有相当大的改进。但随着快速以太网和千兆以太网技术的发展，用 FDDI 的人就越来越少了。因为 FDDI 使用的通信介质是光纤，这一点使它比快速以太网及现在的 100 Mb/s 令牌环网的传输介质要贵许多，然而 FDDI 最常见的应用只是提供对网络服务器的快速访问，所以目前 FDDI 技术并没有得到充分的认可和广泛的应用。

3．ATM 网

ATM 的英文全称为 Asynchronous Transfer Mode，中文名为"异步传输模式"，它的开发始于 20 世纪 70 年代后期。ATM 是一种较新型的单元交换技术，同以太网、令牌环网、FDDI 网络等使用可变长度包技术不同，ATM 使用 53 字节固定长度的单元进行交换。它是一种交换技术，它没有共享介质或包传递带来的延时，非常适合音频和视频数据的传输。

ATM 的特征：基于信元的分组交换技术；快速交换技术；面向连接的信元交换；预约带宽。

ATM 的优点：吸取电路交换实时性好，分组交换灵活性强的优点；采取定长分组（信元）作为传输和交换的单位；具有优秀的服务质量；目前最高的速度为 10 Gb/s，即将达到 40 Gb/s。

ATM 的缺点：信元首部开销太大；技术复杂且价格昂贵。

4.2.2　交换式以太网

1．共享式以太网

共享式以太网的典型代表是使用 10Base2/10Base5 的总线形网络和以集线器为核心的星形网络。在使用集线器的以太网中，集线器将很多以太网设备集中到一台中心设备上，这些设备都连接到集线器中的同一物理总线结构中。从本质上讲，以集线器为核心的以太网同原先的总线形以太网无根本区别。

1）工作原理

集线器并不处理或检查其上的通信量，一个节点将数据帧发送到集线器的某个端口，它会将该数据帧从其他所有端口转发（广播）出去。所有连接到集线器的设备共享同一介质，其结果是它们也共享同一冲突域、广播和带宽。因此集线器和它所连接的设备组成了一个单一的冲突域。在这种方式下，当网络规模不断扩大时，网络中的冲突就会大大增加，而数据经过多次重发后，延时也相当大，造成网络整体性能下降。在网络节点较多时使用效率只有 30%～40%。为了提高网络性能和通信效率，采用以太网交换机为核心的交换式网络技术，如图 4-8 所示。

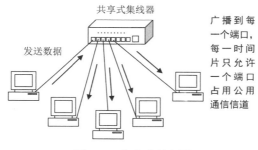

图 4-8　共享式以太网

2）冲突与冲突域

冲突：在以太网中，当两个数据帧同时被发送到物理传输介质上并完全或部分重叠时，就发生了数据冲突。当冲突发生时，物理网段上的数据都不再有效。

冲突域：在同一个冲突域中的每一个节点都能收到所有被发送的帧。

3）广播与广播域

广播：在网络传输中，向所有连通的节点发送消息称为广播。

广播域：网络中能接收任何一个设备发出的广播帧的所有设备的集合。

2．交换式以太网

交换式以太网是以交换式集线器（switching hub）或交换机（switch）为中心构成的，是一种星形拓扑结构的网络。其称为以交换机为核心设备而建立起来的一种高速网络，这种网络在近几年来运用得非常广泛，如图 4-9 所示。

1）工作原理

交换式以太网的原理很简单，它检测从以太端口来的数据包的源和目的地的 MAC（介质访问层）地址，然后与系统内部的动态查找表进行比较，若数据包的 MAC 地址不在查找表中，则将该地址加入查找表中，并将数据包发送给相应的目的端口。当主机需要通信时，交换机能同时连通许多对的端口，使每一对相互通信的主机都能像独立通信媒体那样进行无碰撞的传输数据，通信完成后就断开连接。

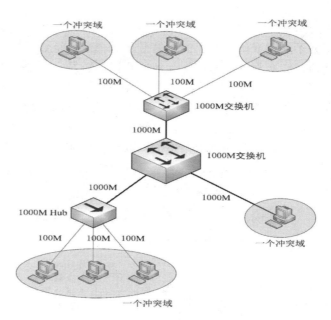

图 4-9　交换式以太网

2）优势

交换式以太网可在高速与低速网络间转换，实现不同网络的协同。大多数交换式以太网都具有 100 Mb/s 的端口，通过与之相对应的 100 Mb/s 的网卡接入服务器，暂时解决了 10 Mb/s 的瓶颈，成为网络局域网升级时首选的方案。

它同时提供多个通道，比传统的共享式集线器提供更多的带宽，传统的共享式 10 Mb/s、100 Mb/s 以太网采用广播式通信方式，每次只能在一对用户间进行通信，如果发生碰撞还得重试，而交换式以太网允许不同用户间进行传送，比如，一个 16 端口的以太网交换机允许 16 个站点在 8 条链路间通信。

特别是在时间响应方面的优点，使得局域网交换机备受青睐。它比路由器成本低，却提供了比路由器宽的带宽和较高的速度，除非有上广域网（WAN）的要求，否则交换机有替代路由器的趋势。

📚知识积累

1．共享式以太网升级到交换式以太网

从共享式以太网升级到交换式以太网，不需要改变网络所有接入设备的软件和硬件（包括电缆和用户的网卡），仅需要用交换式交换机替代共享式集线器，节省了用户网络升级的费用。

2．集线器与交换机的冲突域（见图 4-10 和图 4-11）

冲突域指的是会产生冲突的最小范围，在计算机和计算机通过设备互联时，会建立一条通道，如果这条通道只允许一个数据报文瞬间通过，那么与此同时如果有两个或更多的数据报文想从这里通过，就会出现冲突了。冲突域的大小可以衡量设备的性能，多口集线器的冲突域也只有一个，即所有端口上的数据报文都要排队等待通过。而交换机就明显地缩小了冲突域的大小，使到每一个端口都是一个冲突域，即一个或多个端口的高速传输不会影响其他端口的传输，因为所有的数据报文不需都按次序排队通过，而只是到同一端口的数据才要排队。

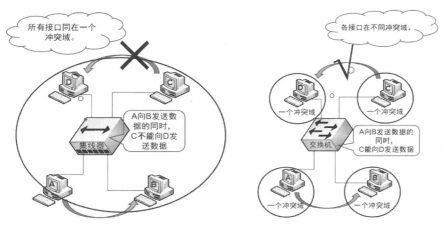

图 4-10　集线器的冲突域　　　　图 4-11　交换机的冲突域

4.2.3　组建有线局域网

1. 局域网组网

有线局域网的运行速度在 100 Mb/s～1 Gb/s，延迟很低（微秒或者纳秒级），而且很少发生错误。较新的局域网可以工作在高达 10 Gb/s 的速率。通过双绞线、光纤等将交换机、路由器、计算机等各种网络设备互联在一起，组成一个局域网的过程称为局域网组网。

对于一个小型的网络，大多会采用扁平化树型结构设计。通过集线器或者交换机（目前已经广泛使用交换机代替集线器）扩充网络端口，构成一个简单的网络，如图 4-12 所示。

如果有很多设备需要相互连接成为一个大的局域网，特别是由于物理距离的原因，某些设备在某个建筑物中，而其他设备在另外的建筑物中，这时经常会采用交换机级联技术，将各个小型的局域网互联成为一个大型的局域网，如图 4-13 所示。

为了使网络系统具有良好的扩展性和灵活的接入能力且易于管理、易于维护，在组网设计上采用分层次结构化设计方案，分层设计采用模块化、自顶向下的方法细化，经过分层设计后，每层设备的功能将变得清晰、明确，这有利于各层设备的选择和定位。

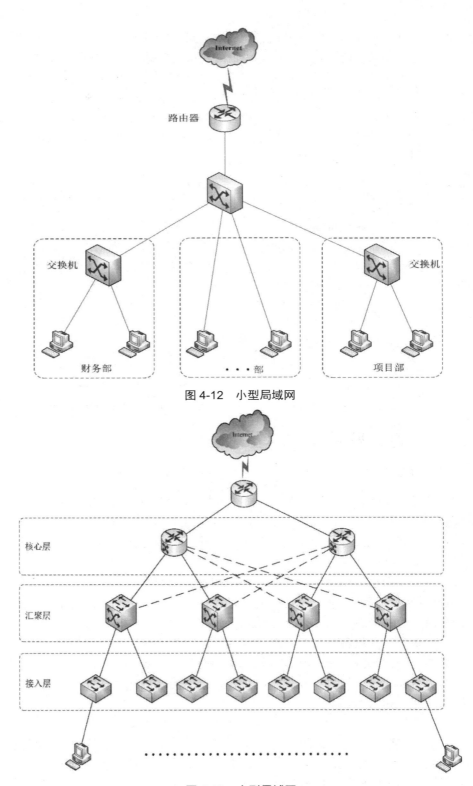

图 4-12 小型局域网

图 4-13 大型局域网

2．局域网的层次结构

一般大中型网络，在组网设计上采用 3 层结构化设计方案：接入层、汇聚层和核心层。但因本网络规模较小，只设计接入层和核心层。在 3 层设计方案中，汇聚层交换机用于汇聚接入层交换机的流量并上连至核心层交换机；核心层交换机是整个网络的中心交换机，具有最高的交换性。

1）接入层

接入层位于整个网络拓扑结构的最底层，主要功能是为网络用户提供网络接入。采用二层交换机连接终端用户，端口密度一般较高，并应配备高速上连端口。具体而言，接入层的主要功能包括：提供共享式网络带宽、提供交换式网络带宽、微分网段、基于 MAC 层（2 层）的访问控制和数据过滤。

接入层的设计目标：低成本、尽可能高的用户带宽、管理简单方便。

2）汇聚层

汇聚层是接入层和核心层的分界线，是基于策略进行连接的层次。汇聚层的主要功能是完成网络边界的定义，其主要功能包括：VLAN 聚合、VLAN 间路由、部门或工作组级访问、广播域或多播域定义、介质转换和报文格式转换、安全控制。

汇聚层的设计目标：足够的端口和带宽、3 层和多层交换特性、灵活多样的业务能力、必须的冗余和负载平衡。

3）核心层

核心层是局域网的数据交换中心，也称为局域网的主干。核心层的主要功能是尽可能快地完成数据的交换，应避免在该层中部署影响数据交换速度的应用。

核心层设计目标：足够端口和带宽、尽可能强的数据交换能力、考虑备份和负载平衡。

从具体实现上看，中小型网络的核心层功能可以同汇聚层功能合并在一台设备中；大型网络则是分开比较理想。

4.3　虚拟局域网

4.3.1　虚拟局域网技术的产生

1．VLAN 概念

虚拟局域网（Virtual Local Area Network，VLAN）是一种将局域网内的设备逻辑地（而不是物理地）分成一个个网段，从而实现虚拟工作组的技术。

集线器的所有端口处于一个冲突域，虽然交换机的所有端口已不再处于同一冲突域，但它们仍处于同一广播域中，因此当网络规模不断增大时，广播风暴的产生仍然无法避免。为了解决这个问题，虚拟局域网技术应运而生。

　　一个虚拟局域网就是一个网段，通过在交换机上划分 VLAN，可以将一个大的局域网划分成若干个网段，每个网段内所有主机间的通信和广播仅限于该 VLAN，广播帧不会被转发到其他网段，即一个 VLAN 就是一个广播域，如图 4-14 所示。VLAN 间是不能进行直接通信的，这就实现了对广播域的分割和隔离。VLAN 的划分不受网络端口的实际物理位置的限制，可以覆盖多个网络设备。

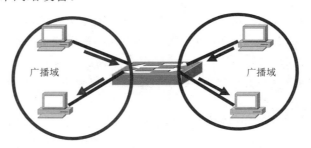

图 4-14　一个 VLAN 只有一个广播域

知识积累

1. 广播域

　　广播是一种信息的传播方式，指网络中的某一设备同时向网络中所有其他设备发送数据，这个数据所能广播到的范围即为广播域（Broadcast Domain）。简单来说，广播域就是指网络中所有能接收到同样广播消息的设备的集合。

　　广播域消耗带宽浪费资源，比如 A、B、C 3 台主机处于同一个广播域，此时 A 需要向 B 发送数据包，但同时 C 也可以收到该数据包，此时 C 需要进行处理判断之后才能摒弃该数据包，这已经浪费了资源和带宽，如图 4-15 所示。

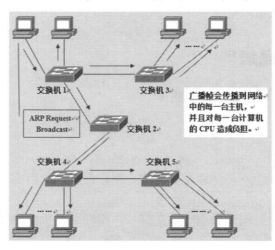

图 4-15　广播域

2．冲突域与广播域的区别

冲突域是基于第 1 层（物理层），广播域是基于第 2 层（数据链路层）。

2．VLAN 的作用

通过在局域网中划分 VLAN，可以起到以下方面的作用，如图 4-16 所示。

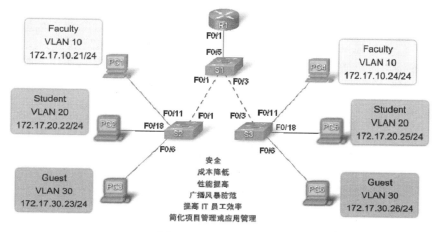

图 4-16　VLAN 的作用

（1）控制网络广播风暴，增加广播域的数量，减少广播域的大小。一个 VLAN 就是一个子网，每个子网均有自己的广播域，通过划分 VLAN，可以减小广播域的范围，抑制广播风暴的产生，减小广播帧对网络带宽的占用，提高网络的传输速度和效率。

（2）便于对网络进行管理和控制。VLAN 是对端口的逻辑分组，不受任何物理连接的限制，同一 VLAN 中的用户，可以连接在不同的交换机上，并且可以位于不同的物理位置。

（3）增加网络的安全性。由于默认情况下，VLAN 间是相互隔离的，不能直接通信，对于保密性要求较高的部门，比如财务处，可将其划分在一个 VLAN 中，这样，其他 VLAN 中的用户将不能访问该 VLAN 中的主机，从而起到了隔离作用，提高了 VLAN 中用户的安全性。

4.3.2　VLAN 的特征

同一个 VLAN 中的所有成员共同拥有一个 VLAN ID，组成一个虚拟局域网络；同一个 VLAN 中的成员均能收到同一个 VLAN 中的其他成员发来的广播包，但收不到其他 VLAN 中成员发来的广播包；不同 VLAN 成员之间不可直接通信，需要通过路由器支持才能通信，而同一个 VLAN 中的成员通过二层交换机可以直接通信，不需路由支持。

4.3.3　VLAN 的划分方法

划分 VLAN 所依据的标准是多种多样的，可以按端口、MAC 地址、网络协议和策略等的不同来划分出不同类型的 VLAN，目前多采用前两种形式。

1．按端口划分的 VLAN

将 VLAN 交换机上的物理端口和 VLAN 交换机内部的 PVC（永久虚电路）端口分成若干个组，每个组构成一个虚拟网，相当于一个独立的 VLAN 交换机。这种按网络端口划分 VLAN 网络成员的配置过程简单明了，因此，它是最常用的一种方式。其主要缺点在于不允许用户移动，一旦用户移动到一个新的位置，网络管理员必须配置新的 VLAN，如图 4-17 所示。

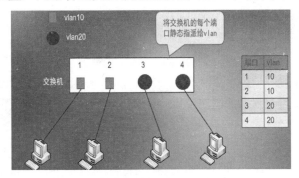

图 4-17　按端口划分 VLAN

2．按 MAC 地址划分的 VLAN

VLAN 工作基于工作站的 MAC 地址，VLAN 交换机跟踪属于 VLAN MAC 的地址，从某种意义上说，这是一种基于用户的网络划分手段，因为 MAC 在工作站的网卡（NIC）上。这种方式的 VLAN 允许网络用户从一个物理位置移动到另一个物理位置时，自动保留其所属 VLAN 的成员身份，但这种方式要求网络管理员将每个用户都一一划分在某个 VLAN 中，在一个大规模的 VLAN 中，这就有些困难了，如图 4-18 所示。

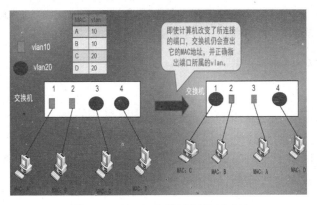

图 4-18　按 MAC 地址划分 VLAN

4.3.4 VLAN 干道传输

所谓的 VLAN 干道传输是用于在不同的交换机之间进行连接，以保证跨越多个交换机建立的同一个 VLAN 的成员能够相互通信，其中，交换机之间级联用的端口就称为主干链路端口（主干道端口）。两个交换机通过主干链路端口互联，使得处于不同交换机但具有相同 VLAN 定义的主机可以相互通信。

1. 交换机的端口

对于使用 IOS 的交换机，交换机的端口（port）通常也称为接口（interface）。交换机的端口按用途分为访问连接（Access Link）端口和主干链路（Trunk Link）端口两种。访问连接端口通常用于连接交换机与计算机，以提供网络接入服务。该种端口只属于某一个 VLAN，并且仅向该 VLAN 发送或接收无标签数据帧。主干链路端口属于所有 VLAN 共有，承载所有 VLAN 在交换机间的通信流量，只能传输带标签数据帧，通常用于连接交换机与交换机、交换机与路由器，如图 4-19 所示。

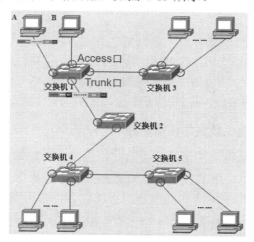

图 4-19 交换机的访问连接端口和主干链路端口

2. IEEE 802.1q 协议

1）IEEE 802.1q 协议简介

IEEE 802.1q 协议为标识带有 VLAN 成员信息的以太网帧建立了一种标准方法，主要用来解决如何将大型网络划分为多个小网络的问题，从而避免了广播和组播流量占据更多带宽。支持 IEEE 802.1q 的交换端口可被配置用于传输标签帧或无标签帧。一个包含 VLAN 信息的标签字段可以插入以太网帧中。如果端口与支持 IEEE 802.1q 的设备（如另一个交换机）相连，那么这些标签帧可以在交换机之间传送 VLAN 成员信息，这样 VLAN 就可以跨越多台交换机。但是，对于与不支持 IEEE 802.1q 的设备（如很多 PC 机、打印机和旧式交换机）相连的端口，必须确保它们只用于传输无标签帧，否则这些设备会因为读不懂标签（由于标签字段的插入，标签帧大小超过了标准以太帧，使这些设备不能识别）而丢弃该帧。

2）IEEE 802.1q 标签帧格式（见图 4-20）

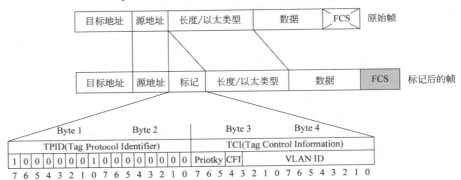

图 4-20   IEEE 802.1q 标签帧格式

TPID：标记协议标识字段，占 2 个字节，其值为 0x8100 时，则表明帧包含 802.1q 标记。

TCI：标签控制信息字段，包括帧优先级（Priority）、规范格式指示器（CFI）和 VLAN 号（VLAN ID）。其中 Priority 占 3 个 bit，用于指定帧的优先级；CFI 占 1 位，常用于指出是否为令牌环帧；VLAN ID（简称 VID）是对 VLAN 识别的字段，该字段为 12 位，支持 4096（2^{12}）个 VLAN 的识别。

3．VLAN 交换机数据的传输过程

当 VLAN 交换机从工作站接收到数据后，会对数据的部分内容进行检查，并与一个 VLAN 配置数据库（该数据库含有静态配置或者动态学习而得到的 MAC 地址等信息）中的内容进行比较后，确定数据去向，如果数据要发往一个 VLAN 设备（VLAN-aware），则一个 VLAN 标识就会被加到这个数据上，根据 VLAN 标识和目的地址，VLAN 交换机就可以将该数据转发到同一 VLAN 上的适当目的地；如果数据发往非 VLAN 设备（VLAN-unaware），则 VLAN 交换机发送不带 VLAN 标识的数据。

如图 4-21 所示是一个跨交换机的 VLAN 数据的传输过程。其中，VLAN 1 中的 PC1 向 PC2 发送信息的详细过程如下。

（1）PC1 构造一个目标地址为 PC2 的普通以太网数据帧并发送到交换机 SW1。

（2）SW1 查 MAC 地址表，发现 PC2 不在 MAC 地址表中，于是将信息广播至 SW1 的所有端口（因 Trunk 口只能接收带标签的数据帧，所以 SW1 先为数据帧加上标签后，才将其发送至 Trunk 口）。

（3）SW1 的 Trunk 口进一步将信息传送到 SW2 的 Trunk 口。

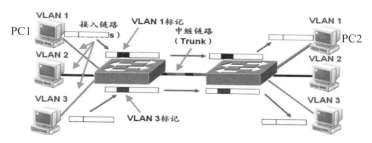

图 4-21　跨交换机 VLAN 的数据传输过程

（4）SW2 的 Trunk 口收到数据包后，查 MAC 地址表，找到了与数据包 MAC 地址相匹配的记录。

（5）因 PC2 只能接收普通以太网数据帧，SW2 先将数据帧中的标签去掉，然后再按 MAC 地址表将数据包发送到与 PC2 相连的端口，最后传送到 PC2。

知识拓展

VLAN 中继协议

有两种 VLAN 中继协议可供选择：ISL 和 IEEE 802.1q。

1．ISL（交换机间链路）

这是一种 Cisco 专用的协议，用于连接多个交换机，当数据在交换机之间传递时负责保持 VLAN 信息的协议。在一个 ISL 干道端口中，所有接收到的数据包被期望使用 ISL 头部封装，并且所有被传输和发送的包都带有一个 ISL 头。从一个 ISL 端口收到的本地帧（Non-tagged）被丢弃，它只用在 Cisco 产品中。

2．IEEE 802.1q

在 VLAN 初始时，各厂商的交换机互不识别，新的 VLAN 标准 IEEE 802.1q 成立后，使不同厂商的设备可同时在同一网络中使用，符合 IEEE 802.1q 标准的交换机可以和其他交换机互通。

4.4　无线局域网

4.4.1　认识无线局域网

1．无线局域网简介

无线局域网（Wireless Local Area Network，WLAN）是利用无线技术将计算机或其他设备连接起来，实现互相通信及资源共享。

无线局域网的应用已经越来越多，现在的校园、商场、公司以及高铁都在使用。无线局域网的应用为我们的生活和工作都带来了很大帮助，它

不仅能够快速传输人们所需要的信息，还能使人们在互联网中的联系更加快捷方便。无线局域网给人们带来了极大的便利，但是无线局域网绝不是用来取代有线局域网的，而是作为有线局域网的补充，弥补有线局域网的缺点和局限，以达到网络延伸的目的。

无线局域网有独立无线局域网和非独立无线局域网两种类型。独立WLAN 是指整个网络都使用无线通信；非独立 WLAN 是指网络中既有无线模式的局域网，也有有线模式的局域网。目前，大多数公司、学校都采用非独立 WLAN 模式。

2．无线局域网的优缺点

1）无线局域网的优点

通过无线局域网和有线局域网的对比可以看到，无线局域网有以下有线局域网无法比拟的优点。

（1）安装简易。在有线网络建设中，网络布线施工耗时长、对环境影响大、工作量大。而无线局域网没有复杂的网络布线工作，一般只安放一个或多个无线接入点（Access Point，AP）设备就可以建立覆盖整个局域网区域的无线网络。

（2）使用灵活。无线局域网网络终端设备不再像传统有线局域网中的那样，只能安放在固定的信息点，而是能够在信号覆盖范围内的任何位置轻松地接入网络。接入无线网络中的终端设备可以在信号覆盖范围内任意移动，实现"移动"办公。

（3）经济节约。由于有线网络缺少灵活性，所以网络设计者在规划网络时考虑未来网络的发展需要，会预设大量利用率较低的信息点。这在预算和施工上都需要投入大量的经费，而一旦网络的发展超出了设计规划，又要花费较多的费用进行网络改造。无线局域网可以避免或减少以上情况的发生。

（4）易于扩展。无线局域网有多种配置方式，可以很快地从只有几个用户的小型局域网扩展到有上千用户的大型网络，并且能够提供节点间"漫游"等有线网络无法实现的特性。由于无线局域网有以上诸多优点，因此其发展十分迅速。最近几年，无线局域网已经在企业、医院、商店、工厂和学校等场合得到了广泛的应用。

（5）故障定位容易。有线网络一旦出现物理故障，尤其是由于线路连接不良而造成的网络中断，往往很难查明，而且检修线路需要付出很大的代价。无线网络则很容易定位故障，只需更换故障设备即可恢复网络连接。

2）无线局域网的缺点

无线局域网在给网络用户带来便捷和实用的同时，也存在一些缺陷。无线局域网的缺点体现在以下 3 个方面。

（1）性能。无线局域网是依靠无线电波进行传输的。这些电波通过无线发射装置进行发射，而建筑物、车辆、树木和其他障碍物都可能阻碍电磁波的传输，所以会影响网络的性能。

（2）速率。无线信道的传输速率与有线信道相比要低得多。无线局域网的最大传输速率为 1 Gb/s，只适合于个人终端和小规模网络应用。

（3）安全性。本质上，无线电波不要求建立物理的连接通道，无线信号是发散的。从理论上讲，很容易监听到无线电波广播范围内的任何信号，造成通信信息泄漏。

总之，无线局域网是有线局域网的有益补充，通过两者的共同组建和使用，可以实现局域网全方位、立体化的应用。

3．无线局域网的传输介质

与有线网络一样，无线局域网也需要传输介质，不过它使用的传输介质不是双绞线或者光纤，而是无线信道，如红外线或无线电波。

1）红外系统

早期的无线网络使用红外线作为传输介质。红外传输是一种点对点的无线传输方式，不能离得太远，还要对准方向且中间不能有障碍物，因此几乎无法控制信息传输的进度。

另外，使用红外线作为传输介质时无线网络的传输距离很难超过 30m，红外线还会受到环境中光纤的影响，造成干扰。如今，红外系统几乎被淘汰，取而代之的是蓝牙技术。

2）无线电波

无线电波覆盖范围广，应用广泛，是目前采用最多的无线局域网传输介质。无线局域网主要使用 2.4 GHz 频段和 5 GHz 频段的无线电波。这两个频段的无线电波具有较强的抗干扰、抗噪声及抗衰减能力，因而通信比较安全，具有很高的可用性。

4．无线局域网的标准

无线局域网的主要标准有 IEEE 802.11、蓝牙（Bluetooth）和 HomeRF等，但 IEEE 802.11 系列的 WLAN 是应用最广泛的。

1）IEEE 802.11

1997 年，国际电工电子工程学会（IEEE）推出了无线局域网标准 802.11，主要用于解决办公室局域网和校园网中用户终端的无线接入，业务主要限于数据存取，数据传输速率最高只能达到 2 Mb/s。由于 802.11 在传输速率和传输距离上都不能满足人们的需要，IEEE 小组又相继推出了 802.11b、802.11a、802.11g、802.11n、802.11ac 等标准。

目前，使用最多的应该是 802.11n 标准，可工作在 2.4 GHz 和 5 GHz 两个频段，可达 600 Mb/s（目前业界主流为 300 Mb/s）。802.11 全系列至少包括 22 个标准，其中 802.11a、802.11b、802.11g 和 802.11n 的产品最为常见，这些标准关于发布时间、工作频率、传输速率、无线覆盖范围和兼容性的对比，如表 4-3 所示。

表 4-3　IEEE 802.11 系列标准对比

协　议	兼　容　性	频　率	理论最高速率
IEEE 802.11a		5.8 GHz	54 Mb/s
IEEE 802.11b		2.4 GHz	11 Mb/s
IEEE 802.11g	兼容 IEEE 802.11b	2.4 GHz	54 Mb/s
IEEE 802.11n	兼容 IEEE 802.11a/b/g	2.4 GHz 或 5.8 GHz	600 Mb/s
IEEE 802.11ac	兼容 IEEE 802.11a/n	5.8 GHz	6.9 Gb/s
IEEE 802.11ax	兼容 IEEE 802.11a/b/g/n/ac	2.4 GHz 或 5.8 GHz	9.6 Gb/s

无线相容认证（Wireless Fidelity，Wi-Fi）是一个无线网络通信技术的品牌，由 Wi-Fi 联盟（Wi-Fi Alliance）持有，用于改善基于 IEEE 802.11 标准的无线网络产品之间的互通性。实际上，Wi-Fi 是符合 802.11b 标准的产品的一个商标，用于保障使用该商标的商品之间可以合作，与标准本身没有关系。Wi-Fi 商标如图 4-22 所示。

2）蓝牙

由于蓝牙技术在机场等移动终端上广泛应用而为大家所熟悉。蓝牙技术即 IEEE 802.15，具有低能量、低成本、适用于小型网络及通信设备等特征，可用于个人操作空间。蓝牙工作在全球通用的 2.4 GHz 频段，最大数据传输速率为 1 Mb/s，最大传输距离通常不超过 10 m。蓝牙技术与 IEEE 802.11 相互补充，可以应用于多种类型的设备中。如图 4-23 所示为蓝牙商标。

图 4-22　Wi-Fi 商标　　　　　图 4-23　蓝牙商标

3）HomeRF

HomeRF 无线标准是由 HomeRF 工作组开发的开放性行业标准，目的是在家庭范围内使计算机与其他电子设备进行无线通信。HomeRF 是对现有无线通信标准的综合和改进：当进行数据通信时采用 IEEE 802.11 规范中的 TCP/IP 传输协议；当进行语音通信时，则采用数字增强型无绳通信（DECT）标准。但是，由于 HomeRF 无线标准与 802.11b 不兼容，且 HomeRF 占据了与 802.11b 和蓝牙相同的 2.4 GHz 频段，所以其在应用范围上有很大的局限性，多在家庭网络中使用。

HomeRF 的特点是安全可靠，成本低廉，简单易行，它不受墙壁和楼层的影响，无线电干扰影响小，传输交互式语音数据时采用时分多址（TDMA）技术，传输高速数据分组时采用带冲突避免的载波监听多路访问（CSMA/CA）技术。表 4-4 为 3 种常见的无线局域网标准的对比。

表 4-4　3 种常见的无线局域网标准的对比

项　目	802.11n	HomeRF	Bluetooth
传输速率（Mb/s）	600	1、2、10、100	1
应用范围	办公区和校园局域网	家庭办公室、私人住宅和庭院的网络	
终端类型	笔记本电脑、PC、掌上电脑和因特网网关	笔记本电脑、PC、电话、modem、移动设备和因特网网关	笔记本电脑、移动电话、掌上电脑、寻呼机和车载终端等
接入方式	接入方式多样化	点对点或每节点多种设备的接入	
支持公司	Cisco、Lucent、3CoM、WECA consoritium	Apple、HP、Dell、HomeRF 工作群、Intel、Motorola	"蓝牙"研究组、Ericsson、Motorola、Nokia

5．无线局域网设备

1）无线网卡

无线网卡的作用、功能跟普通计算机网卡一样，是用来连接到局域网上的。它只是一个信号收发的设备，只有在找到互联网的出口时才能实现与互联网的连接，所有无线网卡只能局限在已布有无线局域网的范围内。

根据接口不同，无线网卡主要有 USB 无线网卡、PCI 无线网卡、PCMCIA 无线网卡 3 类产品。

（1）USB 无线网卡：不管是台式机用户还是笔记本用户，只要安装了驱动程序，都可以使用。在选择时要注意，只有采用 USB2.0 接口的无线网卡才能满足 802.11g 或 802.11g+的需求，如图 4-24 所示。

（2）PCI 无线网卡：台式机专用的无线网卡，如图 4-25 所示。

图 4-24　USB 无线网卡　　　图 4-25　PCI 无线网卡

（3）PCMCIA 无线网卡：笔记本电脑专用的接口无线网卡，如图 4-26 所示。

2）无线 AC

无线 AC（Access Point Controller），即无线接入控制服务器，是一个无线网络的核心，如图 4-27 所示。它的作用是在 WLAN 与 Internet 之间起到网关功能，把来自不同 AP 的数据进行汇聚并接入 Internet，同时完成 AP 设备的配置管理、无线用户的认证、管理及宽带访问、安全等控制功能。国内主流的无线 AC 品牌主要有 H3C、华为、锐捷等。

图 4-26　PCMCIA 无线网卡

图 4-27　无线 AC

3）无线 AP

无线 AP（Access Point），即无线接入点，其实质上是 Wi-Fi 共享上网中的无线交换机，也是移动终端用户进入有线网络的接入点，主要用于家庭宽带、企业内部网络部署等，目前的主要技术标准为 802.11x 系列。

目前，无线 AP 主要分为两类：单纯型 AP 和扩展型 AP。由于缺少了路由功能，单纯型 AP 相当于无线交换机，仅仅提供无线信号发射的功能。它的工作原理是将信号通过双绞线传送过来，经过无线 AP 的编译，将电信号转换为无线信号，形成 Wi-Fi 共享上网的覆盖。根据设备功率的不同，AP 的网络覆盖范围也是不同的，一般无线 AP 的最大覆盖距离可达 400 m。扩展型 AP 指的就是我们常说的无线路由器。

在企业级的无线网络搭建中，常采用 AP+AC 的组网模式来扩展无线网络的覆盖范围，如图 4-28 所示。企事业单位内部以及各电信运营商的 WLAN 业务均采用这种组网模式。

4）无线路由器

无线路由器（Wireless Router）就是带有无线覆盖功能的路由器，它主要应用于用户上网和无线覆盖，如图 4-29 所示。通过路由功能，家庭宽带用户可以实现 Internet 连接共享，也能实现小区宽带的无线共享接入。

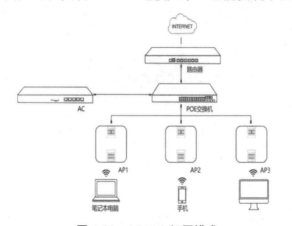

图 4-28　AP+AC 组网模式

图 4-29　无线路由器

市面上的无线路由器的常用接入方式有 x 数字用户线（x Digital Subscriber Line，xDSL）和点对点隧道协议（Point to Point Tunneling Protocol，PPTP）。大部分的无线路由器是由 1 个 WAN 口和 4 个左右的 LAN 口组成的。WAN 口负责连接外部网络，LAN 口负责连接需要的内部局域网。此外，无线路由中含有网络交换机芯片，也可以当有线路由使用。另外，可以通过无线路由器把无线和有线连接的终端都分配到一个子网，使得子网内的各种设备可以方便地交换数据。

无线路由器一般只能支持 15～20 个以内的设备同时在线使用。一般的无线路由器信号范围为半径 50 m，已经有一部分大功率的无线路由器的信号范围达到了半径 300 m。随着家用宽带网络速度的提高，目前市面上已经有大量的家用千兆无线路由器，以满足用户接入高速网络的需求。

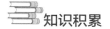 **知识积累**

单纯型 AP 和扩展型 AP 的区别

单纯型 AP 就是我们常说的电信运营商以及某个单位内部组建无线网所使用的 AP，相对于扩展型 AP 来说，单纯型 AP 的抗干扰能力较强，覆盖范围也更广，但不具备路由功能，更适合商用。

扩展型 AP 指的就是我们常说的无线路由器，它是 AP、路由功能和交换机的集合体，由于无线路由器的功率通常较小，因此更适合家用。

 **知识拓展**

无线 CPE

无线 CPE（Customer Premise Equipment），也就是无线客户前置设备，是一种接收移动信号并以无线 Wi-Fi 信号转发出来的新型无线终端接入设备，如图 4-30 所示。

无线 CPE 实质上是一种无线中继设备，可以对运营商网络信号进行二次中继。无线 CPE 天线增益更强，功率更高，它的信号收发能力比手机更为强大，在基站信号覆盖弱的区域，手机接收不到信号，但无线 CPE 可能就有信号，这样就扩大了运营商移动网络的信号覆盖范围。其次，由

图 4-30　华为 5G CPE

于无线 CPE 可以把运营商移动网络信号变成 Wi-Fi 信号，支持的接入设备更多，手机、iPad、笔记本电脑基本上都有 Wi-Fi 功能，都可以借助 CPE 进行上网。

根据使用场景的不同，CPE 可分为室内型号（发射功率 500～1000 mW）和室外型号（发射功率可达 2000 mW），可以适应更为严苛的环境。根据运营商提供的移动网络信号类型的不同，目前市面上主要有 4G CPE 和 5G CPE 两种。

4.4.2　无线局域网的常见应用

1．在日常生活中的应用

无线局域网的实现协议众多，当前最广泛使用的当属 Wi-Fi，只需要一个路由器，即可以达到让所有具有无线功能的设备组成一个无线局域网，非常方便灵活。家庭一般只需要一个路由器就可以组建小型的无线局域网络，中等规模的企业通过多个路由器以及交换机，就能组建覆盖整个企业的中型无线局域网络，而大型企业则需要通过一些中心化的无线控制器，组建强大的覆盖面广的大型无线局域网络。

2．在不同行业中的应用

无线局域网在医院中的应用对于医疗工作有很大帮助，医生在查房时，需要随时查看患者的病例，然后会根据患者当时的病情下医嘱。在使用无线网络以后，医生在查房时可以携带能够连接无线网络的平板电脑，随时查看患者的病例，并记录患者当时的病情。无线局域网不仅能为医生和病人提供上网服务，在医院的病人家属和访客也能享受到无线网络的快捷和便利。无线网络的定位服务在医院的应用也非常多，医生能够及时定位到患者的位置。当患者出现紧急状况时，能够得到及时的治疗。另外，利用无线定位还可以随时知道药品的具体位置，使相关人员在管理药品的库存时更加精确、方便。

金融行业网点众多，建议采用 AC+AP 的组网架构，以便 WLAN 网络进行统一管理。前期布网可考虑与运营商进行合作，以减少建设投资。AP 的布放需要结合实际环境，如面积、楼层等，做具体的适应性调整，部署范围应覆盖电子银行服务区、营业大厅、客户等候区、VIP 客户接待区、理财专区等所有客户有权到达的区域，同时将无线控制器 AC 部署在核心机房，无线控制器通过 N*GE 链路旁挂，也可以在线部署在运营商汇聚交换机上或核心设备上。

4.4.3　无线局域网的安全问题

在无线网络中，通常使用电磁波作为通信介质，而它与以物理链路通信的有线网络相比，具有先天的劣势。但这并不表示无线网络就不具有安全性，事实上，无线网络中具有多种不同方式的无线加密技术，以此来提高无线网络的安全性。

1．无线局域网的安全隐患

无线网络的物理安全是关于这些无线设备自身的安全问题，主要表现在以下两个方面。

（1）无线设备存在许多限制，这将对存储在这些设备中的数据和设备间建立的通信链路的安全产生潜在影响。与个人计算机相比，无线终端设备（如个人数字助理等）存在电池寿命短、显示器偏小等缺陷。

（2）无线设备具有一定的保护措施，但这些保护措施总是基于最小的信息保护需求的。因此，必须加强无线设备的各种防护措施。

无线局域网的传输介质的特殊性，使得信息在传输过程中具有更多的不确定性，受到的影响更大，主要表现在以下 3 个方面。

（1）窃听。任何人都可以用一台带无线网卡的计算机或者廉价的无线扫描器进行窃听，但是发送者和接受者却无法知道在传输过程中是否被窃听，更为重要的是无法检测窃听。

（2）修改替换。在无线局域网中，较强节点可以屏蔽较弱节点，并用自己的数据替代，甚至会代替其他节点做出反应。

（3）传递信任。当网络中包含一部分无线局域网时，就会为攻击者提供一个不需要物理安装的接口，用于网络入侵。因此，参与通信的双方都应该能相互认证。

2．对无线局域网的各种攻击

对于无线局域网的攻击主要包括以下 3 种。

（1）基础结构攻击。基础结构攻击是基于系统中存在的漏洞，如软件漏洞、错误配置、硬件故障等。对这种攻击进行保护几乎是不可能的，我们所能做的就是尽可能地降低破坏所造成的损失。

（2）拒绝服务。无线局域网存在一种比较特殊的拒绝服务攻击，攻击者可以发送与无线局域网相同频率的干扰信号以干扰网络的正常运行，从而导致正常的用户无法使用网络。

（3）置信攻击。通常情况下，攻击者可以将自己伪造成基站。当攻击者拥有一个很强的发射设备时，就可以让移动设备尝试登录到其网络，通过分析窃取密钥和口令，以便发动针对性的攻击。

3．无线网络安全技术

1）服务集标识符（SSID）

（1）SSID 简介。

服务集标识符（Service Set Identifier，SSID）技术可以将一个无线局域网分为几个需要不同身份验证的子网络。每一个子网络都需要独立的身份验证，只有通过身份验证的用户才可以进入相应的子网络，这样可防止未被授权的用户进入本网络。

无线网卡设置不同的 SSID，可以进入不同的网络。SSID 通常由无线AP 广播。通过网络中无线终端的查找，WLAN 功能可以扫描出 SSID，并查看当前区域内所有的 SSID。但是，并不是所有查找到的 SSID 都能使用。

SSID 是一个无线局域网的名称，只有设置了相同 SSID 值的计算机才能相互通信。出于安全考虑，可以不广播 SSID，此时用户要手动设置 SSID 才能进入相应的网络。

（2）禁用 SSID 广播。

一般来说，同一生产商推出的无线路由器或无线 AP 都默认使用相同的 SSID。如果一些企图非法连接的攻击者利用通用的初始化字符串连接无线网络，则极易建立起一条非法的连接，从而给无线网络带来威胁。因此，建议将 SSID 重命名。

无线路由器一般都会提供"允许 SSID 广播"功能。如果不想让自己的无线网络被他人通过 SSID 名称搜索到，那么最好"禁止 SSID 广播"。此时用户的无线网络仍然可以使用，只是不会出现在其他人能搜索到的可用网络列表中。

2）WEP 与 WPA

WEP 和 WPA 都是无线网络中使用的数据加密技术。它们的功能都是将两台设备间无线传输的数据进行加密，防止非法用户窃听或侵入无线网络。

（1）WEP。

有线等效保密（wired equivalent privacy，WEP）是 802.11b 标准中定义的一个用于无线局域网安全性的协议，用来为 WLAN 提供和有线局域网同级别的安全性。现实中，LAN 比 WLAN 安全，因为 LAN 的物理机构对其有所保护，即部分或全部将传输介质埋设在建筑物中，也可以防止未授权的访问。

由于 WEP 有很多弱点，所以在 2003 年被 WPA（Wi-Fi Protected Access）淘汰，又于 2004 年被完整的 IEEE 802.11i 标准（也称 WPA2）所取代。

WEP 虽然存在不少弱点，但也足以阻止非专业人士的窥探了。应用密钥时，应当注意以下要点。

- WEP 密钥应该是键盘字符（大、小写字母、数字和标点符号）或十六进制数字（数字 0~9 和字母 A~F）的随机序列。WEP 密钥越具有随机性，使用起来就越安全。
- 基于单词（比如小型企业的公司名称或家庭的姓氏）或易于记忆的短语的 WEP 密钥很容易被破解。一旦恶意用户破解了 WEP 密钥，他们就能解密用 WEP 加密的帧，并且开始攻击用户的网络。
- 即使 WEP 密钥是随机的，如果收集并分析使用相同的密钥所加密的大量数据，则密钥仍然很容易被破解。因此，建议定期把 WEP 密钥更改为一个新的随机序列，例如每 4 个月更改一次。

（2）WPA 和 WPA2。

WPA 有 WPA 和 WPA2 两个标准，是一种保护无线网络（Wi-Fi）安全的系统，它是为克服 WEP 的几个严重的弱点而产生的。

WPA 是一种基于标准的可互操作的 WLAN 安全性增强解决方案，可大大增强现有无线局域网系统的数据保护水平和访问控制水平。WPA 源于 IEEE 802.11i 标准，并与之保持兼容。如果部署适当，则 WPA 可保证 WLAN 用户的数据得到保护，并且只有被授权的网络用户才可以访问 WLAN。

WPA 的数据加密采用临时密钥完整性协议（Temporary Key Integrity Protocol，TKIP）；认证有两种模式可供选择：一种是使用 IEEE 802.1x 协议进行认证；另一种是使用预先共享密钥（Pre-Shared Key，PSK）模式。

WPA2 是由 Wi-Fi 联盟验证过的 802.11i 标准的认证形式，但不能用在某些早期的网卡上。

WPA 和 WPA2 都能提供优良的安全性，但也都存在下面两个明显的问题。

- ❑ 一定要启动 WPA 或 WPA2 并且选中替代 WEP 才有效，但是大部分的 WLAN 都默认安装和使用 WEP。
- ❑ 在家庭和小型办公室的无线网络中选用"个人"模式时，为了保证完整性，所需的密码长度一定要比 6~8 个字符长。

4. 无线信道

无线信道（Channel）是对无线通信中发送端和接收端之间通路的一种形象比喻。对于无线电波而言，从发送端到接收端，中间并没有一个有形的连接，且传输路径可能不只一条。为了形象地描述发送端与接收端之间的工作，我们想象两者之间有一条看不见的道路衔接，这条衔接通路称为信道。信道具有一定的频率带宽，正如公路有一定的宽度一样。

IEEE 802.11b/g 工作在 2.4~2.4835 GHz 频段，其中每个频段又划分为若干信道。每个国家都制定了政策，规定如何使用这些频段。

802.11 协议在 2.4 GHz 频段定义了 14 个信道，每个信道的频宽均为 22 MHz。两个信道的中心频率相差 5 MHz，即信道 1 的中心频率为 2.412 GHz，信道 2 的中心频率为 2.417 GHz，依此类推，信道 13 的中心频率为 2.472 GHz。信道 14 是特别针对日本定义的，其中心频率与信道 13 的中心频率相差 12 MHz。

北美地区（美国、加拿大）开放了 1~11 信道，欧洲开放了 1~13 信道，中国与欧洲一样，也开放了 1~13 信道。

4.4.4 无线局域网与有线局域网混合的非独立 WLAN 的实现

在小型企业网、校园网的某些区域或家庭网中多用户的接入认证，可采用 Web+DHCP 的方式，用户无须手工配置相关参数，只需将用户网卡设定为通过 DHCP 自动获得 IP 即可，并且无须安装任何客户端软件，用户操作更为方便。同时，无线网络控制器可以对用户上网时间段进行控制，如在教学时间段可以让用户上网，而在非教学时间不允许使用网络。这样的控制策略能够更好地、高效地利用网络设施和资源，最大程度上实现了校园无线网为教学活动服务的目的。

对于无线接入点的管理方面，无线接入控制器可以主动探测网络中存在的无线接入点（AP），并给系统管理员实时提供无线接入点的工作状态，及时排除由于网络故障导致的用户不能正常使用的问题。此外，无线接入控制器还具有用户访问日志功能，便于记录用户的整个网上活动过程，以实现网络的安全控制，如图 4-31 所示。

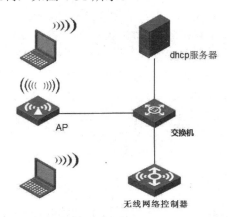

图 4-31　无线局域网与有线局域网非独立 WLAN 模式拓扑图

4.5　本章小结

决局域网特性的三要素是网络拓扑、传输介质与介质访问控制方法。从采用的介质访问控制方法的角度，可以分为共享介质式局域网与交换式局域网两类。从传输介质的角度，可分为有线局域网与无线局域网。交换式局域网通过局域网交换机支持连接到交换机端口的节点之间的多个并发连接，实现多节点之间数据的并发传输，增加了网络带宽，改善了局域网的性能与服务质量。交换技术的发展为虚拟局域网的实现提供了技术基础。无线局域网因其移动性和灵活性，也在企业、商店和学校等区域得到了广泛应用。

目前，局域网的使用已相当普遍，通过本章的学习，可以对局域网介质访问控制方式、局域网体系结构、组网技术等有较深入的了解。

4.6　练习题

一、填空题

1．决定局域网特性的主要技术要素包括＿＿＿＿＿＿＿＿、＿＿＿＿＿＿＿＿和传输介质 3 个方面。

2．局域网体系结构仅包含 OSI 参考模型的最低两层，分别是＿＿＿＿＿＿＿＿层和＿＿＿＿＿＿＿＿层。

3．CSMA/CD 方式遵循"先听后发，_____，
_____，随机重发"的原理控制数据包的发送。

4．VLAN，即_____，是一种将局域网内的设备逻辑地（而不是物理地）分成一个个网段，从而实现虚拟工作组的技术。

5．MAC 地址，即_____，是一个用来确认网上设备位置的地址。形象地说，MAC 地址就如同身份证上的身份证号码，具有全球唯一性。

6．MAC 地址是由_____位二进制数组成，MAC 地址通常分成 6 段，用_____进制表示。

7．无线局域网的主要标准有 IEEE 802.11、蓝牙（Bluetooth）和 HomeRF 等，但_____系列的 WLAN 是应用最广泛的。

二、选择题

1．下面关于虚拟局域网 VLAN 的叙述，错误的是（　　）。
　　A．VLAN 是由一些局域网网段构成的与物理位置无关的逻辑组
　　B．利用以太网交换机可以很方便地实现 VLAN
　　C．每一个 VLAN 的工作站可处在不同的局域网中
　　D．虚拟局域网是一种新型局域网

2．以太网采用（　　）拓扑结构。
　　A．总线形　　　　　　　　　　B．星形
　　C．树形　　　　　　　　　　　D．环形

3．在局域网拓扑结构中，传输时间固定，适用于数据传输实时性要求较高的是（　　）拓扑。
　　A．星形　　　　　　　　　　　B．总线形
　　C．环形　　　　　　　　　　　D．树形

4．对于具有 CSMA/CD 媒体访问控制方法的叙述错误的是（　　）。
　　A．信息帧在信道上以广播方式传播
　　B．站点只有检测到信道上没有其他站点发送的载波信号时，站点才能发送自己的信息帧
　　C．当两个站点同时检测到信道空闲后，同时发送自己的信息帧，则肯定发生冲突
　　D．当两个站点先后检测到信道空闲后，先后发送自己的信息帧，则肯定不发生冲突

5．局域网的层次结构中，可省略的层次是（　　）。
　　A．物理层　　　　　　　　　　B．媒体访问控制层
　　C．逻辑链路控制层　　　　　　D．网际层

6．要把学校里行政楼和实验楼的局域网互连，可以通过（　　）实现。
　　A．交换机　　　　　　　　　　B．Modem

    C．中继器   D．网卡

7．10Base-T 以太网的传输速率为（　　　）。

    A．3Mb/s   B．10Mb/s

    C．10b/s   D．100Mb/s

8．标准以太网的传输介质 10base-T，base 代表（　　　）。

    A．基本传输   B．宽带传输

    C．基带传输   D．光纤传输

三、问答题

1．什么是局域网？它有什么特点？

2．网络的拓扑结构主要有哪些？

3．在 CSMA/CD 中，什么情况下会发生信息冲突？怎么解决？简述其工作原理。

4．什么是 VLAN？VLAN 有什么优点？

5．无线局域网和有线局域网在应用领域上有何不同？

6．简要说明无线局域网的优点和缺点。

7．组成无线局域网需要哪些设备？各有何用途？

第 5 章

广域网技术

引言

　　广域网，又称外网、公网，是连接不同地区局域网或城域网计算机通信的远程网。通常跨越很大的物理范围，所覆盖的范围从几十千米到几千千米，它能连接多个地区、城市和国家，或横跨几个洲并能提供远距离通信，形成国际性的远程网络。本章主要介绍广域网的连接方式、IP 地址的定义、子网划分、IPv6 技术、VPN 与 NAT 技术、接入 Internet 的常见方式等内容。重点阐述 IP 规划、子网划分以及接入 Internet 的常见方式。

　　本章主要学习内容如下。

- ❑　广域网连接方式。
- ❑　IP 规划。
- ❑　IPv6 技术。
- ❑　VPN 与 NAT 技术。
- ❑　常见的 Internet 接入方式。

5.1　广域网连接方式

　　广域网是一种地理跨度很大的网络，可以连接不同地区的局域网或城域网内的计算机进行通信，利用一切可以利用的连接技术来实现网络之间的互联，因此技术比较复杂。从连接方式的角度看，广域网的连接方式包括专线方式、电路交换方式和分组交换方式 3 种。

1．专线方式

在专线连接的方式中，电信运营商利用其通信网络中的传输设备和线路，为用户配置一条专用的通信线路，专线既可以是数字的，也可以是模拟的。用户通过自身设备的串口，短距离连接到接入设备，再通过接入设备，跨越一定距离连接到运营商通信网络。

客户在专线连接中，通信速率由运营商以及付费情况决定，因此，专线方式的特点主要如下。

（1）用户独占一条永久性、点对点专用线路。

（2）线路速率固定，由客户向运营商租用并独享带宽。

（3）部署简单，通信可靠，传输延迟小。

（4）资源利用率低，费用高。

（5）网络结构不够灵活。

2．电路交换方式

由于专线方式的费用过高，用户更希望采用一种按需建立连接的通信方式来实现不同地域局域网的连接，电路交换方式得以在广域网中使用。在电路交换方式中，用户设备通过电信运营商提供的广域网交换机，接入电路交换网络。典型的电路交换网是公共电话交换网（Public Switch Telephone Network，PSTN）。

PSTN 是以电路交换技术为基础的用于传输模拟话音的网络。它的主要业务是固定电话服务，为了保证电话通信的实时性而采用了电路交换技术，这种情况导致 PSTN 的交换机不具有存储转发的能力，线路利用率较低。PSTN 的以上特点导致 PSTN 在进行数据传输时带宽很小。但使用 PSTN 实现计算机之间的数据通信是最廉价的，用户可以使用普通拨号电话线或租用一条电话专线进行数据传输。

3．分组交换方式

分组交换方式是计算机技术发展到一定程度而产生的，是为了能够更加充分利用物理线路而设计的一种广域网连接方式。在分组交换方式中，每个分组的前面加上一个分组头，其中包含发送方和接收方地址，然后由分组交换机根据每个分组的地址，将它们转发至目的地。

分组交换的基本业务有交换虚电路（SVC）和永久虚电路（PVC）两种。交换虚电路如同电话电路，即两个数据终端要通信时先用呼叫程序建立虚电路，然后发送数据，通信结束后用拆线程序拆除虚电路。永久虚电路如同专线，在分组网内两个终端之间于申请合同期间提供永久逻辑连接，无须呼叫建立与拆线程序，在数据传输阶段，与交换虚电路相同。分组交换方式使用的典型技术包括 X.25、帧中继和 ATM。

▲ 5.2 IP 规划

在全球范围内，每个家庭都有一个地址，而每个地址的结构是由国家、省、市、区、街道、门牌号这样的层次结构组成的，因此每个家庭地址是全球唯一的。有了这个唯一的家庭住址，信件的投递才能够正常进行，不会发生冲突。同理，计算机网络中存在着数量庞大的计算机，人们是如何区分网络中的计算机的呢？答案是通过计算机专用的"身份证号"——IP地址。

5.2.1 IP 概述

ARPANET 建立之初，科学家们并没有预测到后来计算机网络所面临的问题。当大量不同厂商、不同标准的设备进入 ARPANET 时可产生很多问题。大部分计算机相互不兼容，在一台计算机上完成的工作，很难拿到另一台计算机上去用，想让硬件和软件都不一样的计算机联网，也有很多困难。为了使计算机能够实现资源共享，必须建立一种大家都必须共同遵守的标准，这样才能让不同的计算机按照一定的规则互连、互通。在确定这个规则的过程中，TCP/IP 的发明具有划时代的意义，1983 年，TCP/IP 成了 Internet 上所有主机间的共同协议。从此以后，TCP/IP 作为一种必须遵守的规则被肯定和应用。正是由于 TCP/IP，才使今天各种不同的计算机能按照 IP 上网互连。

1．IP 数据报的结构

按照 IPv4 的规定，在 IP 层，要传输的数据首先需要加上 IP 首部信息，封装成 IP 数据报。IP 数据报是 IPv4 使用的数据单元，互联层数据信息和控制信息的传递都需要通过 IP 数据报进行。

IP 数据报的格式（以 IPv4 为例）可分为首部（报头）和数据区两大部分，其结构如图 5-1 所示。数据区包括高层需要传输的数据，首部是为了正确传递高层数据而增加的控制信息。

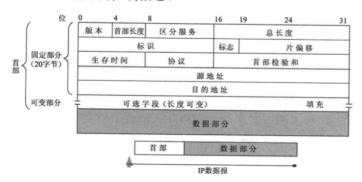

图 5-1　IPv4 数据报格式

1）版本

IP 数据报的第一个域是版本域，长度为 4 位。它表示该 IP 报对应的 IP 版本号，不同 IP 版本对应的数据报格式是不同的，IPv4 版本域的值为 4，IPv6 版本域的值为 6。

2）区分服务

也被称为服务类型，它用于规定对 IP 数据报的处理方式。利用该字段，发送端可为数据报分配优先级并设定服务类型参数，如延迟、可靠性、成本等，指导路由器对数据报进行传送。当然，处理效果要受具体设备及网络环境的限制。

3）生存时间

表示数据报在网络中的寿命。该字段由发出数据报的源主机设置，其目的是防止无法交付的数据报无限制地在网络中传输，从而消耗网络资源。沿途路由器对该字段的处理方法是"先减后查，为 0 抛弃"。

4）协议

表示该数据报文所携带的数据所使用的协议类型，如 TCP 或 UDP 等，该字段可以方便目的主机的 IP 层知道按照什么协议来处理数据部分。

5）首部校验和

用来保证 IP 数据报首部的完整性。

6）地址

地址字段包括源地址和目的地址，分别表示发送数据报的主机和接收数据报的主机的地址。在数据报的整个传输过程中，无论选择什么样的路径，源地址和目的地址始终保持不变。

7）标识、标志和片偏移

这 3 个字段和 IP 数据报的分片重组相关，将在后面介绍。

2. IP 数据报的分片和重组

1）最大传输单元 MTU 和 IP 数据报的分片

IP 数据报是网络层的数据，它在数据链路层需要封装成帧来传输。不同物理网络使用的技术不同，每种网络都规定了一个帧最多能够携带的数据量，这一限制称为最大传输单元（MTU）。IP 数据报的长度不超过网络的 MTU 值才能在网络中进行传输。互联网包含各种各样的物理网络，不同物理网络的最大传输单元长度也不相同，比如以太网的 MTU 长度大约为 1500 字节。

路由器可能连着两个具有不同 MTU 值的网络，如果数据报来自一个 MTU 值较大的局域网，要发往一个 MTU 值较小的局域网，那么就必须把大的数据报分成多个较小的部分，使它们小于局域网的 MTU 值，才能继续传送，这个过程就叫作数据报的分片。一旦进行分片，每片都像正常的 IP 数据报一样，经过独立的路由选择处理，最终到达目的主机。

2）分片重组

在接收到所有分片的基础上，把各个分片重新组装的过程叫作 IP 数据报重组。IP 规定，目的主机负责对分片进行重组。这样处理可以减少路由器的计算量，使路由器可以对分片独立选择路径。另外，由于分片可能经过不同的路径到达目的主机，中间路由器也不可能对分片进行重组。

3）分片控制

（1）标识字段。

标识是源主机给予 IP 数据报的标识符，是分片识别的标记。因为数据报是独立传送的，属于同一数据报的各个分片到达目的地时可能会出现乱序，也可能会和其他数据报混在一起。含有同样标识字段的分片属于同一个数据报，目的主机正是通过标识字段将属于同一个数据报的各个分片挑出来进行重装的。所以，分片时标识字段必须被不加修改地复制到各个分片当中。

（2）标志字段。

标志字段由 3 个标志位组成。最高位为 0，第 2 位（DF 位）是标识数据报能否被分片。当 DF 位值为 0 时，表示可以分片；当 DF 位值为 1 时，表示禁止分片。第 3 位（MF 位）表示该分片是否是最后一个分片，当 MF 位值为 0 时，表示是最后一个分片。

（3）片偏移字段。

片偏移字段指出本片数据在 IP 数据报中的相对位置，片偏移量以 8 字节为单位。在目的主机被重组时，各个分片的顺序由片偏移量提供。

5.2.2 IP 地址分类

MAC 地址用于数据链路层，但是当数据的传输要通过不同的网络类型时，MAC 地址就不能满足了。为了解决这种问题，使用一个更高层的协议（如 IP 协议），允许给一个物理设备分配一个逻辑地址。无论使用哪种通信方法，都可以通过一个唯一的逻辑地址来识别这个设备。当然，在实际的通信中，逻辑地址最终还要转换成物理地址。

IPv4 协议中的 IP 地址共由 32 位二进制数组成，通常按照 8 位划分成 4 个字节。IP 地址也可分为网络 ID 和主机 ID 两部分。网络 ID 用于标识某个网段，主机 ID 用来标识某个网段内的一个 TCP/IP 节点。为了方便记忆和使用，IP 地址最常见的形式是点分十进制，就是把 4 个字节分别换算成十进制来标识，中间用"."来分隔，如 225.36.25.4。

知识积累

主机号则用来表示该网络中的某个节点，这里的"节点"是指网络内的一个节点，不能简单地理解为是一台计算机。实际上 IP 地址是分配给计算机网卡的，一台计算机可以有多个网卡，就可以有多个 IP 地址，一个网卡就是一个节点。交换机、路由器等路由设备的接口也有网卡，也是节点。

1. 按照网络规模分类

IP 地址是每一个连接 Internet 的主机都必须具备的，就像电话号码一样，否则无法联系。一个网络是一组由通信介质连接的、多台计算机设备的集合。从地址管理的角度来看，在一个网络上的所有计算机都应由同一个组织来管理。网络很大，需要大量的地址，网络很小，所需要的地址量就相对较小。

为了适应不同的网络规模，IPv4 的 IP 地址分为 A、B、C、D、E 5 类，每类地址中定义了它们的网络 ID 和主机 ID 占用的位数，也就意味着每类地址可以表示的网络数以及每个网络中的主机数都是已经确定了的。

IPv4 协议中的 IP 地址共 32 位，也就意味着全世界共有四十多亿 IP 地址，这个数量对于当时的 ARPANET 是绰绰有余的。按照当时的分类思想，各类地址的编码方式如下所示。它们可以根据第一字节的前几位加以区分。

（1）A 类地址：最高位为："0"，随后 7 位是网络地址，最后 24 位是主机地址。

（2）B 类地址：最高两位为"10"，随后的 14 位是网络地址，最后 16 位是主机地址。

（3）C 类地址：最高的 3 位为"110"，随后的 21 位是网络地址，最后 8 位是主机地址。

（4）D 类地址：最高的 4 位为"1110"，随后的所有位用来做组播地址使用。

（5）E 类地址：最高的 5 位为"11110"，这类地址为保留地址，不使用。

其中的 A、B、C 3 类地址是用来作为主机地址的，D 类地址被用来作为组播地址，E 类被保留。经常使用的 A、B、C 3 类地址格式，如图 5-2 所示。

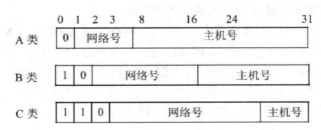

图 5-2　A、B、C 3 类地址的网络 ID 与主机 ID 的分配格式

根据分类 IP 地址的格式，可以算出这 3 类地址中容纳的网络数和主机数，具体情况如表 5-1 所示。

表 5-1　IP 地址分类情况表

类别	网络ID位数	主机ID位数	第1字节范围	网络地址长度	最大主机数目	地址范围	有效地址范围	网络规模
A	7	24	1～126	1B	1677214	0.0.0.0～127.255.255.255	1.0.0.1～126.255.255.255	大
B	14	16	128～191	2B	65534	128.0.0.0～191.255.255.255	128.1.0.1～191.254.255.254	中
C	21	8	192～223	3B	254	192.0.0.0～223.255.255.255	192.0.1.1～223.255.254.254	小

2. 特殊类型的 IP 地址

每个网络容纳的主机数目与实际按位数计算的值不对应，这是因为并不是所有的 IP 地址都能拿来分配，其中一些地址是有特殊含义的，大致有以下 3 种情况。

（1）主机 ID 不能"全是 0"或"全是 1"。这是因为在 Internet 中，主机部分全部为 0，表示的是网络地址，相当于电话号码中只有区号，没有电话号。主机部分全部为 1，则表示这是一个面向某个网络中所有节点的广播地址，比如 C 类地址 225.36.25.255。

（2）IP 地址的网络 ID 和主机 ID 不能设成"全部为 0"或"全部为 1"。如果 IP 地址中的所有位都设置为 1，那么就会得到一个地址"255.255.255.255"，这个地址的含义是向本地网络中的所有节点发送广播，路由器是不会传送这种广播的。当 IP 地址中的所有位都设置为 0，IP 地址就是"0.0.0.0"，这个地址的含义表示 Internet 中的所有网络。

（3）IP 地址的头一个字节不能是 127，IP 地址中，以 127 开头的是用来做回环测试的地址，已经分配给了本地环路。

表 5-2 列出了所有特殊用途的 IP 地址，请在使用 IP 地址时注意。

表 5-2　特殊用途的 IP 地址

网络 ID	主机 ID	地 址 类 型	用 途
ANY	全"0"	网络地址	代表一个网络
ANY	全"1"	广播地址	特定网段的所有节点
首字节 127		回环地址	回环测试
全"0"		所有网络	用于路由器指定默认路由
全"1"		本地广播	向本网段的所有节点广播

5.2.3　子网划分

Internet 地址分配一般以网络为单位（A 类、B 类或 C 类网）进行分配。对于一个 A 类网或 B 类网来说，每个 IP 网络中包含了大量的主机地址（A 类 1600 多万个，B 类 6 万多个），一旦该网络号被某个机构或地区所申请，其他机构就不能使用了。一般没有一个机构或部门的网络主机数量会达到1600多万个。因此一般来说，A类网络和B类网络都存在巨大的IP地址浪费问题。同时，在一个IP网络中，主机数量过于庞大，也不利于网络的管理。

为了解决IP地址浪费及网络维护管理问题，可以将标准的A类、B类或C类网络再划分成若干子网。

1．子网划分方法

从标准的A类、B类或C类网络的主机号部分，进一步划分成子网部分和主机部分，就是所谓的子网划分。进行子网划分以后，一个IP地址就在原来二级IP地址结构的基础上，增加了一级子网号，变成了由标准网络号、子网号和主机号构成的三级结构，如图5-3所示。

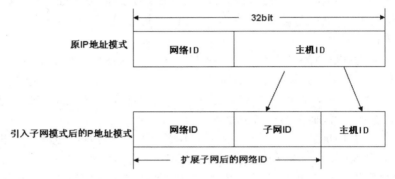

图 5-3　IP 地址划分子网后的三级结构

2．子网掩码

随着子网的出现，使得扩展后的IP地址具有一定的内部层次结构，一个子网的标识就需要网络ID和子网ID两部分联合才可以标识，所以子网的概念延伸了地址的网络部分。要注意的是，这部分的划分是属于一个网络内部的事情，是由网络管理员按照本网络的需要进行的，所以对于其他网络的主机来讲，是不知道这种划分的。本地的路由器必须清楚这个划分，当一个网络外的主机向网络内的主机发送数据时，路由器需要知道这个数据是发送到哪个子网的，这就需要使用子网掩码来判断目的网络究竟是哪个子网。

子网掩码的产生就是要在有子网划分的情况下，帮助路由器判断出IP地址中哪部分是网络ID，哪部分是主机ID。在二进制数的逻辑运算中有一个"与"运算，"与"运算的特点就是任何二进制数与"0"相"与"，结果为0；与1相"与"，结果不变。这样就可以编写一个32位的子网掩码，让其和需要判断的IP地址相"与"，把感兴趣的网络ID部分保留，不感兴趣的主机ID部分变成0，由此可以得出子网掩码的编写方法如下。

（1）对应于IP地址的网络ID的所有位都设为"1"，"1"必须是连续的。

（2）对应于主机 ID 的所有位都设为"0"。

根据上述子网掩码的编写方法，可以写出 A 类、B 类和 C 类的默认子网掩码如下：

A 类　11111111 00000000 00000000 00000000　255.0.0.0

B 类　11111111 11111111 00000000 00000000　255.255.0.0

C 类　11111111 11111111 11111111 00000000　255.255.255.0

习惯上用两种方法来表示子网掩码，一种是点分十进制，如 255.255.255.0；另一种是用子网掩码中"1"的个数来标记，比如 255.255.0.0 可以写为"/16"。

3．用 IP 地址与子网掩码求网络 ID

子网掩码就像一条一半透明的纸条，把感兴趣的网络 ID 部分显示出来，把不感兴趣的主机 ID 部分掩盖起来。具体的过程可以通过一个例子来了解，比如现在有一台网络中的主机，其 IP 地址是 225.36.25.183，这个网络的子网掩码是 255.255.255.240，要想了解这台主机所处的子网，只需要用该网络的子网掩码与这台主机的地址相"与"就可以了。具体过程如图 5-4 所示。

	点分十进制	二进制 网络ID				主机ID
IP地址	225.36.25.185	11100001	00100100	00011001	1011	0111
子网掩码	255.255.255.240	11111111	11111111	11111111	1111	0000
and运算结果	225.36.25.176	11100001	00100100	00011001	1011	0000

图 5-4　网络 ID 的计算过程

4．子网划分举例

了解了 IP 地址和子网掩码，就可以进行子网划分了。子网划分在理论上是很容易理解的，但真正做划分前，有许多相关问题需要分析清楚。子网划分主要考虑以下两个问题。

（1）当前网络需要划分几个子网。

（2）每个子网最多支持多少台主机。

这两个问题只要有一个是无法完成的，这次划分就是不可行的。同时子网划分也要考虑前面所说的特殊 IP 地址的影响，比如从主机 ID 部分划分出一部分，作为子网 ID，只给主机 ID 留下一位，这时主机的地址要么为"0"，要么为"1"，为"0"就是一个网络地址，为"1"就是一个广播地址，这都是不允许分配给主机的，所以主机 ID 至少要留两位。对于一个 C 类网络的划分，可以参考表 5-3，对于 A 类和 B 类网络的划分，方法也是一样的。

表 5-3　C 类网络的子网划分

子 网 位 数	子 网 数 量	主 机 位 数	主 机 数 量	掩 码
1	2	7	126	255.255.255.128
2	4	6	62	255.255.255.192
3	8	5	30	255.255.255.224
4	16	4	14	255.255.255.240
5	32	3	6	255.255.255.248
6	64	2	2	255.255.255.252

知识积累

子网数用公式 $M=2^X$ 计算。X 表示子网 ID 位数。

每个子网的主机数目用公式 $N=2^Y-2$ 计算。Y 表示主机 ID 位数。下面用一个具体的实例说明子网划分的过程。比如某个公司获得了一个 C 类网络地址 204.1.16.0，该公司现有负责市场、生产和科研的 3 个部门，这 3 个部门要分属不同的子网。每个子网最多支持 50 台主机，现在要求规划出子网掩码和每个子网可用的 IP 地址。

设子网 ID 位数为 x，则主机 ID 位数为 8-x。

$$\begin{cases} 2^x \geqslant 3 \\ 2^{8-x}-2 \geqslant 50 \end{cases} \Rightarrow x=2$$，子网掩码为 255.255.255.192。求每个子网可用

IP 地址的过程，如表 5-4 所示。

表 5-4　划分两位形成的子网及主机地址范围

	网　　络			子　网	主　机	
204.1.16.0	11001100	00000001	00010000	00	000001	1
					111110	62
255.255.255.192	11111111	11111111	11111111	11	000000	
204.1.16.64	11001100	00000001	00010000	01	000001	65
					111110	126
204.1.16.128				10	000001	129
					111110	190
204.1.16.192				11	000001	193
					111110	254

5.2.4　Internet 控制报文协议

IP 协议本身是不可靠、无连接的协议，为了能够更有效地转发 IP 数据报并提高发送成功的机会，在网际层使用了与互联网通信有关的协议，即 Internet 控制报文协议（ICMP）。该协议允许主机和路由器报告 IP 报文传输过程中，出现的差错和其他异常情况。通过该协议，用户可以了解 IP 报文

传输的情况。

ICMP 与 IP 协议同属于网络层，但从体系结构上讲，ICMP 在 IP 之上，因为 ICMP 的数据需要用 IP 进行传输。因此，ICMP 的数据加上 IP 报文首部就构成了 ICMP 的报文。ICMP 报文格式如表 5-5 所示。

表 5-5 ICMP 报文格式

类型	代码	校验和
ICMP 数据部分（内容与长度取决于类型）		

ICMP 报文的种类分为 ICMP 差错报文和 ICMP 查询报文。从表 5-5 可知，ICMP 报文共有 3 个字段：类型、代码和校验和。ICMP 的内容由类型和代码两个字段决定。表 5-6 列出了常用的一些 ICMP 报文类型，这里给出一些典型报文的解释。

表 5-6 ICMP 报文的种类

ICMP 报文种类	类型字段的取值	ICMP 报文的类型
差错报文	3	目标不可达
	4	源抑制
	11	数据报 TTL 超时
查询报文	0	Echo（回送）应答
	8	Echo（回送）请求

1. 目标不可达

IP 是无连接、不可靠的协议，因此 IP 不能保证分组的投递，目的地可能不存在或已经关机，也可能发送者提供的源路由要求无法实现，或者设定了 IP 报文分组不能分段，而分组过大不能传送等。这些情况都会使路由器向原发送者发送一个 ICMP 分组，这个分组包含了不能到达目的地的分组的完整 IP 头，以及分组数据的前 64 字节，这样发送者可以判断哪个分组无法投递。

2. 回送请求

这是由主机或路由器向一个特定目的主机发出的询问。这种询问报文用来测试目的主机是否可达，收到该报文的机器必须向主机发送回送应答报文。

3. 回送应答

用于响应回送请求报文。

4. 源抑制

当某个速率较高的主机向另一个速率慢的主机发送一串数据报时，可能会使目标主机产生拥塞，因而会造成数据的丢失。通过高层协议，源主机得知丢失了一些分组，就会不断重发，从而造成更严重的拥塞。这时，目的主机可以向源主机发送 ICMP 源抑制报文，使源主机暂停发送，过一段时间再逐渐恢复正常。

5．超时

当 IP 分组的 TTL 字段减到 0 时，路由器会在丢弃分组的同时，向源主机发送一个超时分组，报告分组未被投递。

在网络工作实践中，ICMP 被广泛用于网络测试。常用基于 ICMP 的测试工具 ping 检验网络的连通性，这将在后面章节中讲到。

5.3 IPv6 技术

5.3.1 IPv4 的局限性

2019 年 11 月 26 日，负责英国、欧洲、中东和部分中亚地区互联网资源分配的欧洲网络协调中心（RIPE NCC）正式宣布：共计 43 亿个 IPv4 地址已经全部分配完毕！

关于 IPV4 地址枯竭的问题，人们对此并不感到意外。因为互联网一开始只是设计给美国军方使用的，可能当时谁也没有想到互联网发展的速度会如此之快。早在 20 世纪初，IPv4 地址稀缺的问题便已初现端倪，对此人们也早早地做好了应对措施——第六代网际协议 IPv6。

1．IPv4 地址空间危机

IPv4 中，IP 地址由 32 位二进制数组成，为了方便操作，通常将其 8 位一段隔开，并换算成 4 个十进制数，数字间以点间隔。每个 IP 又分为两部分：网络地址和主机地址。网络地址指出该 IP 所属的网络；主机地址则定义了网络上该主机的唯一性。这种安排确实给 IPv4 地址划分带来了不少便利，但同时也为地址空间危机埋下了伏笔。理论上 IPv4 地址数为 $2^{32}-1$（约为 43 亿）个，在 IPv4 诞生之初，只有几百台计算机能联网工作，43 亿多个地址看起来完全可以在相当长的时期内满足互联网的需要；但事实上网络中任意一个交换机的任意一个端口（每一个端口均连接至少一个用户客户端）都需要一个独立的 IP 地址，同时，互联网用户数量也一直呈几何级增长，因此，IPv4 网络先天缺乏足够的 IP 地址以满足大量潜在的用户。

IPv4 中，IP 地址分为 5 类，有 3 类被用于网络。A 类地址有 126 个，一般用于政府实体，每个地址可容纳的连接数多达 1600 多万。B 类地址大约 16000 个，一般用于学校和大公司，每个地址理论上可支持约 65000 台主机同时连接。C 类地址有 200 多万个，每个地址最多连接 254 台主机。由于地址分配并不合理，据统计，目前只有不到 5% 的地址得到充分利用，已分配的地址尤其是 A 类地址大量闲置。许多企业或单位由于分配不到足够多的 IP，只得使用网络地址转换（Network Address Translation，NAT）等技术解决 IP 供应不足的问题。但由于 IPv4 地址总数是固定的，这些技术并不能从根本上解决 IP 地址匮乏的问题。2011 年 2 月 3 日，全球互联网数字分配机构（The Internet Assigned Numbers Authority，IANA）宣布，全球 IPv4 地址池已经耗尽。

2．IPv4 提供的网络安全性不够

IPv4 诞生之初，接入互联网的用户数量不多，他们以学术研究为主，彼此间相互了解。同时，政府安全部门的干预也保证了在应用上 IPv4 安全性不会成为问题。因此，在设计的时候，IPv4 具备的安全性很低，这为后来 IPv4 的发展埋下了不少隐患。在 IPv4 中，由于在网络层中没有提供加密和认证机制，机密数据资源的传输无法得到安全保障。除此之外，净荷数据的数字签名、密钥交换、实体的身份验证和资源的访问控制等功能一般由应用层或者传输层来完成。这显然是存在缺点的：在应用层进行加密时，虽然数据本身加密，但携带它的 IP 数据仍会泄露相关进程以及系统信息；在传输层加密比较稳妥，但客户机和服务器应用程序都要重写以支持安全套接层（Secure Socket Layer，SSL），实现起来较为复杂。

3．IPv4 的路由瓶颈

由于 Internet 用户数量稀少，早期的 IPv4 网络相关管理机构缺乏规划，IP 地址分配十分随意。一些大型机构由于没有分配到 B 类地址，不得不分配多个 C 类地址以应对越来越庞大的网络规模，这样做却导致了路由表的迅速膨胀。越来越大的路由表数量增加了网络中路由查找和存储的开销，路由效率特别是骨干网络路由效率快速下降。同时，IPv4 的地址归用户所有，伴随着移动 IP 用户急剧增多，移动 IP 路由越来越复杂，移动业务开展时遇到的问题逐渐累积，移动 IP 功能发展十分缓慢。种种因素的制约，使得路由问题在 IPv4 地址枯竭之前已然成为制约 Internet 效率和发展的瓶颈。

4．IPv4 难以保障服务质量（Quality of Service，QoS）

随着互联网语音协议（Voice over Internet Protocol，VoIP）、视频点播（Video on Demand，VoD）、3G 等新业务的出现，用户对 QoS 的要求越来越高。但是 IPv4 作为一个无连接协议，它在传输信号时遵循 best-effort（最大努力）模式。每一个信号分组的传输都是相对独立的，IPv4 只在分组头定义好传输的信源和信宿地址。分组上没有任何一个特定的流或连接的标记，也不进行编号。因此，在信号分组传输的过程中，既不能纠正传输产生的误差，也无法确认分组是否已经送达，更无法确定传送时间，这就是 best-effort 模式。IPv4 尽可能地传送这些数据包，它为上层协议提供的服务

是不可靠的，没有 QoS 的概念。设计上的不足使它很难提供丰富、灵活的 QoS 选项。

5.3.2　IPv6 的发展

互联网协议第六版（Internet Protocol Version 6，IPv6）是由国际互联网工程任务组（IETF）开发的用于替代现行 IP 协议的下一代 IP 协议。当前全球普遍使用的互联网协议是 IPv4，然而随着互联网的急速发展，其应用拓展到生产生活的方方面面，联网设备的数量也随之不断攀升，IPv4 逐渐暴露出难以克服的缺陷，迫切需要新一代 IP 协议出现。

事实上，早在 20 世纪 90 年代早期，IETF 就已经开始着手制定新互联网协议了，并于 1993 年成立了下一代 IP（IPng）工作组。工作组于 1994 年提出下一代 IP 网络协议的推荐版本，1995 年底确定了 IPng 的协议规范并将其命名为 IPv6，1998 年 IPv6 成为标准草案，2017 年 7 月 14 日正式完成标准化。2012 年 6 月 6 日，国际互联网协会举行"世界 IPv6 启动日"，全球 IPv6 网络实施正式启动。正式启动以来的 6 年间，各国政府与企业纷纷开展 IPv6 部署，IPv6 已经在全球各国迅速普及发展。国际互联网协会在 2018 年 6 月 6 日发布的《IPv6 部署状况 2018》中指出，IPv6 已从"创新技术"和"早期应用"阶段发展到规模部署阶段。

欧盟于 2008 年发布"欧盟部署 IPv6 行动计划"，要求在欧洲范围内分阶段推进欧盟企业、政府部门和家庭用户迁移至 IPv6。日本 2009 年发布《IPv6 行动计划》，决定从 2011 年起全面启动 IPv6 服务。美国政府 2012 年发布《政府 IPv6 应用指南/规划路线图》，明确要求到 2012 年年底，政府对外提供的所有互联网公共服务必须支持 IPv6，到 2014 年年底，政府内部办公网络全面支持 IPv6。印度政府 2012 年 7 月公布向 IPv6 迁移的详细路线图，计划于 2012 年 3 月之前推出基本的 IPv6 服务。此外，加拿大、巴西、澳大利亚等国也各自提出了 IPv6 发展战略规划，推动 IPv6 在国内的全面部署。

在基础网络方面，美国、欧洲和亚洲的多个主要网络运营商已实现大规模部署 IPv6，例如美国 T-Mobile 部署率达到 94%，印度 RelianceJio 为 87%，英国天空广播为 86%。作为各种应用的基础，操作系统已基本实现对 IPv6 的支持，但在具体使用与支持程度上还存在较大差异。在支持 IPv6 的操作系统的基础上，应用软件也开始逐渐支持 IPv6，PC 端部分基础软件已实现对 IPv6 的支持，移动端 iOS 系统已实现所有上架软件均支持 IPv6。在网站方面，Google、Facebook、雅虎、必应等主要网站均提供永久 IPv6 服务，全球 Alextop 500 网站中，有近 24%支持 IPv6。在网络设备方面，截至目前全球获得 IPv6 Ready Logo 认证的网络设备共有 2246 项，其中路由器、交换机获认证申请最多，安全及流控设备相对较少。

中国是全球最关注 IPv6 发展的国家之一，2003 年"中国下一代互联网示范工程项目（CNGI）"计划的部署，预示着我国开始全面开展 IPv6 的研究和推广。CNGI 工程项目的实施作为我国下一代互联网发展过程中重要的标志性事件，意味着我国在信息网络领域更加深入地投入科学研究，结合工程项目进行试验性探索。一百多所高校和研究机构以及几十个网络设备制造商参与其中。2005 年第四届"全球 IPv6 高峰论坛"在我国举办。

2017 年，国务院印发《推进互联网协议第六版（IPv6）规模部署行动计划》，指出抓住全球网络信息技术加速创新变革、信息基础设施快速演进升级的历史机遇，加快推进 IPv6 规模部署，构建高速率、广普及、全覆盖、智能化的下一代互联网，是加快网络强国建设、加速国家信息化进程、助力经济社会发展、赢得未来国际竞争新优势的紧迫要求。我国的目标是用 5～10 年时间，形成下一代互联网自主技术体系和产业生态，建成全球最大规模的 IPv6 商业应用网络，实现下一代互联网在经济社会各领域的深度融合应用，成为全球下一代互联网发展的重要主导力量。到 2018 年年末，市场驱动的良性发展环境基本形成，IPv6 活跃用户数达到 2 亿，在互联网用户中的占比不低于 20%。到 2020 年年末，市场驱动的良性发展环境日趋完善，IPv6 活跃用户数超过 5 亿，在互联网用户中的占比超过 50%，新增网络不再使用私有 IPv4 地址，到 2025 年年末，我国 IPv6 网络规模、用户规模、流量规模位居世界第一位，网络、应用、终端全面支持 IPv6，完成向下一代互联网的平滑演进升级，形成全球领先的下一代互联网技术产业体系。

总而言之，对于 IPv6 技术的研究，国内外基本处于同一水平线。到目前为止，国际上还未出现商用的 IPv6 协议簇软件，这为国内 IPv6 技术的研究和发展提供了一个绝佳的机遇。研制并生产出适合我国国情、适应我国科技发展，且具中国特色的 IPv6 路由协议软件是我国信息技术人才的又一新目标。

5.3.3 IPv6 的新特性

和 IPv4 相比，IPv6 的变化体现在以下五 5 个重要方面。

1. 扩展了地址空间

IPv6 提供了更大的地址空间。IPv6 将地址长度从 IPv4 的 32 位增大到了 128 位，相应的地址空间由 2^{32} 扩展到了 2^{128}。

2. 简化了报头格式

IPv6 报头是由 40 字节共 8 个字段（其中两个字段分别是源地址和目的地址，共 32 字节）构成的；IPv4 由 12 个字段构成。IPv6 中协议字段的减少将加快转发 IP 分组的速度。IPv6 报头采用固定长度的格式，使选路效率更高。

3. 改进了选项扩展

IPv4 可在 IP 报头固定部分后加入可选项；IPv6 把选项加在单独的扩展头中。IPv6 的扩展头是作为 IPv6 数据报净荷内容处理的，因此 IPv6 扩展头不影响 IPv6 数据报的处理速度。

4. 新增了流的概念

IPv4 对所有数据报大致同等对待，这意味着中间路由器按自己的方式处理 IP 数据报；IPv6 需要对流跟踪并保持一定的路由处理信息。在 IPv6 中，流是从一个特定的源点发向一个特定目标的数据报序列，源点希望中间路由器对这些数据报进行差异化处理。在 IPv6 报头中，有专门的字段标识不同的流。

5. 身份验证和保密

IPv6 使用两种安全性扩展：IP 身份验证头（AH）、IP 封装安全性净荷（ESP）。AH 头用于保证 IPv6 数据报的完整性，ESP 封装安全机制用于加密 IPv6 数据报净荷，或者在加密整个 IP 包后，以隧道方式在 Internet 上传输。

5.3.4 IPv6 报文结构

IPv6 的首部格式更加高效、灵活，对选项进行了改进，允许协议继续扩充，支持即插即用（即自动配置），支持资源的预分配。

IPv6 数据包由一个基本报头、0 个或多个扩展报头及上层协议单元构成。

将首部长度变为固定的 40 字节，称为基本首部；将不必要的功能取消了，首部的字段数减少到只有 8 个；取消了首部的检验和字段，加快了路由器处理数据报的速度；在基本首部的后面允许有零个或多个扩展首部；所有的扩展首部和数据合起来称为数据报的有效载荷或净负荷。IPv6 数据报的协议格式如图 5-5 所示。

IPv6 数据报协议头部各字段的作用及含义如下。

（1）版本（version）——4 位，它指明了协议的版本，对 IPv6 该字段总是 6。

（2）通信量类（traffic class）——8 位，这是为了区分不同的 IPv6 数据报的类别或优先级。

（3）流标号（flow label）——20 位，"流"是互联网络上从特定源点到特定终点的一系列数据报，流所经过的路径上的路由器都保证指明的服务质量。所有属于同一个流的数据报都具有同样的流标号。

（4）有效载荷长度（payload length）——16 位，它指明 IPv6 数据报除基本首部以外的字节数（所有扩展首部都算在有效载荷之内），其最大值是 64 KB。

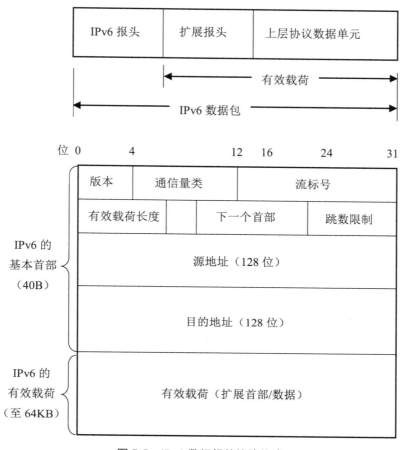

图 5-5　IPv6 数据报的协议格式

（5）下一个首部（next header）——8 位，它相当于 IPv4 的协议字段或可选字段。

（6）跳数限制（hop limit）——8 位，源站在数据报发出时即设定跳数限制。路由器在转发数据报时将跳数限制字段中的值减 1。当跳数限制的值为 0 时，就要将此数据报丢弃。

（7）源地址——128 位，它是数据报发送站的 IP 地址。

（8）目的地址——128 位，它是数据报接收站的 IP 地址。

5.3.5　IPv6 地址

1．IPv6 地址格式

IPv6 拥有更为庞大的地址空间是因为 IPv4 只采用 32 位表示，而 IPv6 采用 128 位表示，这样大的地址空间，几乎可以容纳无数个节点。正因为 IPv6 使用了 128 位表示地址，在表示和书写上具有相当的困难，原来的 IPv4 使用十进制表示，而 IPv6 由于地址太长，则采用十六进制表示，但无论如何表示，计算机都处理二进制数。因为十进制表示时，使用 0～9 共 10 个数字，而十六进制需要在十进制原有的基础上多出 6 个数字，即需要多出 10、11、12、13、14、15，这 6 个数字则采用字母的形式表示，分别为 A（表示 10）、B（表示 11）、C（表示 12）、D（表示 13）、E（表示 14）、F（表示 15），这些字母是不区分大小写的。

但是由于 IPv6 拥有 128 位的长度，所以不能直接表示，它必须像 IPv4 那样进行分段表示。IPv6 将整个地址分为 8 段表示，每段之间用冒号隔开，每段的长度为 16 位，表示如下：

XXXX:XXXX:XXXX:XXXX:XXXX:XXXX:XXXX:XXXX

从中可以看出，IPv6 中每一个段是 16 位，每段共 4 个 X，其中 X 用 4 bit 表示，一个 X 就表示一个数字或字母，一个完整的地址共 128 bit。那么 XXXX 的取值范围就应该从 0000 到 FFFF。

2．IPv6 地址表示方法

对于一个完整的 IPv6 地址，需要写 128 位，已经被分成了 8 段，每段 4 个字符，也就是说完整地表示一个 IPv6 地址，需要写 32 个字符，这是相当长的，并且容易混淆和出错，所以 IPv6 在地址的表示方法上，是有讲究的。以下介绍 3 种常规的 IPv6 地址表示形式，分别为一般表示法、简化表示法、混合表示法。

1）一般表示法

用冒号分割的一般形式把一个 128 位的 IPv6 地址用 8 段表示，每段 16 位，且每段用冒号隔开。由于 IPv6 采纳的是十六进制表示法，因此每段的 16 位可用十六进制表示法表示为 4 个字节，例如：

ACDE:FE01:3254:7698:AEDC:2345:5687:EF01
7000:0000:0000:0000:0231:5647:98BA:DCFE

2）简化表示法

因为 IPv6 的位数较多，书写较为复杂，又因为绝大多数 IPv6 地址都包含长字符串零位的地址，如果全列出来，会显得有些臃肿。为了让地址书写更为方便，采用特殊的简写方法表示 IPv6 地址。

在第一个 IPv6 地址中，我们把每一位都写了出来，并没有省略，在第二个 IPv6 地址中，若对于 7000 后的字段出现连续全为 0 的地址段，可以省略，只用双冒号（::）紧接其后表示即可，或将每一个字段都简写为一个 0 并用单冒号（:）紧接其后；若 7000 后出现的仅有一个字段全为 0，则省略只写一个 0，紧接其后是单冒号（:）表示。若每 4 位的第一个数字为 0，则可以省略掉 0，后面的数字仍不变。

针对上述简化书写 IPv6 的方法，我们可把第二个 IPv6 地址表示为 7000:0:0:0:231:5647:98BA:DCFE，或者还可以表示为 7000::231:5647:98BA:DCFE。

双冒号（::）只能在 IPv6 地址中出现一次，并且双冒号的位置可以出现在地址的前端或者尾部。例如 0:0:0:0:0:0:0:1 可以简写为::1，0:0:0:0:0:0:0:0 可以简写为::。

3）混合表示法

为了配合 IPv6 地址在实际生活中的应用，有些还需要 IPv4 地址去过渡，因此产生了混合 IPv4 在其中的 IPv6 地址。混合表示法的具体 IPv6 地址的表示样式为 x:x:x:x:x:x:d.d.d.d。其中"x"代表十六进制高位地址的 16 位段，"d"代表十进制低位地址的 8 位段（标准的 IPv4 表示），例如 0:0:0:0:0:0:15.1.67.3 还可以写成::15.1.67.3，0:0:0:0:0:FFFF:129.144.52.38 还可以写成::FFFF:129.144.52.38。

更具体地说，参杂 IPv4 的 IPv6 有两种表现形式。一种叫作"IPv4 兼容 IPv6 地址"，它被定义为协助 IPv6 过渡，不过这种模式已经被弃用了。另外一种叫作"IPv4 映射 IPv6 地址"，它用来表示 IPv4 地址节点作为 IPv6 地址，具体地址形式分别如上述两个地址。

3．IPv6 地址前缀

IPv6 地址前缀的文本表示类似于 IPv4 地址前缀在无类域间的路由（CIDR）表示，IPv6 具体的地址前缀可表示为 IPv6 地址/前缀长度。IPv6 地址是可以用上述 IPv6 的 3 种表示形式中的任意一种来表示的，前缀长度可以用十进制数值表示，指定前缀所包含的最左侧连续位的位数，例如 2001:0DB8:0:CD30::/64，其中"2001:0DB8:0:CD30"即为此 IPv6 地址的前缀，表示此地址有 64 位可以表示子网。

4．IPv6 地址分类

IPv6 地址是由 3 部分组成的，分别是全球路由前缀、子网 ID 和接口 ID。全球路由前缀和子网 ID 可构成网络前缀。网络前缀的作用是指明当前的网络节点在哪个网络上，而接口 ID 是确定我们具体处于哪个节点的网络中。我们把 IPv4 地址分为单播地址、多播地址和广播地址，其中又把单播地址分为 A、B、C、D、E 5 类地址，并且 IPv4 地址是由网络地址和主机地址组成，根据网络地址区分主机是否处于不同的网络中。但 IPv6 与 IPv4 不同，因为广播地址容易引起广播风暴，所以 IPv6 地址分为单播地址、多播地址、任意播地址。

1）单播地址

IPv6 单播地址可以使用任意比特长度进行聚合前缀，类似于无类别域间的 IPv4 地址路由。因此它可以唯一地表示网络接口，作为该网络节点的标识符。但在 RFC2373 中指出，只要在现实生活中实现的接口外型类似，就都可以使用同一个接口地址。单播地址分为可聚合全球单播地址、链路本地地址、站点本地地址、一些特殊类型的地址。

① 可聚合全球单播地址：它是网络中最常用的 IPv6 地址，全球路由前缀（通常是结构化分层）是分配到一个站点的具体数值，子网 ID 是网站内链接的标识符，网络链接接口用接口 ID 标识并且在其作用范围内是唯一的。只要它们连接到不同的子网，相同的接口标识符是可以用在同一个网络节点的多个接口上的，它的具体格式如表 5-7 所示。

表 5-7　可聚合全球单播地址

n 比特位	m 比特位	128-n-m 比特位
全球路由前缀	子网 ID	接口 ID

全球路由前缀（global routing prefix）的位数为 nbits，n 一般至少为 48，这个由提供商提供，前 3 位一般为 001，而子网 ID 的位数为 mbits，m 一般为 16，主要是指明所属哪个网络子网，所以包含的子网可以有 65536 个，n+m=64bits。而接口 ID 一般在子网内是唯一的，位数一般为 128-n-m=64bits。在无状态自动配置（SLAAC）中，接口 ID 共有 4 种生成方式。

② 链路本地地址：链路本地地址用于单个链接，它属于受限的单播地址，链路本地地址的链路范围只能在本地，不能在子网中路由。链路本地地址的前缀为 FE80::/10，它之后的 54 位全为 0，接口 ID 的位数为 64 位，接口 ID 的生成方式采用的是 EUI-64 地址，如表 5-8 所示。

表 5-8　链路本地地址

10 比特位	54 比特位	64 比特位
1111111011	子网 ID	接口 ID

最后位为接口位，目前接口 ID 由两种不同的生成方式实现。一种是随机编码方式生成接口 ID，另外一种是用 EUI-64 编码方式生成接口 ID。一般情况下，不同的接口 ID 确定不同的子网。在某些情况下，根据接口的链路层生成该接口的标识符。如果接口连接到不同的子网，那么在单个节点的多个接口上，都可以重复使用一样的接口标识符。

③站点本地地址：设计站点本地地址的初衷在于，当没有全局前缀的情况下，IP 地址可以在站点内部寻址。站点本地地址现在已经不再使用。站点本地地址具有以下格式，如表 5-9 所示。

表 5-9　站点本地地址

80 比特位	16	32 比特位
0000……………0000	子网 ID	接口 ID

④ 未指定地址表示的含义是不存在的。例如 0:0:0:0:0:0:0:0 就被称为未指定地址。它绝不能分配给任何节点或接口来当作目标地址。当发送的目标地址不确定的时侯，未指定地址可以作为源地址使用。未指定地址表明没有一个地址。它的一个使用例子就是在初始化主机还未学习自己的 IP

地址之前，发送任何源地址段的 IPv6 数据包。带有未指定的源地址的 IPv6 数据包绝不能由 IPv6 路由器转发。再比如在使用邻居发现协议（Neighbor Discovery Protocol）检测重复的地址及本地的接口是否可用某一地址时，未指定地址可以发送源地址数据包进行检测。

⑤ 回路地址指的是把数据报文发送给自己的地址，它的有效范围是在它的节点内部。例如单播地址 0:0:0:0:0:0:0:1 被称为环回地址。它可能被一个节点用来发送 IPv6 数据包给自己。环回地址不能用在单个节点之外发送的 IPv6 中的源地址数据包。若在节点之外收到一个回路的目的地址的数据包，必须丢弃。

⑥ 兼容地址定义了两种类型的 IPv6 地址，它们都携带了 IPv4 地址的低 32 位。两种分别是"IPv4 兼容 IPv6 地址"和"IPv4 映射的 IPv6 地址"。"IPv4 兼容 IPv6 地址"被定义作为一种过渡形式，协助 IPv6 过渡。其中的 IPv4 地址必须是单播地址。目前这种形式已不再使用。"IPv4 兼容 IPv6 地址"的格式如表 5-10 所示。

表 5-10　IPv4 兼容 IPv6 地址

80 比特位	16	32 比特位
0000……………0000	子网 ID	IPv4 地址

作为第 2 种类型的"IPv4 映射的 IPv6 地址"，被定义为包含嵌入式 IPv4 地址的 IPv6 地址。这个地址类型用来表示 IPv4 地址节点作为 IPv6 地址。"IPv4 映射的 IPv6 地址"的格式如表 5-11 所示。

表 5-11　IPv4 映射的 IPv6 地址

80 比特位	16	32 比特位
0000……………0000	FFFF	IPv4 地址

2）组播地址

IPv6 组播地址包括一组位于不同节点的接口标识符。当然一个接口也可以将网络上传输的消息发送给小组的所有接口。以二进制 11111111 开头的地址为组播地址。组播地址的内容格式如表 5-12 所示。

表 5-12　组播地址格式

8 比特位	4 比特位	4 比特位	112 比特位
11111111	Flgs	Scop	组 ID

flgs 由 4 个标志位组成：|0|R|P|T|。最高标志位被保留，必须为 0，段中暂态（T）标志是最低位。当 T 的值为 0 时，代表此地址是固定不变的。T=1 表示地址是容易变化的地址。P 标志代表前缀，表示是否用单播地址前缀可以组成组播地址。R 为交叉点地址标志，代表内嵌交叉点地址是否包含在组播地址中。在一般情况下，前 3 个地址位都设置为 0。

Scope是一个用于限制组播的域值范围的值。它的字段长度由4位组成。在RFC4291中具体定义如下。

本地管理员范围是必须以管理方式配置的最小范围。标有"（未分配）"的范围，可供管理员使用定义额外的多播区域。组ID标识多播组，在给定的范围内作用时间是永久或瞬时的。

在组播地址中，有些地址是被预先定义的，称为保留的多播地址。例如IPv6地址的第一段从FF00一直到FF0F，其余7段都为0。

所有节点地址标识了所有 IPv6 节点的所在组：它只会在FF01:0:0:0:0:0:0:1 或 FF02:0:0:0:0:0:0:1 范围内。

所有路由器地址标识所有 IPv6 路由器组，只在 FF01:0:0:0:0:0:0:2、FF02:0:0:0:0:0:0:2 或 FF05:0:0:0:0:0:0:2 范围内。

被请求节点组播地址是通过取一个地址的低24位，再联合前缀而形成的一个组播地址。IPv6 地址只在高位中有变化。节点要为所有单播和任播节点接口配置（手动或自动）请求节点组播地址。

3）任播地址

任播地址可以被分配到多个接口的地址。发送到任播地址的数据包被路由到离自己"最近"的接口地址上，根据路由协议的距离测量得到。任播地址的地址分配规则跟单播一样，所以它与单播地址在地址形式上无法区分。当把一个单播地址转换成任播地址后，地址所在的节点须明确识别它。

RFC4291 文档中讲述了对于任何分配的任播地址，该地址的最长前缀由 P 标识。在前缀范围内，任播地址要作为主路由来维护，在前缀范围外，任播地址可以被聚合到前缀 P 的路由条目中。当任播地址的前缀是空值时，在路由时必须单独建立，这对于可能支持多少这种"全球"任播集提出了更为严格的缩放限制。因此，预计对全球任播地址组的支持可能不可用或非常受限。通过任播地址，我们可以发现为互联网提供服务的相关路由器。

5.4　VPN 与 NAT 技术

5.4.1　VPN 技术

有时，一个很大的机构里有许多部门分布在一些相距很远的地点，每一个地点都有自己的专用网，采用的是私有地址。假如这些部门之间需要通信，可以采用两种方案。一种是向电信公司申请专线，这种方法的好处是简单方便，但是租金昂贵。另一种是利用公用的互联网作为专用通信的载体，这种专用网又称为虚拟专用网 VPN（Virtual Private Network）。

实质上，虚拟专用网（VPN）是通过一个公用网络（通常是 Internet）建立一个临时、安全的连接，是一条穿过混乱公用网络的安全、稳定的隧道，也是对机构内部网的扩展。

1. VPN 概述

VPN 是虚拟专用网络，简单理解就是在未知的、复杂的网络情况下，建立一个临时、安全的虚拟专用数据连接。在这条虚拟逻辑链路上传输的数据是加密的，加密和解密功能只能在两端进行，以保证数据的安全性。其工作原理是建立一个专用的虚拟通道，连接两台不同私有网络下的计算机，这两台在不同的局域网下的计算机都连接到公共网络。通信内容在私有网络之间传输时，通过 VPN 设备或计算机打包数据，在公网上模拟形成了一个专用的虚拟信道，解包通信内容，转发到专用网络。

VPN 技术的优点在于不需要额外增加网络投资就可以实现跨区域网络访问，且传输质量和传输速度也不会有所损失。外网用户访问内网资源的需求在不断增长，VPN 虚拟专用网实现了校园网络要求的安全通信，更重要的是实现了不同网络之间资源和组件间的安全连接。

VPN 构成的原理示意图，如图 5-6 所示。

图 5-6　VPN 构成的原理示意图

2. VPN 技术特点

1）可管理性

VPN 需要一套完善的管理系统。管理的目标为经济性高、扩展性强、可靠性好、网络风险小。在 VPN 技术管理的内容方面主要包含配置、安全、设备、访问控制列表、服务质量 QoS 等方面。在便捷性上，能够保证运营商和用户都能非常方便、快捷地进行管理和维护。

2）安全保障

在公用网络平台上传输数据，必须保证其专用性和安全性，而众多 VPN 技术的实现都是以此为前提的。隧道技术主要是通过建立一个公用 IP 网络上逻辑的、点对点的非面向连接，使用特定算法对通信数据进行加密处理，接收者和发送者协商加密算法的类型和口令，这样使得只有双方能够解密数据。

3）费用低廉

VPN 技术有着费用低廉的优点，原来通过租用高昂的专线而达到的目的，现在只需要通过廉价的公用网络完成，VPN 适合各种规模的公司和企业，这种质高价廉的技术被广泛应用于传输私密信息。

4）服务质量（QoS）保证

流量控制策略与流量预测是 QoS 服务质量保证的主要手段，带宽管理通过优先级分配带宽资源实现，合理高效地先后发送数据，最终达到无数据堵塞和网速减慢。多种等级的 QoS 服务质量保证，是 VPN 网络为企业数据提供的基本安全保障服务要求。不同的企业用户对于数据的优先级别的要求是不同的，这也从实际应用中要求 VPN 网络提供相应的 QoS 保障。

5）可扩充性和灵活性

VPN 技术具有相当高的可扩充性和灵活性，在新增节点方面能够支持多种网络类型的数据流接入，如 Intranet 和 Extranet 等，也可满足语音、图像等多数据类型和多传输媒介类型对高质量、高速度传输的需求。

3．主流 VPN 技术

1）IPSec VPN

IPSec（IP Security）的主要作用是为 IP 层提供安全性能，在 IPv6 的制定中产生。IPSec 支持 IPv4 协议。在所有经过 IP 层处理的支持 TCP/UDP 协议通信的主机中，安全性能都能得到相应提高，这也使得整个网络通信的安全基础得到增强。其基本的工作原理类似于包过滤防火墙，从另外一个角度来说，就是扩展了包过滤防火墙的功能，增强了它的安全性。包过滤防火墙会依据过滤规则表，对接收到的 IP 数据包包头进行匹配。如发现有相匹配的规则，就按照相应规则对接收到的数据包进行处理。

IPSec 的工作模式主要为传输模式和隧道模式两种，主要方法是对 IP 数据包进行认证或加密。传输模式的特点是只认证和加密 IP 数据包的有效数据部分。在传输模式下，IP 数据包包头的部分区域会被修改，另外也可将 IPSec 协议头部插入 IP 头部和传输层头部之间，如图 5-7 所示。

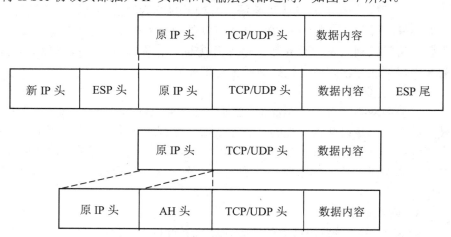

图 5-7　传输模式封装

隧道模式的特点就是认证和加密整个 IP 数据包。通过隧道模式加密的数据包会产生新的 IP 头部，全新的 IP 头部由 IPSec 头部插入数据包和新的 IP 头部之间而构成，如图 5-8 所示。

原 IP 头	TCP/UDP 头	数据内容

新 IP 头	ESP 头	原 IP 头	TCP/UDP 头	数据内容	ESP 尾

原 IP 头	TCP/UDP 头	数据内容

新 IP 头	AH 头	原 IP 头	TCP/UDP 头	数据内容

图 5-8　隧道模式的 AH 封装

IPSec 协议主要通过密钥交换和管理实现数据包在网络传输过程中的加密和认证功能，对于认证和加密，密钥管理起到了至关重要的作用。AH、IKE 和 ESP 协议规定了认证和加密过程。安全关联（Security Association，SA）是一种安全服务与服务载体之间的安全连接。SA 必须在 AH 和 ESP 中使用，SA 的建立与维护主要是依托 IKE 的工作进行。要实现 ESP 和 AH 就必须支持 SA 安全关联。在 IPSec VPN 通信过程中，用户使用的是私有网络地址（RFC1918 规定的地址），其通信原理如图 5-9 所示。

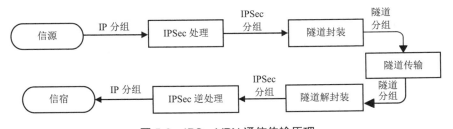

图 5-9　IPSecVPN 通信传输原理

从图 5-9 中可以看出，通信时先建立逻辑隧道，用公共 IP 地址报头封装数据包，该数据包含有私有 IP 地址，封装后的数据包就可以在公共网上转发，VPN 通信功能的实现，并不是由 IPSec 协议完成的，IPSec 的主要功能是添加 ESP、AH 报头、封装原 IP 分组到 IPSec 分组等安全措施，而真正的通信功能则由 IP-IP、L2TP 等隧道协议通过再封装实现。IP-IP 再封装常用于 IPSec VPN 通信的实现。VPN 通信中很少使用传输模式，其原因是不能转化私有网络地址，无法实现数据包在公共网上的跨越传输。一般情况 IPSec VPN 是通过 IPSec 隧道模式实现的，IP-IP/GRE/MPLS 都是能够支持的 IP 隧道协议。要实现 VPN 通信功能，两部分功能是必不可少的：传输模式的保护、其他协议完成 IPSec 的再封装。

2）SSL VPN

（1）SSL VPN 原理简介。

SSL VPN 是一种非常简单、方便和廉价的远程访问方案，适合 Web 功能应用，不需要专门的软件和硬件提供辅助，对数据的安全访问只要通过 Web 浏览器就可以完成。SSL VPN 是一种 HTTP 的反向代理，还可实现如 ERP、E-mail 等服务器相关应用和查询服务，其优点就是安装方便、维护简单、投入费用低等。SSL VPN 的连接过程如图 5-10 所示。

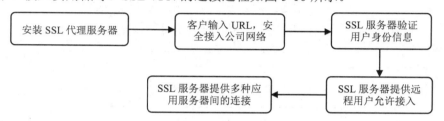

图 5-10　SSL VPN 连接过程图

实现起来主要有以下 3 种协议。

❑ 握手协议：主要用来提供加密、封装、压缩等功能，为高层协议服务并且建立在可靠的传输协议上。在 SSL 通信过程中，客户机和服务器首次通信会协商一个加密参数，达成一个协议版本，然后确认加密算法及认证方式，最后共享密码被确认。

❑ 记录协议：主要用于认证通信双方的身份，加密算法协商，加密密钥交换，在数据传输开始时嵌套使用，用于应用数据的交换。应用数据交换流程：应用消息分割→数据压缩→生成消息验证码→信息传输加密→接收方校验 MAC→接收方解密数据→组合解压后数据→数据最后还原。

❑ 告警协议：作用于两机结束会话时，或者是提示有异常情况出现在协议中时。

SSL 协议结构图，如图 5-11 所示。

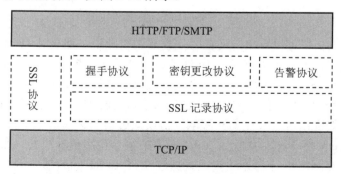

图 5-11　SSL 协议结构图

SSL 协议通信的握手步骤，如图 5-12 所示。

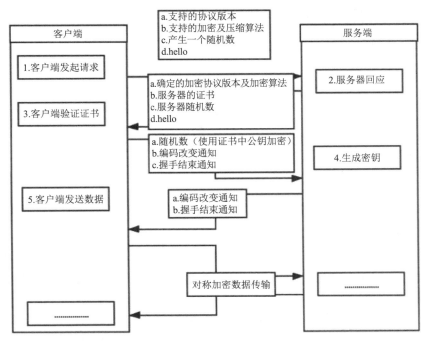

图 5-12　SSL 协议握手步骤

（2）SSL VPN 的特点。

SSL VPN 的主要特点为拒绝非法访问、防止信息泄漏、系统可用性保护、防止用户假冒、信息完整性保护。SSL VPN 能够保证数据的安全性，实现 128 位加密传输数据，扩充了系统的安全功能，它有多种认证和授权方式，通过身份验证功能确保用户访问内部网络资源的权限，从人员访问方面保障了企业内部网络的安全性。

远程用户只需要通过浏览器连接 Internet，即可访问企业的网络资源，而不需要特别安装其他软件完成访问功能。SSL VPN 的主要费用集中在部署成本上，而不是客户端的安装维护上，特别是针对一些简单的远程用户来说（例如电子邮件用户等），SSL VPN 运用的成本极低。在管理维护和操作性方面也有很大的优势，SSL VPN 技术也可以做到基于应用的精细访问控制，其审计功能能够很好地对用户和组的不同应用访问权限，做出精确判断。

3）SSL VPN 应用优势

SSL VPN 相比 IPSec VPN，具有高效、廉价、便捷、安全等多方面的优势，特别适合需要通过移动设备远程动态连接到园区内网的用户。且在不能确定远程主机的运行环境是否安全的条件下，也能保证访问的安全性。管理者也能够更加方便地对用户和资源进行细粒化管理，保证内网资源的安全性。SSL VPN 客户端的浏览器支持技术有很强的适应性，确保大多数人都能够简单上手，而不需要经过专业培训。

4．VPN 隧道技术

VPN 隧道技术主要包括 PPTP、L2F、L2TP 和 IPSec，其中前三者的比较如表 5-13 所示。

表 5-13　VPN 隧道技术的比较

项　　目	PPTP	L2F	L2TP
对底层介质的要求	IP 网络	没有要求	没有要求
消息的构成格式	固化构造	选项构造	属性构造
端对端身份认证	依赖 PPP	全程	全程
隧道和会话维护	有	没有	有
流量控制特性	序列号和确认、滑动窗口	很弱	会话的计数和计时器

1）PPTP

PPTP（Point to Point Tunneling Protocol）提供 PPTP 客户机和 PPTP 服务器之间的加密通信。PPTP 客户机是指运行了该协议的 PC，如启动该协议的 Windows 客户端；PPTP 服务器是指运行该协议的服务器，如启动该协议的 Windows 服务器。PPTP 是 PPP 协议的一种扩展。它提供了一种在互联网上建立多协议的安全虚拟专用网（VPN）的通信方式。远端用户能够透过任何支持 PPTP 的 ISP，访问公司的专用网。

通过 PPTP，客户可采用拨号方式接入公用 IP 网。拨号用户首先按常规方式拨到 ISP 的接入服务器（NAS），建立 PPP 连接；在此基础上，用户进行二次拨号建立到 PPTP 服务器的连接，该连接称为 PPTP 隧道，实质上是基于 IP 协议的另一个 PPP 连接，其中的 IP 包可以封装多种协议数据，包括 TCP/IP、IPX 和 NetBEUI。PPTP 采用了基于 RSA 公司 RC4 的数据加密方法，保证了虚拟连接通道的安全。对于直接连到互联网的用户，则不需要 PPP 的拨号连接，可以直接与 PPTP 服务器建立虚拟通道。PPTP 把建立隧道的主动权交给了用户，但用户需要在其 PC 上配置 PPTP，这样做既增加了用户的工作量，又会给网络带来隐患。另外，PPTP 只支持 IP 作为传输协议。

2）L2F

L2F（Layer 2 Forwarding Protocol）是由 Cisco 公司提出的，可以在多种介质（如 ATM、帧中继、IP 网）上建立多协议的安全虚拟专用网的通信。远端用户能通过任何拨号方式接入公用 IP 网，首先按常规方式拨到 ISP 的接入服务器（NAS），建立 PPP 连接。NAS 根据用户名等信息，建立直达 HGW 服务器的第二重连接。在这种情况下，隧道的配置和建立对用户是完全透明的。

3）L2TP

L2TP（Layer 2 Tunneling Protocol）结合了 L2F 和 PPTP 的优点，允许

用户从客户端或访问服务器端建立 VPN 连接。L2TP 是把链路层的 PPP 帧装入公用网络设施（如 IP、ATM、帧中继）中进行隧道传输的封装协议。

Cisco、Ascend、Microsoft 和 RedBack 公司的专家们在修改了十几个版本后，终于在 1999 年 8 月公布了 L2TP 的标准——RFC2661。在用户拨号访问 Internet 时，必须使用 IP 协议，并且其动态得到的 IP 地址也是合法的。L2TP 的好处在于支持多种协议，用户可以保留原有的 IPX、AppleTalk 等协议及公司原有的 IP 地址。L2TP 还解决了多个 PPP 链路的捆绑问题，PPP 链路捆绑要求其成员均指向同一个 NAS，L2TP 则允许在物理上连接到不同 NAS 的 PPP 链路，在逻辑上的终点为同一台物理设备。L2TP 扩展了 PPP 连接，在传统的方式中，用户通过模拟电话线或 ISDN/ADSL 与网络访问服务器建立一个第二层的连接，并在其上运行 PPP，第二层连接的终点和 PPP 会话的终点均设在同一台设备上。L2TP 作为 PPP 的扩充，提供了更强大的功能，包括允许第二层连接的终点和 PPP 会话的终点分别设在不同的设备上。

L2TP 主要由 LAC（L2TP Access Concentrator）和 LNS（L2TP Network Server）构成。LAC 支持客户端的 L2TP，发起呼叫、接收呼叫和建立隧道。LNS 是所有隧道的终点。在传统的 PPP 连接中，用户拨号连接的终点是 LAC，而 L2TP 能把 PPP 协议的终点延伸到 LNS。

4）IPSec

IPSec 协议是由安全协议、密钥管理协议、安全关联以及认证和加密算法 4 个部分构成的安全结构，安全协议在 IP 协议中增加两个基于密码的安全机制，即认证头（AH）和封装安全载荷（ESP），前者支持 IP 数据项的可认证性和完整性，后者实现通信的机密性。密钥管理协议（密钥交换手工和自动 IKE）定义了通信实体间身份认证、创建安全关联、协商加密算法和共享会话密钥的方法。

IPSec 协议工作在 OSI 模型的第三层，使其在单独使用时适用于保护基于 TCP 或 UDP 的协议。这就意味着与传输层或更高层的协议相比，IPSec 协议必须处理可靠性和分片的问题，这同时增加了它的复杂性和处理开销。相对而言，SSL/TLS 依靠更高层的 TCP 管理可靠性和分片。

- AH（Authentication Header）协议：用来向 IP 通信提供数据完整性和身份验证，同时可以提供抗重播服务。
- ESP（Encapsulated Security Payload）协议：它提供 IP 层加密保证、验证数据源以对付网络上的监听。虽然 AH 可以保护通信免受篡改，但并不对数据进行变形转换，数据对于黑客而言仍然是清晰的。为了有效地保证数据传输安全，在 IPv6 中有另外一个报头 ESP，可进一步提供数据保密性并防止数据被篡改。

5. PPP 会话过程

PPP 拨号会话过程可以分成 4 个不同的阶段，即创建 PPP 链路、用户验证、PPP 回叫控制和调用网络层协议。在第 2 阶段，客户 PC 会将用户的身份证明发给远端的接入服务器。该阶段使用一种安全认证方式，避免第三方窃取数据或冒充远程客户，接管与客户端的连接。大多数的 PPP 方案只提供了有限的认证方式，包括口令字认证协议（PAP）、挑战握手认证协议（CHAP）和微软挑战握手认证协议（MS-CHAP）。

（1）口令字认证协议（PAP）：PAP 是一种简单的明文认证方式，NAS 要求用户提供用户名和口令，PAP 以明文方式返回用户信息。很明显，这种认证方式的安全性较差，第三方可以很容易地获取被传送的用户名和口令，并利用这些信息与 NAS 建立连接，获取 NAS 提供的所有资源。所以一旦用户密码被第三方窃取，PAP 无法提供避免受到第三方攻击的保障措施。

（2）挑战握手认证协议（CHAP）：这是一种加密的认证方式，能够避免建立连接时传送用户的真实密码。NAS 向远程用户发送一个挑战口令（Challenge），其中包括会话 ID 和一个任意生成的挑战字串。远程客户必须使用 MD5 单向哈希算法，返回用户名、加密的挑战口令、会话 ID 及用户口令，其中用户名以非哈希方式发送。CHAP 为每一次认证任意生成一个挑战字串以防止受到再现攻击，在整个连接过程中，它将不定时地向客户端重复发送挑战口令，从而避免第三方冒充远程客户攻击。

5.4.2　NAT 概述

网络地址转换（Network Address Translation，NAT）是一种将私有地址转化为合法 IP 地址的转换技术。NAT 具有众多的优点，其中最重要的莫过于它能够非常完美地解决 IP 地址极度匮乏的问题。另外，在网络设备的运行中，可能存在着来自外部网络的攻击。虽然这种攻击仅仅是一种可能的状态，但是通过 NAT 隐藏网络内部的计算机等设备，从而有效地避免这些可能存在的攻击，对于保护内部网络设备的安全运行至关重要。毫无疑问，正是基于这些优点，NAT 技术被广泛应用于各种类型的网络和 Internet 接入方式中。

NAT 是接入广域网技术的一种。根据 IETF 开发的 RFC1631 标准，NAT 允许一个 IP 地址段以一个公有 IP 地址出现在因特网上。

1. 公有地址与私有地址

IP 地址按不同的使用范围，可分为公有地址（又称公网地址）和私有地址（又称私网地址）。其中"公有地址"是可以直接连接互联网的 IP 地址，"私有地址"只能在某个企业或机构的内部网络（内部局域网）中使用。

私有地址是不能在互联网上使用的地址。也就是说，如果在一个连接互联网的网络节点上使用了私有 IP 地址，那么该节点将不能和互联网上的任何其他节点通信，因为互联网的其他节点会认为该节点使用了一个非法的 IP 地址。

在 IP 地址的 A、B、C 类地址中，分别留出了 3 块 IP 地址空间（1 个 A 类地址段、16 个 B 类地址段、256 个 C 类地址段）作为私有的内部使用的地址，如表 5-14 所示。

表 5-14 A、B、C 类地址对应的 IP 地址空间

地 址 类	IP 地址空间	说 明
A 类	10.0.0.0～10.255.255.255	A 类网络 ID 占 1 位，第 1 位是 10～10，因此只有 1 个 A 类地址
B 类	172.16.0.0～172.31.255.255	B 类网络 ID 占 2 位，第 2 位是 16～31，因此一共有 16 个 B 类地址
C 类	192.168.0.0～192.168.255.255	C 类网络 ID 占 2 位，第 3 位是 0～255，因此一共有 256 个 C 类地址

2．NAT 的功能

NAT 是介于内部网络和外部网络之间的设备。在内外网络进行通信时，NAT 进行地址转换的工作。

最开始，NAT 是用来解决互联网 IP 地址耗尽问题的。随着网络技术的逐步发展和安全需求的逐步提升，NAT 逐渐被应用到防火墙技术里。这是由于防火墙的功能是隐藏并保护内部网络的主机不受来自外部网络的攻击，而 NAT 的功能恰好是限制外部网络与内部网络的连接，所以 NAT 功能通常被集成到路由器、防火墙中。当然，也可以作为单独的 NAT 设备使用。

NAT 的使用，满足了多台内网主机共享 Internet 连接的需求。通过 NAT 进行网络连接，一个局域网需要使用的只是非常少量的 IP 地址（有时甚至就是一个 IP 地址）。通过如此少量的 IP 地址，NAT 就能把整个局域网的所有计算机全部接入互联网中，使之自由无阻地进行通信。子网内部的拥有私有地址的主机在通过 NAT 路由器发送数据包时，它的私有地址会被转换为公网中合法且唯一可循的 IP 地址。

根据需要 NAT 将内部网络的 IP 地址隐藏起来，使得外部网络无法直接访问内部网络设备，从而隔离了内外部网络，保障了网络安全。

NAT 对终端主机是透明的。当它与外网主机通信时，就屏蔽了内部网络，此时内部网络主机对于公网都是不可见的。当 NAT 与内网主机进行通信时，就屏蔽了外部网络的主机，内部网络的主机用户不会意识到 NAT 的存在，而只以为自己是在与外部网络进行直接的交互。总而言之，NAT 是局域网与公网通信的桥梁与纽带。它是一种非常巧妙的转换机制，通过掩盖私有网络中的细节，达到保护私有网络中的计算机的目的，同时还能够保证内外网络通信顺畅无阻。

3．NAT 的工作原理

NAT 将内部地址转换为可以在公网中进行通信的地址，也就是说，NAT

将私有地址映射为合法的 IP 地址。私有地址，顾名思义，就是专属于私人网络的地址，是一种非注册地址。不同于 IP 地址管理机构统一分配的 IP 地址，私有地址是专门为组织结构内部使用而划定的。私有地址的有效范围限制在私有网络中，只能在局域网内部使用，而不能被路由。因此，使用私有 IP 地址的主机是无法直接连接到 Internet 上的。一般公司等机构的内部网络都会使用私有地址，当它们需要连接到 Internet 时，往往使用 NAT 技术。

在 NAT 上需要维护一个 NAT 映射表，储存相应的地址转换信息。若一个局域网有多个出口，还必须保证每个出口的 NAT 具有相同的映射表。

简单地说，NAT 实际上就是一个在局域网的内部网络中使用内部地址、在公网中使用外部地址的网络设备。它和其他网络设备的不同就在于，它所起到的地址转换的作用，为了有效地实现通信，NAT 对流经自身的数据包中的网络地址进行转换。具体来说，就是当内部节点要与处于外部网络中的计算机设备或网络节点进行相互通信时，NAT 扮演一个门卫的角色，即当数据包到达 NAT 网关处时，NAT 负责查询地址转换映射表，根据该表的查询结果对地址进行相应的转换（也就是换证出门），从而将私有的 IP 地址转换成全球唯一可循的、能在公网中使用的 IP 地址，并且使用这个地址在外部公网上与其他网络节点正常通信。同理，当一个外部的网络节点要与内部网络中的节点进行通信时，NAT 就在网关处检查外部传来的网络数据包的通行证，换证进门，即根据映射表将这个外部地址替换成 NAT 内部网络中相应的内部地址，从而利用这个内部地址与内部网络的主机进行通信。

在上述的转换过程中，NAT 依赖地址映射表修改 IP 报文的源地址和目的地址。而 IP 地址的校验则是在 NAT 的处理过程中自动完成的。对于那些将源 IP 地址嵌入 IP 报文的数据部分中的应用程序，NAT 需要做的就不仅仅是修改报头的数据，同时还需要对报文的数据部分的内容进行相应修改，使数据部分的 IP 地址与 IP 头中已经修改过的源 IP 地址相匹配，从而保证校验的正确。

4．NAT 的实现方式

NAT 有 3 种实现方式，这 3 种方式分别是静态转换方式、动态转换方式和端口多路复用方式。以静态转换方式最为简单，以端口多路复用方式为最优。

1）静态转换

静态转换，即 Static NAT，指的是将内部网络的私有 IP 地址转换为公有 IP 地址时，IP 地址对是一对一的，某个私有 IP 地址只转换为某个公有 IP 地址。

借助于静态转换这一方式，外部网络中的计算机设备可以对 NAT 内部网络中一些特定的网络设备进行访问。这种方式的 NAT 最容易实现，设置起来最为简单，仅需要设置内部端口、外部端口，另外还需要在内部本地地址与外部合法地址之间，建立一个有效的静态地址转换映射表。

该种方式的弊端也显而易见。在内部网络中的计算机比较多的情况下，需要同样多的公网 IP 地址与之匹配。而通常对于一个用户而言，IP 地址不可能有那么多。因此就有了其他两种方式的 NAT。

2）动态转换

动态转换，即 Dynamic NAT，指的是将内部网络的私有 IP 地址转换为公用 IP 地址时，IP 地址对是不确定、随机的，所有被授权访问互联网的私有 IP 地址，都可以随机地转换为任何指定的合法 IP 地址。

动态转换可以简单地解释为多对多，内部和外部的 IP 地址都不是一个，只要指定了哪一些合法的公网 IP 地址是可以作为外部地址使用的，同时也指定了哪些内部的私有 IP 地址是可以进行转换的即可。

动态转换可以使用多个合法的外部地址集，它的优点是当有些公用的 IP 地址使用出现障碍时，可以使用其他 IP 地址进行转换。一般建议在网络服务提供商提供的合法 IP 地址数量稍微少于网络内部的计算机数量的时候，采用动态转换这种方式实现 Internet 的连接共享。

动态转换 NAT 需要设置内部端口、外部端口和合法 IP 地址池，还需要指定内部网络中允许访问 Internet 的访问列表。

动态转换的缺点与静态转换的缺点相同，它同样需要多个合法的 IP 地址，其唯一的优势是能够允许稍微多一些的内部网络计算机连入因特网。

3）端口多路复用地址转换（Port Address Translation，PAT）

也称网络地址端口转换（Network Address Port Translation，NAPT），指的是通过复用 TCP 端口的方式，使用一个合法的 IP 地址，实现对 Internet 的访问。这种方式与以上两种方式最大的不同在于，它所使用的公网的合法 IP 地址只有一个，而对应的内部的网络地址却有多个，是多对一的关系。

端口多路复用地址转换方式是 NAT 的 3 种实现方式中应用最多的，这不仅是由于它能够最大限度地节约 IP 地址资源，单就安全方面考虑，这种方式也是最安全的，因为它所隐藏和保护的是整个子网络内部的所有主机。假如一个公司只获得了一个合法的 IP 地址，就应当且只能采用 NAPT 的方式进行网络地址的配置。

▲ 5.5 常见的 Internet 接入方式

用户接入 Internet 的方式很多，下面介绍常见的几种。

5.5.1 Modem 拨号方式

调制解调器（Modem）是一种信号转换装置，它可以把计算机的数字信号调制成通信线路的模拟信号，再将通信线路的模拟信号解调回计算机的数字信号，其作用是将计算机与公用电话线相连接，使计算机用户能通过拨号方式利用公共电话交换网络（Public Switched Telephone Network，PSTN）访问计算机网络系统，从而实现个人计算机与ISP（Internet Server Provider，Internet服务提供商）的互相通信。

调制解调器品牌多、种类杂、价格差别大，除功能略有不同之外，其原理基本相似。按调制解调器与计算机的连接方式可分为内置式和外置式。常见的调制解调器的传输速率有14.4 kb/s、28.8 kb/s、33.6 kb/s等，最高为56 kb/s。

调制解调器拨号上网既是最原始，也是生命力最长的一种方式。

5.5.2　ISDN技术

ISDN（Integrated Service Digital Network，综合业务数字网），俗称"一线通"。它除了可以打电话，还可以提供诸如可视电话、数据通信、会议电视等多种业务，从而将电话传真、数据、图像等多种业务综合在一个统一的数字网络中，进行传输和处理，这也是"综合业务数字网"的来历。

ISDN分窄带（N-ISDN）和宽带（B-ISDN）两种。窄带ISDN有基本速率（2B+D，144 kb/s）和基群速率（30B+D，2 Mb/s）两种接口。基本速率接口包括两个能独立工作的B信道（64 kb/s）和一个D信道（16 kb/s），其中B信道一般用来传输话音、数据和图像，D信道用来传输信号命令或分组信息。宽带ISDN可以向用户提供155 Mb/s以上的通信能力，但是由于宽带综合业务数字网技术复杂，投资巨大，因此很少使用。

ISDN的出现，克服了使用Modem拨号上网时，打电话不能、上网不能打电话的缺陷，而其速度也比Modem拨号上网快得多。

5.5.3　ADSL技术

DSL（Digital Subscriber Line，数字用户线）是以铜质电话线为传输介质的点到点传输技术。

DSL可以分为对称的DSL和非对称的DSL。对称的DSL有HDSL、SDSL、IDSL；非对称的DSL有ADSL、RADSL、VDSL。

非对称数字用户线（Asymmetric Digital Subscriber Line，ADSL）技术是一种宽带接入技术，可实现在一对普通电话线上同时传送数据业务和语音业务，两种业务相互独立、互不影响，可提供高达8 Mb/s的下行速率及1 Mb/s的上传速率。此外，ADSL的有效传输距离为3～5 km。

ADSL设备的安装包括局端线路的调整和用户端设备的安装两个方面。局端线路的调整是指将用户原有的电话线路接入ADSL局端设备。用户端设备的安装是指ADSL调制解调器的安装，如图5-13所示。图5-13中的细线为电话线，由于ADSL的传输速率不高（特别是相对于光纤网络），粗线可选用 UPT 5 类或超 5 类双绞线。如果用户有电话机，则将电话机用电话线接到电话网络分离器上，如果没有电话机，那么就不需要电话网络分离器，将入户电话线直接接到 ADSL Modem 上就可以了，ADSL Modem 通过双绞线连接个人计算机。

需要注意的是，图 5-13 中的 ADSL Modem 一般不直接连到个人计算机上，将 ADSL Modem 的输出口连接到无线路由器上，个人计算机通过双绞线连接到无线路由器的 LAN 口上，实现手机、笔记本电脑、个人计算机、电视等无线和有线设备接入 Internet。

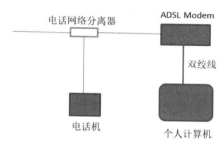

图 5-13　ADSL 用户端设备的安装

5.5.4　FTTH 技术

2013 年，国务院提出了《"宽带中国"战略及实施方案》。为响应国务院的号召，全国各省市实施宽带升级，把老用户的宽带由电话线升级为光纤，全面实施光纤入户改造。2015 年年底，城市基本上实现了光纤到户（Fiber To The Home，FTTH）。

根据光纤到用户的距离，可分成光纤到交换箱（Fiber To The Cabinet，FTTCab）、光纤到路边（Fiber To The Curb，FTTC）、光纤到大楼（Fiber To The Building，FTTB）及 FTTH 等服务形态。上述服务可统称为 FTTx。

在光纤干线和广大用户之间，还需要铺设一段中间的转换装置，即光配线网（Optical Distribution Network，ODN），使得数十个家庭用户能够共享一根光纤干线。现在广泛使用的无源光配线网，如图 5-14 所示。无源光配线网常被称为无源光网络（Passive Optical Network，PON）。

光线路终端 OLT（Optical Line Terminal）是连接到光纤干线的终端设备。OLT 把收到的下行数据发往无源的 1∶N 光分路器（splitter），然后用广播方式向所有用户端的光网络单元 ONU（Optical Network Unit）发送。典型的光分路器使用的分路比是 1∶32，有时也可以使用多级的光分路器。如果 ONU 在用户家中，那么就是光纤到户 FTTH 了。

当发送上行数据时，先把电信号转换为光信号，光分路器把各 ONU 发来的上行数据汇总后，以时分多址（Time division multiple access，TDMA）方式发往 OLT，而发送时间和长度都由 OLT 集中控制，以便有序地共享光纤干线。

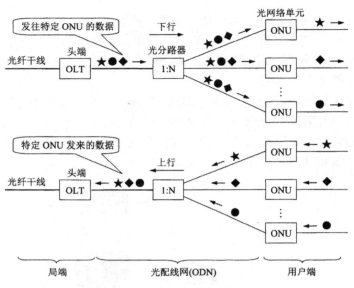

图 5-14　无源光配线网的组成

现在家庭用户接入 Internet，用光调制解调器（光猫）连接光纤，实际上"光猫"就是一种 ONU。和 ADSL 技术一样，光猫后面一般接无线路由器，通过简单的无线路由器配置，家庭的网络终端就可以上网了。

知识拓展

1. DDN 专线

数字数据网（Digital Data Network，DDN）是一种利用数字信道提供数据通信的传输网，主要提供点对点及点对多点的数字专线与专网。其传输介质主要有光纤、数字微波及卫星等。

DDN 专线将数字通信技术、计算机技术、光纤通信技术及数字交叉连接技术等有机地结合在一起，提供了一种高速度、高质量、高可靠性的通信环境，为用户规划建立安全、高效的专用数据网络提供了条件。

DDN 向用户提供的是永久性的数字连接，沿途不进行复杂的软件处理，因此延时较小，避免了分组交换网中传输时延大且不固定的缺点。DDN 采用数字交叉连接装置，可根据用户需要，在约定的时间内接通所需带宽的线路，在计算机控制下进行信道容量的分配和接续，具有较大的灵活性。

DDN 的特点如下。

（1）传输质量高，信道利用率高。

（2）传输速率高，网络延时小。

（3）数据信息传输透明度高，可支持任何规程，可传输语音、数据、传真、图像等多种业务。

（4）适用于数据信息流量大的场合。

（5）网络运行管理简便，对数据终端的数据传输速率没有特殊要求。

（6）保密性强。

2．Cable Modem 接入方式

Cable Modem 又称电缆调制解调器，是在混合光纤同轴电缆（Hybrid Fiber Coaxial，HFC）网上实现的宽带接入技术。这种技术将现有的单向模拟有线电视（CATV）网改造为双向的 HFC 网络，利用频分复用技术和 Cable Modem 实现话音、数据和视频等业务的接入。Cable Modem 是专门为在 CATV 上进行数据通信而设计的电缆调制解调器。Cable Modem 本身不单是调制解调器，它集 Modem、调谐器、加/解密设备、桥接器、网络接口卡、虚拟专网代理和以太网集线器的功能于一身。

3．光纤加 LAN 方式

光纤一般采用 FTTx 方式，最多采用的是 FTTB 方式，而 LAN 采用 5 类或超 5 类双绞线进行综合布线，这种方式是以前小区的宽带接入方式，现在的很多办公楼仍采用这种方式。也有人把这种 Internet 接入方式叫作 LAN 接入方式。

5.6　本章小结

广域网建设投资很大，管理困难，一般由电信运营商负责组建与维护，为需要进行远距离数据通信的用户提供高质量的数据传输服务，并为用户提供接入广域网的服务与技术，因此它实际上是一种公共数据网络（PDN）。如果用户要使用广域网服务，则必须向广域网的运营商购买服务。当然，有特殊需要的国家有关部门也可能组建自己的广域网。早期的广域网主要用于大型计算机系统的互连，用户通过终端实现对远程计算机资源的访问。因此，人们提出资源子网与通信子网的两级结构的概念，而当时的通信子网就是指广域网。广域网核心技术主要指由电信运营商负责的通信网络所使用的技术，其范围遍及全球，传输技术涉及光纤传输、无线传输与卫星传输。在 Internet 大规模接入的初期，广域网与城域网的界限还比较模糊。随着接入网技术的成熟，将核心交换技术与接入技术分开，由城域网承担用户接入的任务已成为共识，广域网技术主要研究远距离、宽带核心交换技术。IPv6 的提出，很好地解决了地址短缺问题，而且考虑了在 IPv4 中其他的一些解决不好的问题，如端到端 IP 连接、服务质量（QoS）、安全性、多播、移动性、即插即用等。为解决 IPv4 地址不足的问题，除了 IPv6 这种解决方案外，还可以使用 NAT 技术接入互联网。其中静态 NAT 和动态 NAT 能够实现本地地址和全局地址之间的一对一映射，如果本地私有地址较多而全局公有地址较少，则需要使用端口 NAT 技术。有时一个很大的机构有许多部门分布在一些相距很远的地点，每一个地点都有自己的专用网，采用的是私有地址。假如这些部门之间需要通信，可利用公用的互联网作为专用通信载体的 VPN 技术。通过学习本章，可以对 Internet 接入方式、IP

规划、IPV6、VPN 与 NAT 技术等有较深入的了解。

5.7 练习题

一、填空题

1. 广域网由_____及_____组成。

2. 从连接方式的角度看，广域网的连接方式包括_____、_____和_____3 种。

3. 目前，可以使用的 IPv6 全局地址的前 3 位是_____。

4. IPv6 地址是由 3 部分组成的，分别是_____、_____和_____。

5. 单播地址 0:0:0:0:0:0:0:1 被称为_____。

6. IPv6 地址分为_____、_____、_____。

7. VPN 隧道技术主要包括_____、_____、_____和_____。

8. NAT 有 3 种实现方式，即_____、_____和_____。

二、选择题

1. C 类地址的范围是（   ）。

A．0～127   B．1～126

C．128～191   D．192～223

2. （   ）可以提供最多 254 个主机地址。

A．A 类网络   B．B 类网络

C．C 类网络   D．D 类网络

3. IP 地址为 172.16.100.22，其子网掩码为 55.255.255.240，该 IP 地址所在子网的可用 IP 地址范围是（   ）。

A．172.16.100.20～172.16.100.22

B．172.16.100.1～172.16.100.255

C．172.16.100.17～172.16.100.31

D．172.16.100.17～172.16.100.30

4. IP 地址为 172.16.100.159，其子网掩码为 255.255.255.192，该 IP 地址所在子网的广播地址是（   ）。

A．172.16.255.255   B．172.16.100.127

C．172.16.100.191   D．172.16.100.255

5. 如果想在一个 C 类网络中划分 12 个子网，那么所使用的子网掩码是（   ）。

A．255.255.255.252   B．255.255.255.248

C．255.255.255.240   D．255.255.255.255

6. 如果想在一个 B 类网络中划分 510 个子网，那么所使用的子网掩码是（   ）。

  A．255.255.255.252　　　　　　B．255.255.255.128

  C．255.255.255.0　　　　　　　D．255.255.255.192

7．在网络 192.168.50.32/28 中，地址（　　）是合法的主机地址。

  A．192.168.50.39　　　　　　B．192.168.50.47

  C．192.168.50.14　　　　　　D．192.168.50.54

8．IPv6 的地址位数是（　　）。

  A．32　　　　　　　　　　　B．64

  C．128　　　　　　　　　　　D．256

9．FTTx+LAN 接入网采用的传输介质为（　　）。

  A．同轴电缆　　　　　　　　B．光纤

  C．5 类双绞线　　　　　　　D．光纤和 5 类双绞线

10．接入因特网的方式有多种，下面关于各种接入方式的描述中，不正确的是（　　）。

  A．以终端方式入网，不需要 IP 地址

  B．通过 PPP 拨号方式接入，需要有固定的 IP 地址

  C．通过代理服务器接入，多个主机可以共享 1 个 IP 地址

  D．通过局域网接入，可以有固定的 IP 地址，也可以用动态分配的 IP 地址

11．ADSL 是一种宽带接入技术，这种技术使用的传输介质是（　　）。

  A．电话线　　　　　　　　　B．CATV 电缆

  C．基带同轴电缆　　　　　　D．无线通信网

12．分组交换方式使用的典型技术不包括（　　）。

  A．X.25　　　　　　　　　　B．帧中继

  C．ATM　　　　　　　　　　D．ADSL

三、问答题

1．什么是广域网？

2．请给出下列 IP 地址所在的子网地址、该子网的广播地址以及该子网可用的 IP 地址范围。

  IP 地址：10.0.0.5　　　　　　子网掩码：255.255.255.252

  IP 地址：172.18.15.5　　　　　子网掩码：255.255.255.128

  IP 地址：192.168.100.37　　　子网掩码：255.255.255.248

  IP 地址：192.168.100.66　　　子网掩码：255.255.255.224

3．相比于 IPv4，IPv6 有哪些优点？

4．VPN 技术特点有哪些？

第 6 章

网络互联技术

引言

网络互联技术是计算机网络的一项重要技术，网络之间互联的层次可分为物理层、数据链路层、网络层及高层；网络之间互联的类型可分为局域网与局域网、局域网与广域网、广域网与广域网，使用的设备可分为路由器、交换机、防火墙等。

本章主要介绍网络互联的基本概念，网络互联时所使用的传输介质和互联设备，并详细介绍网络互联的两个重要设备——路由器和交换机的典型应用以及典型配置。

本章主要学习内容如下。

❑　网络互联的类型及层次。
❑　网络传输介质的使用。
❑　常见网络设备的使用。
❑　交换机的典型应用。
❑　路由器的典型应用。
❑　交换机的典型配置。
❑　路由器的典型配置。

6.1　网络传输介质的使用

6.1.1　传输介质的主要类型

传输介质是网络中连接收发双方的物理通路，是通信中传输信息的实体。网络中的传输介质大致分为两类：有线传输介质和无线传输介质。常见的有线传输介质主要有同轴电缆、双绞线、光纤等。无线传输介质是指利用各种波长的电磁波作为传输媒体的传输介质，一般有无线电波、微波和红外线等。

6.1.2　同轴电缆

1．同轴电缆的物理特性

同轴电缆在早期的计算机网络中应用十分广泛，是当时最主要的传输介质之一。同轴电缆由内导体、绝缘层、外屏蔽层及外部保护层组成，如图 6-1 所示。

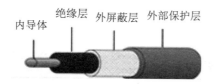

内导体　绝缘层　外屏蔽层　外部保护层

图 6-1　同轴电缆的结构

2．同轴电缆的类型

根据同轴电缆的带宽不同，可将其分为两种类型：基带同轴电缆与宽带同轴电缆。基带同轴电缆一般仅用于数字信号的传输，使用的最大距离限制在几千米范围内，可支持数百台设备的连接。宽带同轴电缆可以使用频分多路复用的方法，将一条宽带同轴电缆的频带划分成多条通信信道，使用各种调制方式来支持多路传输。宽带同轴电缆也可以只用于单信道的高速数字通信。宽带同轴电缆最大传输距离可达几十千米左右。

按照特征阻抗数值的不同，可以将同轴电缆分为 50Ω 同轴电缆和 75Ω 同轴电缆。50Ω 同轴电缆是典型的基带同轴电缆，常用于以太网的连接。50Ω 基带同轴电缆又可分为粗缆和细缆，其中，粗缆适用于比较大型的局域网组网，细缆适用于小型局域网组网。75Ω 同轴电缆是典型的宽带同轴电缆，主要用于有线电视连接。

6.1.3　双绞线

1．双绞线的物理特性

双绞线是计算机网络中最常用的传输介质，由按规则螺旋结构排列的 2 根、4 根或 8 根绝缘导线组成，如图 6-2 所示。每根导线都标有颜色，每对线都可以作为一条通信线路。把两根绝缘的铜导线按一定密度互相绞在一起，一根导线在传输中辐射的电波会被另一根导线上发出的电波抵消，"双绞线"的名字也由此而来。

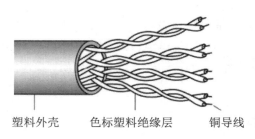

塑料外壳　　　色标塑料绝缘层　　　铜导线

图 6-2　双绞线的结构

局域网中使用的双绞线可以分为两种类型：屏蔽双绞线（Shielded Twisted Pair，STP）与非屏蔽双绞线（Unshielded Twisted Pair，UTP）。其中，屏蔽双绞线由外部保护层、屏蔽层、绝缘层和多对双绞线组成，屏蔽层的主要作用是提高双绞线的外界抗干扰性，如图 6-3 所示。非屏蔽双绞线由外部保护层、绝缘层和多对双绞线组成，如图 6-4 所示。

塑料外套　屏蔽层　绝缘层　铜导线　　　　　　塑料外套　　绝缘层　铜导线

图 6-3　屏蔽双绞线的结构　　　　　　　图 6-4　非屏蔽双绞线的结构

2．双绞线的传输特性

双绞线既可以传输数字信号，又可以传输模拟信号，每根导线的直径越大，传输速率越高，传输距离也越远。

根据传输特性，可以将双绞线划分为以下 10 类。

1 类线（CAT1）：最高带宽是 750 kHz，用于报警系统，或只适用于语音传输，主要作为 20 世纪 80 年代初以前的电话线使用，不能用于数据传输。

2 类线（CAT2）：最高带宽是 1 MHz，用于语音传输和最高传输速率为 4 Mb/s 的数据传输，常见于使用 4 Mb/s 规范令牌传递协议的令牌网。

3 类线（CAT3）：最高带宽是 16 MHz，最高传输速率为 10 Mb/s，主要应用于语音、10Base-T 以太网和 4 Mb/s 令牌环，最大网段长度为 100 m。目前，3 类线已淡出市场。

4 类线（CAT4）：传输带宽为 20 MHz，用于语音传输和 16 Mb/s 令牌环网的数据传输，最大网段长为 100 m。4 类线一直未被广泛采用。

5 类线（CAT5）：最高带宽为 100 MHz，最高传输速率为 100 Mb/s，用于语音传输和最高传输速率为 100 Mb/s 的数据传输，主要用于 100Base-T 和 1000Base-T 网络，最大网段长为 100 m。5 类线增加了绕线密度，外套采用一种高质量的绝缘材料，是最常用的以太网电缆。

超 5 类线（CAT5e）：与 5 类线相比，超 5 类线衰减小，串扰少，并且具有更高的衰减与串扰的比值及信噪比、更小的时延误差，性能得到了很大提高。超 5 类线主要用于千兆位以太网。

6 类线（CAT6）：传输带宽为 1～250 MHz，达到超 5 类线两倍的带宽。6 类线的传输性能远远高于超 5 类标准，最适用于传输速率高于 1 Gb/s 的应用。6 类线与超 5 类线相比，改善了在串扰以及回波损耗方面的性能，对于全双工的高速网络应用而言，优良的回波损耗性能是极重要的。6 类标准中取消了基本链路模型，布线标准采用星形的拓扑结构，要求的布线距离为：永久链路的长度不能超过 90 m，信道长度不能超过 100 m。

超 6 类线（CAT6a）：传输带宽达到 500 MHz，从性能、成本等因素考虑，超 6 类线是 10GBase-T 网络的最佳选择。

7 类线（CAT7）：是 ISO 7 类/F 级标准中的一种双绞线，主要为适应万兆位以太网技术的应用和发展。可以提供至少 500 MHz 的综合衰减对串扰比和 600 MHz 的整体带宽，传输速率可达 10 Gb/s。但它是一种屏蔽双绞线，而且采用了双屏蔽层，每一对线都有一个屏蔽层，4 对线绞合在一起，外面还有一个公共大屏蔽层。从物理结构上来看，额外的屏蔽层使得 7 类线的线径较大。7 类线一般使用在有高速传输和高带宽要求的场景，比如视频会议、流媒体广播、基于网络的语音电话、网格计算和存储网络的场景中，也广泛用在室内高要求的水平布线中。由于 7 类线超强的屏蔽功能，很适用于屏蔽机房及保密网的布线。

8 类线（CAT8）：与 7 类网线一样，都采用双层屏蔽（SFTP），它拥有两个导线对，2000 MHz 的超高带宽，传输速率高达 40 Gb/s，但它的最大传输距离仅有 30 m，故一般用于短距离数据中心的服务器、交换机、配线架以及其他设备的连接。虽然 8 类线传输距离短，但其传输速率和频率带宽是远远超过其他双绞线的。

在以上 10 种双绞线中，前 8 种类型的双绞线均为非屏蔽双绞线，7 类线和 8 类线都是屏蔽双绞线。

3．双绞线的使用

1）RJ-45 水晶头

RJ-45 水晶头由金属片和塑料构成，制作网线所需要的 RJ-45 水晶头的前端有 8 个凹槽，简称"8P（Position）"，凹槽内的金属触点共有 8 个，简称"8C（Contact）"。当金属片面对我们时，RJ-45 接头引脚序号从左至右依次为 1、2、3、4、5、6、7、8，如图 6-5 所示。

图 6-5　RJ-45 水晶头的结构

一般情况下，双绞线与 RJ-45 水晶头连接组成网线，接入网卡等网络设备。

2）双绞线的制作标准

国际上常用的制作双绞线的标准包括 EIA/TIA 568A 和 EIA/TIA 568B 两种。EIA/TIA 568A 的线序定义如表 6-1 所示。

表 6-1　EIA/TIA 568 标准线序

	1	2	3	4	5	6	7	8
EIA/TIA 568A	绿白	绿	橙白	蓝	蓝白	橙	棕白	棕
EIA/TIA 568B	橙白	橙	绿白	蓝	蓝白	绿	棕白	棕

3）双绞线的连接

（1）直通线。

在同一网络系统中，若用于集线器到网卡、交换机到网卡等的连接，同一条双绞线两端一般使用同一标准 EIA/TIA568B，这就是直通线，也叫作直连线或平行线，如图 6-6 所示。

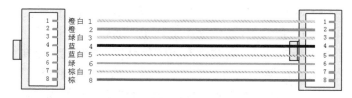

图 6-6　直通线的结构

（2）交叉线。

当双绞线用于网卡到网卡、交换机级联等的连接时，线的一端使用 EIA/TIA568A，另一端使用 EIA/TIA568B，这就是交叉线，如图 6-7 所示。

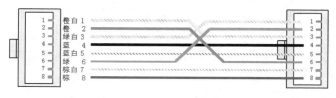

图 6-7　交叉线的结构

4）双绞线的制作工具与过程

网线制作通常需要使用的工具有压线钳和电缆测线仪。

压线钳，又称驳线钳，是用来制作网线的一种非常重要的工具，如图 6-8 所示。它的主要功能有剥线、切线、压制水晶头。

电缆测试仪是一种常见的、较为便宜的测试器，其主要功能是测试制作的网线是否能够用于网络连接。常用的电缆测试仪如图 6-9 所示，通常包括两个部分，一个是信号发射器，一个是信号接收器。

图 6-8　压线钳　　　　图 6-9　电缆测试仪

双绞线的制作过程可分为剪线、剥线、理线、插线、压线、测线 6 步。

6.1.4 光纤

1. 光纤的特性

1）物理特性

光纤是光纤通信的传输介质。通信用的光纤是石英玻璃（SiO_2）制成的横截面很小的双层同心圆柱体，未经涂敷和套塑的光纤称为裸光纤，由纤芯和包层组成。纤芯传播光波信号，包层折射率比纤芯低，作用就是把光反射回纤芯，防止光能量的泄漏。为了保护光纤表面，提高抗拉强度及实用性，一般需在裸光纤表面进行涂敷，构成光纤，如图 6-10 所示。将多条光纤组成一束，可以构成一条光缆。

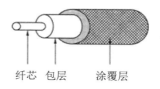

纤芯　包层　　涂覆层

图 6-10　光纤的结构

2）传输特性

光纤通过内部的全反射传输一束经过编码的光信号。由于光纤的折射系数高于外部包层的折射系数，就可以使光波在光纤与包层的表面之间进行全反射。光纤传输的原理如图 6-11 所示。

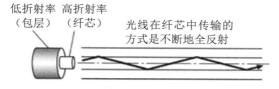

图 6-11　光纤的传输原理示意图

光纤发送端主要采用两种光源：发光二极管（LED）与注入型激光二极管（ILD）。在接收端将光信号转换成电信号时，要使用光电二极管 PIN 检波器或 APD 检波器。光载波调制方法采用幅移键控调制方法。因此，光纤传输速率可以达到几千 Mb/s。光纤传输系统的结构如图 6-12 所示。

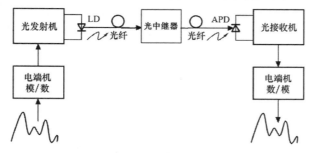

图 6-12　光纤传输系统的结构

按传输模的数量划分，光纤可划分为多模光纤和单模光纤两种类型。其中，单模光纤是指光纤的光信号仅与光纤轴成单个可分辨角度的单光线传输，如图 6-13 所示。多模光纤是指光纤的光信号与光纤轴成多个可分辨角度的多光线传输，如图 6-14 所示。单模光纤的传输性能优于多模光纤。

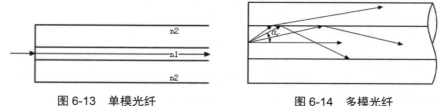

图 6-13　单模光纤　　　　　　　　　　图 6-14　多模光纤

3）连通特性

光纤最普遍的连接方法是点到点连接，但在某些实验系统中也可以采用多点连接方式。

4）地理范围

光纤信号的衰减极小，它可以在 6～8 km 的距离内，在不使用中继器的情况下，实现高速率的数据传输。

5）抗干扰性

光纤不受外界电磁干扰及噪声的影响，能在长距离、高速率的传输中保持低误码率。一般情况下，双绞线的误码率为 10^{-5}～10^{-6}，基带同轴电缆的误码率低于 10^{-7}，宽带同轴电缆的误码率低于 10^{-9}，而光纤的误码率可以低于 10^{-10}。因此，光纤传输的安全性与保密性都非常好。

6）相对价格

目前，光缆的价格要高于同轴电缆与双绞线。由于光缆具有低损耗、宽频带、高数据传输速率、低误码率及安全保密性好等特点，是一种最有前途的传输介质。

2．光纤的特点

光纤的很多优点使它在现代高速通信中应用广泛。

1）通信容量大

理论上，如头发丝粗细的光纤可同时传输 1000 亿路语音。实际应用中可同时传输 24 万路，这比传统的电缆或微波通信高出了几十甚至上千倍。而且一根光缆中可包含多根甚至几十根光纤，再加上复用技术的使用，其通信容量更是惊人。

2）中继距离长

光纤的衰减被控制在 0.19 dB/km 以下，其衰减系数很低，可使中继距离延长到数百千米，用于通信的干线、长途网络是十分合适的。

3）保密性能好

光波信号在光纤中传输时，只在光纤的"纤芯"中进行，无光泄漏，因此保密性好。

4）适应能力强

使用光纤传输信号不会受外界的电磁干扰，而且耐腐蚀、可挠性强（弯曲半径>25 cm 时性能不受影响）。

5）可节省大量的金属材料

据测算，使用 1000 km 的光缆，可节省 150 t 铜、500 t 铅。

6）体积小、质量轻、便于施工和维护

光纤的质量轻，如军用的特制轻质光缆只有 5 kg/km。光缆的施工方式也很灵活，维护也比较方便。

国内工程师在光棒生产和光纤拉丝速度上取得技术突破之后，实现了光纤生产完全自主，使用光纤的成本大大降低。随着 2014 年电信运营商开始的"光纤改造"工程，"光进铜退"拉开序幕，在人们使用的宽带等固网业务上，光纤取代同轴电缆进行远距离传输，光纤到户逐步推进，家庭用户已经可以使用百兆位甚至千兆位的网络。光纤在通信上的大规模应用对于中国构建信息高速公路起到了重要的作用。然而，光纤通信也存在一些缺点，主要表现为光直接放大难、弯曲半径不宜太小、分路耦合不方便、需要高级的切断接续技术等。

6.2　网络互连设备

6.2.1　网络互连

1．网络互连的概念

网络互连是指将分布在不同地理位置的网络、设备相连，以构成更大规模的互连网络系统，实现互连网络中的资源共享。互连的网络可以是相同或不同类型的网络，互连的设备可以运行相同或不同协议的设备。互连网络中的所有资源都应成为整个网络的资源，资源共享与物理网络结构无关。互连网络屏蔽了各网络在协议、服务与管理等方面的差异，也就是说，互连网络的结构对用户是透明的。

2．网络互连的类型

通过第 1 章的学习可知，计算机网络按照覆盖的地理范围划分，可分为局域网、城域网和广域网 3 种，那么，网络互连的类型也可以划分为以下 4 种。

1）局域网-局域网互连（LAN-LAN）

局域网在建网初期，网络节点数量和数据通信量均较少，可以满足小范围通信的需求，随着业务量的增加，原有的局域网容量已经不能满足数据通信的需求，这就需要增设局域网并连接起来，以增加网络容量。根据互连的局域网的协议不同，可将局域网-局域网互连分为同种局域网互连和异种局域网互连。

同种局域网互连是指采用相同网络协议的局域网之间的互连。例如，两个以太网之间或两个令牌环网之间的互连。同种局域网之间的互连比较简单，使用网桥（Bridge）就可以将分散在不同地理位置的多个局域网互连起来。

异种局域网互连是指采用不同网络协议的局域网之间的互连。例如，一个以太网与一个令牌环网之间的互连。异种局域网之间的互连也可以用网桥实现，但是网桥必须支持要互连的网络使用的协议。

2）局域网-广域网互连（LAN-WAN）

局域网-广域网互连也是常见的网络互连方式之一，扩大了数据网络的通信范围，一般通过路由器（Router）或网关（Gateway）来实现。

3）局域网-广域网-局域网互连（LAN-WAN-LAN）

两个分布在不同地理位置的局域网通过广域网互连，也是一种比较常见的互连类型。这种互连方式可以通过路由器或网关来实现。大量主机通过局域网接入广域网，降低了网络连接的成本。

4）广域网-广域网互连（WAN-WAN）

广域网-广域网互连也是常见的网络互连方式之一，可以通过路由器或网关来实现。广域网-广域网互连将不同地区的网络互连成更大范围的网络，连入广域网的主机资源可以共享。

3. 网络互连的层次

根据 OSI 参考模型，不同的层次对应不同的网络通信协议，从通信协议的角度来看，网络互连也存在着互连层次的问题，一般划分为 4 个层次。

1）物理层互连

实现物理层互连的设备是中继器。中继器具有放大和整形数据信号的功能，克服信号经远距离传输后造成的衰减。

2）数据链路层互连

实现数据链路层互连的设备是网桥。网桥具有数据接收、转发与地址过滤功能，它可以用来实现多个网络之间的数据交换。当使用网桥实现两个网络的数据链路层互连时，互连网络的数据链路层与物理层协议可以相同或不同。

3）网络层互连

实现网络层互连的设备是路由器。网络层互连主要解决路由选择、拥塞控制、差错处理与分段技术等问题。如果两个网络的网络层协议相同，这时需要解决的主要是路由选择问题。如果两个网络的网络层协议不同，这时就需要使用多协议路由器（Multiprotocol Router）。当使用路由器实现两个网络的网络层互连时，互连网络的网络层及其下各层协议可以相同或不同。

4）高层互连

实现高层互连的设备是网关。这里的高层是指传输层及其上各层协议。高层互连使用的网关多数是应用层网关，通常被称为应用网关（Application

Gateway）。当使用应用网关实现两个网络的高层互连时，互连网络的应用层及其下各层协议可以相同或不同。

6.2.2　常见的网络互连设备

1．中继器

中继器（Repeater）工作在 OSI/RM 的物理层，是最简单的网络互连设备，常用于两个网络节点之间物理信号的双向转发工作，连接两个或多个网段，如图 6-15 所示。信号经过远距离的传输会逐渐衰减，当衰减到一定程度时会造成信号的失真，中继器对信号具有复制、整形、放大作用，可以补偿信号衰减，使信号进行远距离传输。

图 6-15　中继器

一般情况下，中继器的两端连接的是相同的媒体，但有的中继器也可以完成不同媒体的转接工作。中继器对高层协议是透明的，多用在数据链路层以上的局域网的互连中，设备安装简单，使用方便。从理论上讲中继器的使用是无限的，网络也因此可以无限延长。事实上这是不可能的，因为网络标准都对信号的延迟范围作了具体规定，中继器只能在此规定范围内进行有效的工作。例如，细缆以太网的组网标准规定最大网络干线长度为 925 m，细缆以太网的每段长度最大为 182 m，因此，在细缆以太网中最多可以使用 4 个中继器连接 5 个网段。

2．集线器

集线器的工作原理与中继器相同，也是起到扩展传输距离的作用，其实质上就是一个多端口的中继器，如图 6-16 所示。集线器同样不具备交换功能，但是由于其价格便宜、组网灵活，所以经常被使用。集线器主要用于星形网络，它有一个端口与主干网相连，

图 6-16　集线器

并有多个端口连接一组工作站，如果一个工作站出现问题，不会影响整个网络的正常运行。按照配置方式不同，分独立式集线器、堆叠式集线器和模块式集线器。

3．网桥

网桥（Bridge）工作在 OSI/RM 的数据链路层，它看上去有点像中继器，具有单个的输入端口和输出端口，如图 6-17 所示。类似于中继器，网桥也用于两个局域网的连接，但与中继器的不同之处在于它能够解析收发的数据。

图 6-17　网桥

网桥能够解析它所接收的帧，检查帧的 MAC 地址，如果源地址和目的地址不在同一个网段上，就把帧转发到目标网段上，如果源地址和目的地址在同一个网段上，则不转发。当节点通过网桥传输数据时，网桥就会根据已知的 MAC 地址和它们在网络中的位置建立过滤数据库（也称为转发表）。网桥利用过滤数据库决定是转发数据包还是把它过滤掉。网桥的这种帧过滤特性非常有用，当网络由于负载过重而性能下降时，可以用网桥将它分成两个网段，并使得段间的通信量保持最小，而且一个网段的故障不会影响到另一个网段，提高了通信的效率和网络的可靠性。

网桥具有以下主要特点。

（1）网桥能互连两个采用不同数据链路层协议、传输介质和传输速率的网络。

（2）网桥以接收、转发和地址过滤的方式实现互连网络之间的通信。

（3）网桥可以分隔两个网络之间的广播通信量，有利于改善各网络的性能与安全性。

（4）由于要接收并且缓冲分析帧，因此，网桥比中继器时延长。

（5）网桥不提供流控功能，虽然可以隔离冲突域，但不能隔离广播域，也就是广播包信息可以直接跨越网桥传输到另一个网段，随着网络规模的扩大与节点数的增加，非常容易产生广播风暴。

网桥的分类方式有很多种：按帧转发策略分类，网桥可分为透明网桥和源路由网桥；按端口数分类，网桥可分为双端口网桥与多端口网桥；按连接线路分类，网桥可分为普通局域网网桥、无线网桥和远程网桥。其中，按网桥的帧转发策略分类是最基本的分类方法。

4．交换机

交换机（Switch）工作在 OSI/RM 的数据链路层，可以把一个网络从逻辑上划分成几个较小的段，并且还能够解析出 MAC 地址信息。从这个角度上讲，交换机与网桥相似，但事实上，它相当于多个网桥。交换机的每一个端口都扮演一个网桥的角色，而且每一个连接到交换机上的设备都可以享有它们自己的专用信道。交换机比网桥的性价比要高，其所有端口都使用指定的带宽。交换机设备如图 6-18 所示。

图 6-18　交换机

交换机主要有以下功能。

（1）隔离冲突域。在共享式局域网中，使用 CSMA/CD 算法仲裁共享信道的使用。如果两个或更多站的队列中同时有帧在等待发送，那么它们将发生冲突。在交换式局域网中，交换机端口就是该端口上的冲突域终点。如果一个端口连接一个共享式局域网，那么在该端口的所有站间将产生冲突，而该端口的站和交换机其他端口的站之间将不会产生冲突。如果每个端口只有一个端站,那么在任何两个端站之间都不会有冲突。所以,交换机隔离了每个端口的冲突域。

(2)分段。交换式集线器可以用于对传统共享式局域网分段。

(3)组建虚拟局域网。为了提高带宽的使用效率,交换机可以从逻辑上把一些端口归并为一个广播域,通过设定安全参数、是否过滤的指令、对某些用户的行为进行限制以及网络管理等选项,来组建虚拟局域网。

随着以太网的飞速发展,交换机凭着高性能、低成本的优势在不断演进,已经成为应用最广泛的网络设备,其工作层次也扩展到了 OSI/RM 的网络层以及更高层,根据 OSI/RM 可划分为以下类型。

① 二层交换机:二层交换机是使用最普遍的交换机,基于 MAC 地址,主要用于网络的接入层和汇聚层。

② 三层交换机:与路由器一样,三层交换机也工作在 OSI/RM 的网络层,它将局域网交换机的设计思想应用在路由器中。通常路由器通过软件实现路由选择功能,不但端口数量有限,而且需要查询路由表,导致路由速度较慢,从而限制了网络的规模和访问速度。第三层交换技术通过专用集成电路芯片实现路由选择功能,数据包处理时间由传统路由器的几千微秒量级减少到几十微秒量级,甚至可以更短,因此,它有效缩短了数据包在交换设备中的传输延迟时间。三层交换机是基于 IP 地址和协议进行交换的,它接口简单,拥有很强的二层包处理能力,非常适用于大型局域网内的数据路由与交换。它既可以工作在协议第三层,替代或部分完成传统路由器的功能,同时又具有第二层交换的速度,并且价格比路由器更便宜。

第三层交换在现在的网络建设中,有着广泛的应用。在企业网和校园网中,一般会将三层交换机用在网络的核心层,用三层交换机上的千兆位端口或百兆位端口连接不同的子网或 VLAN。这样的网络结构相对简单,节点数相对较少,大幅度提高了数据的交换能力。部分三层交换机也同时具有第四层交换功能,可以根据数据帧的协议端口信息进行目标端口判断。

③ 四层交换机:第四层交换是一种功能,决定了传输不仅要依据 MAC 地址或者源/目标 IP 地址,还要依据 TCP/UDP 应用端口号。第四层交换功能就像是虚拟 IP,指向物理服务器。它所传输的业务服从各种各样的协议,有 HTTP、FTP、NFS、Telnet 等协议。

④ 七层交换机:四层以上的交换机称为应用型交换机,主要用于互联网数据中心。

5. 路由器

路由器(Router)工作在 OSI/RM 的网络层。当使用路由器实现网络层的互连时,允许互连网络的数据链路层与物理层协议不同,但是网络层及以上各层要采用相同的协议。路由器可以有效隔离互连的多个局域网的广播通信量,互连的每个局域网都是独立的子网。路由器最常见的用法是互连两个局域网或互连局域网与广域网。

　　1）路由器的工作原理

　　路由器的工作原理如图 6-19 所示。如果局域网 1 中的主机 A 要向局域网 4 中的主机 D 发送数据，主机 A 会生成带有源地址与目的地址的多个数据分组，并按正常工作方式将这些分组装配成帧发送出去。连接局域网 1 的路由器接收到来自主机 A 的帧后，根据分组中的目的地址去查路由表，以确定该分组的输出路径。这时，路由器确定该分组的目的节点位于局域网 4 中，它会将该分组发送到目的节点所在的局域网。

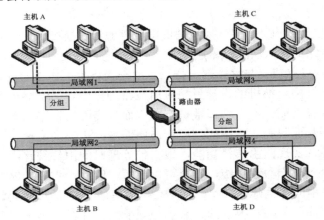

图 6-19　路由器的工作原理示意图

　　当使用路由器来实现网络层的互连时，只要求每个局域网的网络层及以上各层的协议相同，数据链路层与物理层协议可以不同。例如，路由器可以分别连接以太网与令牌环网，路由器与以太网连接需要用以太网卡，路由器与令牌环网连接就需要用令牌环网卡。尽管以太网与令牌环网的帧格式和 MAC 方法不同，路由器可以通过不同网卡处理不同类型的帧。当一个分组进入路由器时，路由器检查分组的源节点与目的节点的 IP 地址，根据路由表中的相关信息启动路由算法，决定该分组应传输给哪个路由器或节点。

　　在一个大型的互连网络中，经常用多个路由器将多个局域网或局域网与广域网互连，路由器之间也可以用点到点线路连接。路由器能根据互连网络结构的变化更新与维护路由表，还应该允许节点的增加、减少与移动位置。为了实现这个功能，路由器内部有路由表与路由状态数据库。路由表中保存路由器的每个端口连接的节点地址，以及其他路由器的地址信息。路由器通过定期与其他路由器、网络节点交换地址信息自动更新路由表。路由器之间还需要定期地交换网络通信量、网络结构与网络链路状态等信息，这些信息保存在路由状态数据库中。

　　路由的工作原理比较简单，只需在计算机中安装多块相同或不同类型的网卡。例如，在一台计算机中插入两块以太网卡，这样就可以构成路由器的基本工作环境。在这台计算机中安装各种网卡的驱动程序，每块网卡独立完成各自的帧发送与接收功能。路由器软件完成分组的接收、转发与路由选择功能。目前，大多数的网络操作系统服务器端都提供了路由器软件功能。

2）路由表

路由表通常分为静态路由表和动态路由表两种。静态路由表是由系统管理员事先设置好的固定路由表，一般是在系统安装时就根据网络的配置情况预先设定的，它不会随未来网络结构的改变而改变。动态路由表是路由器根据网络系统的运行情况而自动调整形成的路由表，路由器根据路由选择协议提供的功能，自动学习和记忆网络运行情况，在需要时自动计算出数据传输的最佳路径。

3）路由器的功能

路由器是实现网络层互连的主要设备，具有以下基本功能。

（1）连接功能。路由器不但可以连接不同的 LAN，还可以连接不同的网络类型（如 LAN 或 WAN）、不同速率的链路和子网接口。

（2）网络地址判断、最佳路由选择和数据处理功能。路由器为每一种网络层协议建立路由表，并对其加以维护。

（3）设备管理。由于路由器工作在网络层，因此可以了解更多的高层信息，可以通过软件协议本身的流量控制功能，控制数据转发的流量，以解决拥塞问题。路由器还可以提供对网络配置管理、容错管理和性能管理的支持。

4）典型的路由器设备

随着对网络互连需求的急剧增加，用户对路由器的需求量越来越大，对路由器的性能要求也越来越高。很多网络硬件生产商都能提供全系列的路由器产品，覆盖从中、低端到高端的各类网络互连需求。目前，应用比较广泛的路由器主要有 Cisco 公司的 2800 系列路由器、H3C 公司的 MSR 5600 系列路由器、SR8800 系列路由器、TP-LINK 公司的 TL-ER5520G 路由器、D-Link 公司的 DI-7000G V2 系列路由器、Juniper 公司的 SRX220H 路由器等。

6. 网关

网关（Gateway）是在高层实现多个网络互连的设备，也是最复杂的网络互连设备，工作在 OSI/RM 的传输层到应用层，主要功能是完成传输层以上的协议转换，因此网关有时也被称为协议转换器。

网关的工作原理如图 6-20 所示。如果一台运行 NetWare 系统的主机要与一台 SNA 网中的主机通信，由于 NetWare 与 SNA 网的高层网络协议不同，局域网中的 NetWare 主机不能直接访问 SNA 网中的主机。它们之间的通信必须通过网关来完成，网关主要完成不同网络协议之间的转换。网关

的作用是为 NetWare 主机产生的报文加上必要的控制信息，将它转换成
SNA 主机可以支持的报文格式。当 SNA 主机要向 NetWare 主机发送信息时，
网关同样要完成 SNA 报文格式到 NetWare 报文格式的转换。

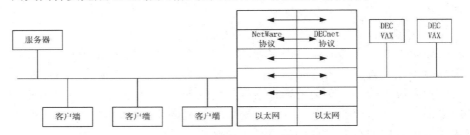

图 6-20　网关的工作原理示意图

　　现在有很多的硬件网关设备，如图 6-21 所示。但从根本上说，网关不
能完全归为一种网络硬件。网关通过使用适当的硬件与软件，实现不同网
络协议之间的转换功能。一般来说，由硬件提供不同网络的接口，由软件
实现不同网络协议之间的转换。网关可以使用不同的格式、通信协议或结
构连接起两个系统，通过重新封装信息以使它们能被另一个系统读取。

　　由于网关具有强大的功能并且大多数时候都和应用有关，一般来讲网
关比路由器的价格要贵一些。另外，由于网关的传输更复杂，它们传输数
据的速度要比网桥及路由器慢一些。然而在某些场合，只有网关能胜任工
作，如电子邮件网关、IBM 主机网关、因特网网关等。

7. 防火墙

　　防火墙是指由软件和硬件设备组合而成、在内部网络和外部网络之间、
局域网与外网之间的一个安全网关，就像架起了一道墙，保护内部网络免
受非法用户的侵入。防火墙可分为软件防火墙和硬件防火墙。

　　软件防火墙，一般基于某个操作系统平台开发，直接在计算机上进行
软件的安装和配置。由于客户之间操作系统的多样性，软件防火墙需要支
持多种操作系统，如 UNIX、Linux、SCOUNIX、Windows 等。

　　硬件防火墙是由硬件执行的一些功能，把防火墙程序做到芯片里面，
能减少 CPU 的负担，使路由更稳定。一般的软件安全厂商提供的硬件防火
墙便是在硬件服务器厂商定制的硬件，然后再把 Linux 系统与自己的软件系
统嵌入。在兼容性方面，硬件防火墙也更胜一筹。常见的硬件防火墙设备
的品牌主要有华为、网域、深信服等。图 6-22 是华为 USG6650 防火墙。

8. 防毒墙

　　防毒墙是指位于网络入口处，用于对网络传输中的病毒进行过滤的网
络安全设备，如图 6-23 所示。通俗地说，防毒墙可以部署在企业局域网和
互联网交界的地方，阻止病毒从互联网侵入内部网络。我们知道，网络是
病毒传播的主要途径之一，防毒墙会扫描通过网关的数据包，然后对这些

数据进行病毒扫描，如果是病毒，则将其清除。从理论上讲，防毒墙可以阻止任何病毒从网关处侵入企业内部网络。硬件防毒墙实际上是一台基于硬件结构的网关防毒专用服务器,将防毒软件搭建在 Linux 系统和高性能硬件服务器上。

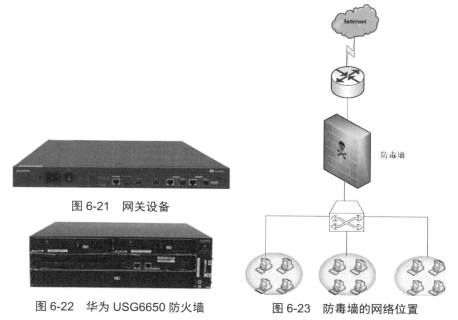

图 6-21　网关设备

图 6-22　华为 USG6650 防火墙

图 6-23　防毒墙的网络位置

9．网卡

网络接口卡（Network Interface Card，NIC）又称为网卡，它是将计算机或其他设备连接到局域网的硬件设备。通常网卡被插入计算机主机的 I/O 通道并作为主机的一个外部设备工作。从这一点上来看，网卡与其他 I/O 设备卡（如显卡、声卡）没有本质的区别。

网卡主要由发送电路、接收电路与介质访问控制电路 3 个部分组成。按照接口类型的不同，网卡可分为 ISA 接口网卡、PCI/PCI-X/PCI-E 接口网卡、USB 接口网卡和笔记本电脑专用的 PCMCIA 接口网卡。其中，ISA 总线网卡是早期的一种接口类型网卡；PCI 总线网卡在当前的台式机上普遍使用，也是目前主流的一种网卡，如图 6-24 所示；PCI-X 总线网卡一般在服务器上使用；PCMCIA 总线网卡是笔记本电脑专用的，它受笔记本电脑的空间限制，体积远没有 PCI 接口网卡那么大。

图 6-24　PCI 总线网卡

◢ 6.3 交换机的典型配置与应用

6.3.1 交换机的初始配置

一般情况下交换机都可以支持多种方式进行管理，用户可以选择最合适的方式管理交换机，最常用的两种方式是利用终端通过 Console 口进行本地管理以及通过 Telnet 方式进行本地或远程方式管理。

对于第一次安装的交换机来说，只能通过控制台 Console 端口进行初始配置。

1. 设备连接

设备连接情况如图 6-25 所示，将配置线（见图 6-26）的 RJ-45 接头的一端连接到交换机的控制台端口，另一端（通常为 DB-9 或 DB-25）连接计算机的串行接口 COM1。

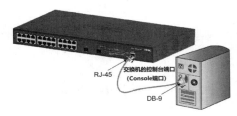

图 6-25　设备连接

图 6-26　配置线

2. 设备配置

正确连接好线缆之后，进行如下操作（这里使用 Windows 自带的超级终端软件，也可以自行下载一些过程登录软件，如 CRT 软件）。

（1）开始→ 程序→ 附件→通信→ 超级终端，在"连接描述"对话框中输入连接的"名称"，如 sw1，如图 6-27 所示。

（2）单击"确定"按钮，弹出"连接到"对话框，如图 6-28

图 6-27　建立连接

所示。在"连接时使用"下拉列表框中选择 COM1 连接接口，然后单击"确定"按钮。

（3）在弹出的"COM1 属性"对话框中，单击"还原为默认值"按钮，如图 6-29 所示，单击"确定"按钮，进入"sw1-超级终端"窗口。

图 6-28　选择连接端口

图 6-29　设置 COM1 的属性

（4）设置好后，单击"确定"按钮，此时就开始连接登录交换机了，对于新购或首次配置的交换机，没有设置登录密码，因此不用输入登录密码就可连接成功，从而进入交换机的命令行状态，当出现"Would you like to enter the initial configuration dialog?[yes/no]"时，输入"no"，按 Enter 键，出现如图 6-30 所示的对话框，此时就可通过命令在这个界面操作了。

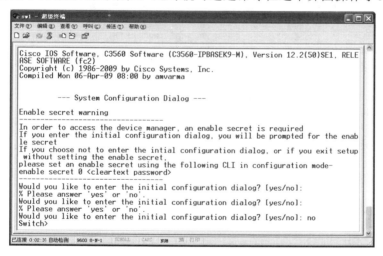

图 6-30　连接成功后的超级终端

知识积累

（1）若超级终端窗口上没有出现命令提示符"switch>"，应确定以下问题。

① 计算机的 COM 口和超级终端所设定的口是一致的。

② 使用的连接线最好是设备自带的连接线，以免线序有错。

③ 连接参数：每秒位数值为 9600、数据位值为 8、停止位值为 1，其他值为无。

④ 确保交换机没有故障，最好找另一台交换机再试。

（2）对于第一次安装的路由器来说，只能通过控制台 Console 端口进行初始配置。

6.3.2 二层交换机典型配置与应用

一般情况下，二层交换机起到扩充端口的作用，如图 6-31 所示。PC0 连接二层交换机的 F0/1 端口，PC1 连接 F0/2 口，若 PC0 的 IP 地址设为 192.168.3.2，子网掩码设置为 255.255.255.0，如图 6-32 所示；PC1 的 IP 地址设为 192.168.3.3，子网掩码设置为 255.255.255.0，如图 6-33 所示，则 PC0 与 PC1 可以相互访问。

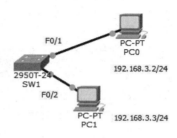

图 6-31 二层交换机连接 PC

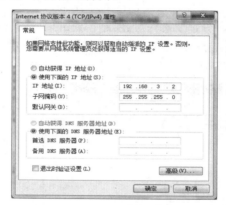

图 6-32 PC0 参数设置

图 6-33 PC1 参数设置

知识积累

默认情况下，交换机的端口都属于 vlan 1。

6.3.3 vlan 划分

如图 6-34 所示，为了管理需要，把 PC0 划分到 vlan 10，PC1 划分到 vlan 20，PC0 连接二层交换机的 F0/1 端口，PC1 连接 F0/2 口。若 PC0 的 IP 地址设为 192.168.3.2，子网掩码设置为 255.255.255.0；PC1 的 IP 地址设为 192.168.3.3，子网掩码设置为 255.255.255.0，则 PC0 与 PC1 不可以相互访问。

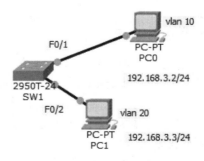

图 6-34 划分 vlan

知识拓展

```
SW1>enable
SW1#conf t
SW1(config)#hostname SW1
SW1(config)#vlan 10
SW1(config-vlan)#exit
SW1(config)#vlan 20
SW1(config-vlan)#exit
SW1(config)#interface f0/1
SW1(config-if)#switchport access vlan 10
SW1(config-if)#exit
SW1(config)#int f0/2
SW1(config-if)#switchport access vlan 20
SW1(config-if)#exit
SW1(config)#exit
SW1#sh vlan
```

6.3.4 三层交换机典型配置与应用

三层交换机有路由功能，可以为不同的 vlan 提供网关，实现不同 vlan 的数据通信。如图 6-35 所示，把三层交换机的 F0/1 口划到 vlan 10，F0/2 口划到 vlan 20，三层交换机上配置 vlan 10、vlan 20 的网关且开启路由功能，则 PC0 与 PC1 可以相互访问，如图 6-36 和图 6-37 所示。

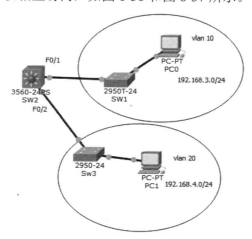

图 6-35　三层交换机连接 PC

知识积累

默认情况下，三层交换机当二层交换机用，开启路由功能后，才具有路由功能。

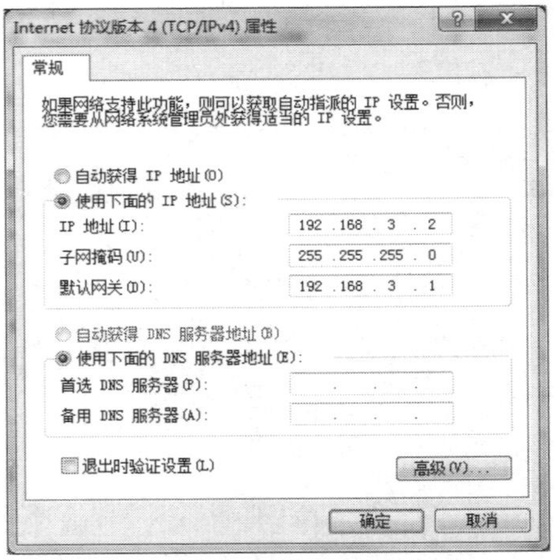

図 6-36　PC0 参数设置　　　図 6-37　PC1 参数设置

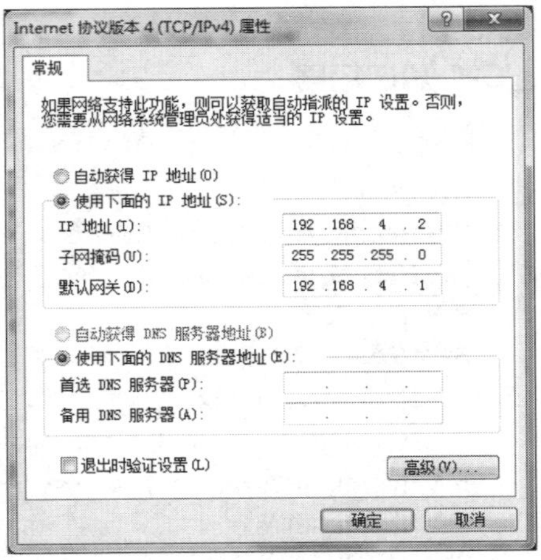

 知识拓展

```
Switch>en
Switch#conf t
Switch(config)#hostname SW2
SW2(config)#ip routing
SW2(config)#vlan 10
SW2(config-vlan)#exit
SW2(config)#vlan 20
SW2(config-vlan)#exit
SW2(config)#interface f0/1
SW2(config-if)#switchport access vlan 10
SW2(config-if)#exit
SW2(config)#interface f0/2
SW2(config-if)#switchport access vlan 20
SW2(config-if)#exit
SW2(config)#interface vlan 10
SW2(config-if)#ip address 192.168.3.1 255.255.255.0
SW2(config-if)#exit
SW2(config)#interface vlan 20
SW2(config-if)#ip address 192.168.4.1 255.255.255.0
```

⚠ 6.4　路由器的典型配置与应用

6.4.1　路由概念

1．IP 路由的概念

所谓"路由"，是指将数据包从一个网络送到另一个网络的设备上的

功能。它具体表现为路由器中路由表里的条目。路由的完成离不开两个最基本步骤：第一个步骤为选径，路由器根据到达数据包的目标地址和路由表的内容，进行路径选择；第二个步骤为包转发，根据选择的路径，将包从某个接口转发出去。路由表是路由器选择路径的基础，通过路由来获得路由表。

2．路由的来源

路由的来源主要有以下 3 种。

1）直连（Connected）路由

直连路由不需要配置，路由器配置好接口 IP 地址并且接口状态为"UP"时，路由进程自动生成。它的特点是开销小，配置简单，无须人工维护，但只能发现本接口所属网段的路由。

2）静态（Static）路由

由管理员手动配置而生成的路由称为静态路由。当网络的拓扑结构或链路的状态发生变化时（包括发生故障），需要手动修改路由表中相关的静态路由信息。一般用在简单稳定拓扑结构的网络中。

3）动态路由协议（Routing Protocol）发现的路由

当网络拓扑结构十分复杂时，手动配置静态路由工作量大而且容易出现错误，这时就可用动态路由协议（如 RIP、OSPF 等），让其自动发现和修改路由，避免人工维护。但动态路由协议开销大，配置复杂。

3．网段

根据网段与路由设备是否直接相连，网段可分为直连网段与间接网段（不直连网段）。如图 6-38 所示，路由器 R1、R2、R3 连接了 4 个网段。

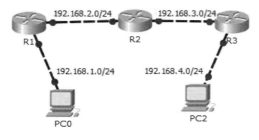

图 6-38　网段

对路由器 R1 而言，192.168.1.0/24 以及 192.168.2.0/24 是直连网段；192.168.3.0/24 以及 192.168.4.0/24 是间接网段。

知识积累

1．路由设备

三层交换机、防火墙、防毒墙等具有路由功能，都属于路由设备。

2．路由表

路由表可以理解为地图，每个路由设备通过配置获得到达所有网段的路由（地图）。

6.4.2　直连路由典型配置与应用

路由设备配置好接口网卡 IP 地址并且接口状态为"UP"时，可以获得直连网段的路由，称为直连路由。如图 6-39 所示，路由器 R1 连接了两台 PC，PC IP 参数配置正确，路由器 F0/0 以及 F1/0 接口 IP 参数配置正确，则 PC0 与 PC1 可以通信。

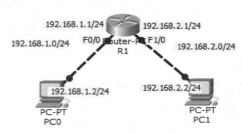

图 6-39　直连路由拓扑图

知识积累

1．网关概念

PC 的网关可以理解为一道门，PC 把数据包传给网关，路由设备再根据路由表里的参数把数据包转发到目的地。

2．网关设置

网关的具体承载者可以是路由设备接口网卡，呈现形式是 IP 地址。路由器 R1 接口 F0/0 网卡承载 PC0 的网关，IP 为 192.168.1.1，其子网掩码与 PC0 的子网掩码一致，为 255.255.255.0。路由器 R1 接口 F1/0 网卡承载 PC1 的网关，IP 为 192.168.2.1，其子网掩码与 PC1 的子网掩码一致，为 255.255.255.0。

知识拓展

1．PC 参数配置

PC0 的 IP 参数设置如图 6-40 所示，PC1 的 IP 参数设置如图 6-41 所示。

2．路由器 R1 的配置

```
Router>enable                                       //进入特权模式
Router#conf t                                       //进入全局配置模式
Router(config)#hostname R1                          //为路由器改名
R1(config)#int f0/0                                 //选定路由器的 F0/0 接口
R1(config-if)#ip address 192.168.1.1 255.255.255.0
```

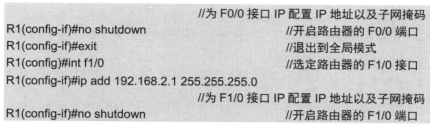

```
                              //为 F0/0 接口 IP 配置 IP 地址以及子网掩码
R1(config-if)#no shutdown     //开启路由器的 F0/0 端口
R1(config-if)#exit            //退出到全局模式
R1(config)#int f1/0           //选定路由器的 F1/0 接口
R1(config-if)#ip add 192.168.2.1 255.255.255.0
                              //为 F1/0 接口 IP 配置 IP 地址以及子网掩码
R1(config-if)#no shutdown     //开启路由器的 F1/0 端口
```

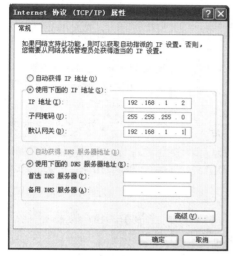

图 6-40　PC0 的 IP 参数

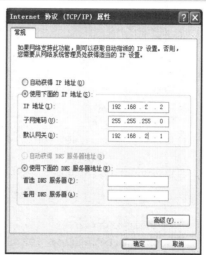

图 6-41　PC1 的 IP 参数

6.4.3　间接路由典型配置与应用

如图 6-42 所示，配置好 PC 的 IP 参数，为路由器各接口网卡设置完 IP 参数，PC0 与 PC1 也不能通信。因为路由器 R1 的路由表里不包含到间接网段 192.168.2.0/24 的路由，路由器 R2 的路由表里不包含到间接网段 192.168.1.0/24 的路由。

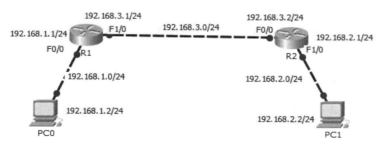

图 6-42　间接网段路由拓扑图

路由器可以启用 RIP 协议，分别发布自己的直连网段的路由，路由器邻居之间交换信息直到收敛，那么路由器可获得到间接网段的路由，PC0 与 PC1 能通信。

知识拓展

1. 路由器 R1 的配置

1）基本配置

```
Router>enable                                    //进入特权模式
Router#conf t                                    //进入全局配置模式
Router(config)#hostname R1                       //为路由器改名
R1(config)#int f0/0                              //选定路由器的 F0/0 接口
R1(config-if)#ip address 192.168.1.1 255.255.255.0
                                 //为 F0/0 接口 IP 配置 IP 地址以及子网掩码
R1(config-if)#no shutdown                        //开启路由器的 F0/0 端口
R1(config-if)#exit                               //退出到全局模式
R1(config)#int f1/0                              //选定路由器的 F1/0 接口
R1(config-if)#ip add 192.168.3.1 255.255.255.0
                                 //为 F1/0 接口 IP 配置 IP 地址以及子网掩码
R1(config-if)#no shutdown                        //开启路由器的 F1/0 端口
```

2）启用 RIP 协议，发布路由

```
R1(config)#router rip                            //启用 RIP 协议
R1(config-router)#network 192.168.1.0
                   //发布直连网路的路由，格式：network 直连网段的网络地址
R1(config-router)#network 192.168.3.0            //发布直连网路的路由
```

2. 路由器 R2 的配置

1）基本配置

```
Router>enable                                    //进入特权模式
Router#conf t                                    //进入全局配置模式
Router(config)#hostname R2                       //为路由器改名
R2(config)#int f0/0                              //选定路由器的 F0/0 接口
R2(config-if)#ip address 192.168.3.2 255.255.255.0
                                 //为 F0/0 接口 IP 配置 IP 地址以及子网掩码
R2(config-if)#no shutdown                        //开启路由器的 F0/0 端口
R2(config-if)#exit                               //退出到全局模式
R2(config)#int f1/0                              //选定路由器的 F1/0 接口
R2(config-if)#ip add 192.168.2.1 255.255.255.0
                                 //为 F1/0 接口 IP 配置 IP 地址以及子网掩码
R2(config-if)#no shutdown                        //开启路由器的 F1/0 端口
```

2）启用 RIP 协议，发布路由

```
R2(config)#router rip                            //启用 RIP 协议
R2(config-router)#network 192.168.3.0            //发布直连网路的路由
R2(config-router)#network 192.168.2.0            //发布直连网路的路由
```

6.5　本章小结

网络传输介质与网络互连设备是网络的重要组成部分。我们应该掌握网络传输介质的使用、常见网络设备的使用、交换机的典型应用以及路由器的典型应用。

6.6　练习题

一、填空题

1．双绞线可分为_____和_____。

2．根据光纤传输点模数的不同,光纤主要分为_____和_____两种类型。

3．集线器在 OSI 参考模型中属于_____设备,而交换机是数据链路层设备。

4．交换机上的每个端口属于一个_____域,不同的端口属于不同的冲突域,交换机上所有的端口属于同一个_____域。

5．路由器上的每个接口属于一个_____域,不同的接口属于_____的广播域和_____的冲突域。EIA/TIA 的布线标准中规定了两种双绞线的线序_____与_____,其中最常使用的是_____。

二、选择题

1．双绞线绞合的目的是（　　　）。

    A．增大抗拉强度　　　　　　　B．提高传送速度

    C．减少干扰　　　　　　　　　D．增大传输距离

2．网桥作为局域网上的互连设备,主要作用于（　　　）。

    A．物理层　　　　　　　　　　B．数据链路层

    C．网络层　　　　　　　　　　D．高层

3．如果有多个局域网需要互连,并且希望将局域网的广播信息很好地隔离开来,那么最简单的方法是采用（　　　）。

    A．中继器　　　　　　　　　　B．网桥

    C．路由器　　　　　　　　　　D．网关

4．（　　　）硬件实现数据链路层的功能。

    A．交换机　　　　　　　　　　B．集线器

    C．路由器　　　　　　　　　　D．中继器

5．人们目前多数选用交换机而不选用采集器的原因是（　　　）。

    A．交换机便宜

    B．交换机读取帧的速度比采集器快

C．交换机产生更多的冲突域

D．交换机不转发广播

6．下列不属于传输介质的是（　　　）。

A．双绞线　　　　　　　　B．光纤

C．声波　　　　　　　　　D．电磁波

7．下列属于交换机优于集线器的选项是（　　　）。

A．端口数量多　　　　　　B．体积大

C．灵敏度高　　　　　　　D．交换传输

三、判断题

1．卫星通信是微波通信的特殊形式。（　　　）

2．同轴电缆是目前局域网的主要传输介质。（　　　）

3．局域网内不能使用光纤作为传输介质。（　　　）

4．交换机可以代替集线器使用。（　　　）

四、问答题

1．你认为"互连网络（Internetwork）"与"因特网（Internet）"是同一概念吗？如果认为两者是不同的，请说明它们的联系与区别。

2．网络互连的类型有哪几类？请举出一个你所了解的实际互连网络的例子，并说明它属于哪种类型？

3．网桥是从哪个层次上实现了不同网络的互连？它具有什么特征？

4．路由器是从哪个层次上实现了不同网络的互连？

5．光缆与铜缆相比具有哪些优势？

6．路由器的功能是什么？

第 7 章

计算机网络应用

引言

20 世纪 90 年代以来，计算机网络和计算机网络技术得到飞速发展，特别是 Internet 在世界范围内的普及和推广。随之而来的是越来越多的计算机网络应用逐渐渗透到社会生活的方方面面，并对人们的生活、学习、工作产生了深远的影响。网络应用需要通过相应的应用层协议的支持。本章主要介绍 DNS 服务、WWW 服务、FTP 服务、电子邮件服务以及远程登录服务。

本章学习的内容如下。

- 互联网的域名结构和域名解析。
- 超文本标记语言 HTML 与超文本传输协议 HTTP。
- WWW 服务的特点和工作流程。
- FTP 的工作原理。
- 电子邮件的工作原理。
- Telnet 的基本工作原理。

7.1 计算机网络应用模式

网络应用需要通过相应的 TCP/IP 应用层协议的支持，如 HTTP、FTP、SMTP 和 Telnet 等。这些应用层协议的主要职责是把文件从一台主机传送到另一台主机。应用层的许多协议采用客户机/服务器（Client/Server，C/S）模式。

Client 和 Server 常常分别处在相距很远的两台计算机上，Client 程序的任务是将用户的要求提交给 Server 程序，再将 Server 程序返回的结果以特定的形式显示给用户；Server 程序的任务是接收客户程序提出的服务请求，进行相应的处理，再将结果返回给客户程序。

C/S（Client/Server）架构，即大家熟知的客户机/服务器架构。它是软件系统的体系结构，通过它可以充分利用两端硬件环境的优势，将任务合理分配到 Client 端和 Server 端实现，降低了系统的通信开销。目前大多数应用软件系统都是 Client/Server 形式的两层结构，由于现在的软件应用系统正在向分布式 Web 应用发展，Web 和 Client/Server 应用都可以进行同样的业务处理，应用不同的模块共享逻辑组件；因此，内部的和外部的用户都可以访问新的和现有的应用系统，通过现有应用系统中的逻辑可以扩展出新的应用系统。这也就是目前应用系统的发展方向。

C/S 架构的优点如下。

（1）C/S 架构的界面和操作可以很丰富。

（2）可以很容易保证安全性能，实现多层认证也不难。

（3）由于只有一层交互，因此响应速度较快。

C/S 架构的缺点如下。

（1）适用面窄，通常用于局域网中。

（2）用户群固定。由于程序需要安装才可使用，因此不适合面向一些不可知的用户。

（3）维护成本高，发生一次升级，则所有客户端的程序都需要改变。

7.2 DNS 服务

7.2.1 DNS 概述

用户与互联网上的主机通信时，必须知道对方的 IP 地址，然而 IP 地址不太容易记忆，不要说长达 32 位的二进制数，即使是点分十进制的 IP 地址，人们记忆起来也有一定的难度。在应用层，为了便于用户记忆各种网络应用，连接在互联网上的主机不仅有 IP 地址，而且还有便于用户记忆的主机名字。

域名系统（Domain Name System，DNS）是互联网使用的命名系统，用来把便于人们使用的主机名字转换为 IP 地址。互联网的域名系统 DNS 被设计成为一个联机分布式数据库系统，并采用客户机/服务器方式。DNS 使大多数主机名字都在本地进行解析（Resolve），只有少量解析需要在互联网上通信，因此 DNS 系统的效率很高。由于 DNS 是分布式系统，即使单个计算机出了故障，也不会妨碍整个 DNS 系统的正常运行。

早在 ARPANET 时代，整个网络上只有数百台计算机，那时并不需要使用 DNS，而是使用一个叫作 hosts 的文件，列出所有主机名字和相应的 IP 地址。只要用户输入一台主机名字，计算机就可以很快地把这台主机名字转换成机器能够识别的二进制 IP 地址。

7.2.2　互联网的域名结构

现在的互联网采用了层次树状结构的命名方法，采用这种命名方法，任何一个连接在互联网上的主机或路由器，都有一个唯一的层次结构的名字，即域名（Domain Name）。大家需要注意的是，域名只是个逻辑概念，并不代表计算机的物理地址。域是命名空间中一个可被管理的划分。域可以划分为子域，而子域可继续划分子域，这样就形成了顶级域、二级域、三级域等。

图 7-1　域名

从语法上讲，每一个域名都是由标号（label）序列组成，各标号之间用英文句点"."分开的，例如如图 7-1 所示的域名。

它由 3 个标号组成，其中标号 com 是顶级域名，标号 sina 是二级域名，标号 www 是三级域名。

DNS 规定，域名中的标号都由英文字母和数字组成，每一个标号不超过 63 个字符（但为了记忆方便，最好不要超过 12 个字符），也不区分大小写字母（例如 SINA 和 sina 在域名中是等效的）。标号中除连字符"-"外，不能使用其他标点符号。级别最低的域名写在最左边，而级别最高的顶级域名则写在最右边。由多个标号组成的完整域名总共不超过 255 个字符。DNS 既不规定一个域名需要包含多少个下级域名，也不规定每一级的域名代表什么意思。各级域名由其上一级的域名管理机构管理，而最高的顶级域名则由 ICANN 进行管理。用这种方法可使每一个域名在整个互联网范围内是唯一的，并且也容易设计出一种查找域名的机制。

1．域名的特点

（1）域名只是一个逻辑概念，并不代表计算机所在的物理地点。

（2）定长的域名和使用有助记忆的字符串，是为了便于人们使用。而 IP 地址是定长的 32 位二进制数字，则非常便于机器进行处理。

（3）域名中的"."和点分十进制 IP 地址中的"."并无一一对应的关系。点分十进制 IP 地址中一定包含 3 个"."，但每一个域名中"."的数目则不一定正好是 3 个。

2．顶级域名 TLD（Top Level Domain）

1）国家或地区顶级域名 nTLD

cn　　　　　表示中国
us　　　　　表示美国

au　　　　　表示澳大利亚

2）通用顶级域名 gTLD

通用顶级域名如表 7-1 所示。

表 7-1　通用顶级域名

通用顶级域名	含　义	通用顶级域名	含　义
com	表示公司和企业	biz	表示公司和企业
net	表示网络服务机构	cat	表示加泰隆人的语言和文化团体
org	表示非赢利性组织	coop	表示合作团体
edu	表示美国专用的教育机构	Info	表示各种情况
gov	表示美国专用的政府部门	jobs	表示人力资源管理者
mil	表示美国专用的军事部门	mobi	表示移动产品与服务的用户和提供者
int	表示国际组织	museum	表示博物馆
aero	表示航空运输企业		

3）基础结构域名（Infrastructure Domain）

这种顶级域名只有一个，即 arpa，用于反向域名解析，因此又称为反向域名。

7.2.3　域名解析

将主机域名映射为 IP 地址的过程叫作域名解析，域名解析有两个方向：从主机域名到 IP 地址的正向解析；从 IP 地址到主机域名的反向解析。

下面简单讨论一下域名的解析过程。这里要注意两点。

（1）主机向本地域名服务器的查询一般都采用递归查询。所谓递归查询就是：如果主机所询问的本地域名服务器不知道被查询域名的 IP 地址，那么本地域名服务器就以 DNS 客户的身份，向其他根域名服务器继续发出查询请求报文（即替该主机继续查询），而不是让该主机自己进行下一步的查询。因此，递归查询返回的查询结果或是所要查询的 IP 地址，或是报错，表示无法查询到所需的 IP 地址。

（2）本地域名服务器向根域名服务器的查询通常采用迭代查询。迭代查询的特点是这样的：当根域名服务器收到本地域名服务器发出的迭代查询请求报文时，要么给出所要查询的 IP 地址，要么告诉本地域名服务器"下一步应当向哪一个域名服务器进行查询"。然后让本地域名服务器进行后续的查询（而不是替本地域名服务器进行后续的查询）。根域名服务器通常是把自己知道的顶级域名服务器的 IP 地址告诉本地域名服务器，让本地域名服务器再向顶级域名服务器查询。顶级域名服务器在收到本地域名服务器的查询请求后，要么给出所要查询的 IP 地址，要么告诉本地域名服务器下一步应当向哪一个权限域名服务器进行查询，本地域名服务器就这样进行迭代查询。最后，知道了所要解析域名的 IP 地址，然后把这个结果返回给发起查询的主机。当然，本地域名服务器也可以采用递归查询，这取决于最初的查询请求报文的设置要求使用哪一种查询方式。

假定主机 A 想访问另一台主机（域名为 www.sdlg.cn）的主页，就必须知道主机 www.sdlg.cn 的 IP 地址。下面是如图 7-2 所示的查询步骤。

① 主机 A 先向其本地域名服务器进行递归查询。

② 本地域名服务器采用迭代查询。它先向一个根域名服务器查询。

③ 根域名服务器告诉本地域名服务器，下一次应查询的顶级域名服务器 dns.cn 的 IP 地址。

④ 本地域名服务器向顶级域名服务器 dns.cn 进行查询。

⑤ 顶级域名服务器 dns.cn 告诉本地域名服务器，下一次应查询的域名服务器 dns.sdlg.cn 的 IP 地址。

⑥ 本地域名服务器向域名服务器 dns.sdlg.cn 进行查询。

⑦ 域名服务器 dns.sdlg.cn 告诉本地域名服务器所查询的主机的 IP 地址。

⑧ 最后本地域名服务器把查询结果告诉主机 A。

我们注意到，这 8 个步骤总共要使用 8 个 UDP 用户数据报的报文。本地域名服务器经过 3 次迭代查询后，从域名服务器 dns.sdlg.cn 得到了主机 www.sdlg.cn 的 IP 地址，最后把结果返回给发起查询的主机 A。

图 7-3 是本地域名服务器采用递归查询的情况。在这种情况下，本地域名服务器只需向根域名服务器查询一次，后面的几次查询都是在其他几个域名服务器之间进行的（步聚③至⑥）。只是在步骤⑦，本地域名服务器从根域名服务器得到了所需的 IP 地址。最后在步骤⑧，本地域名服务器把查询结果告诉主机 A。整个查询也是使用 8 个 UDP 报文。

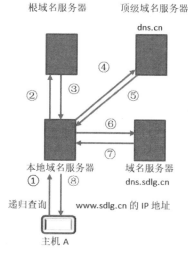

图 7-2 本地域名服务器采用迭代查询

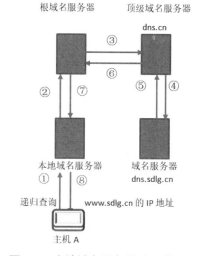

图 7-3 本地域名服务器采用递归查询

⚠ 7.3　WWW 服务

7.3.1　WWW 概述

万维网（World Wide Web，WWW），英文简称为 Web。它是一个体系结构框架，该框架把分布在整个 Internet 中数百万台甚至数千万台机器上的内容链接起来，供人们访问。因此万维网是一个海量的分布式信息系统，提供交互式超媒体信息服务，用链接的方法能非常方便地从互联网上的一个站点访问另一个站点，从而主动地按需获取丰富的信息。

万维网诞生于 1989 年的欧洲原子能研究中心的 CERN。1993 年 2 月，第一个图形界面的浏览器（Browser）开发成功，名字叫作 Mosaic，由伊利诺伊大学的 Marc Andreessen 开发。一年后，Andreessen 离开学校组建了网景通信公司（Netscape Communications Corp），公司的目标是开发 Web 软件。接下来的 3 年，网景的 Netscape Navigator 和微软的 IE（Internet Explorer）浏览器进行了一场浏览器大战。目前，Firefox、IE 和 Chrome 是比较流行的浏览器。

WWW 是以超文本标注语言 HTML 与超文本传输协议 HTTP 为基础，能够提供面向 Internet 服务的、一致的、用户界面的信息浏览系统。

7.3.2　超文本与超媒体

带超链接的文本称为超文本（Hypertext），超文本中除文本信息外，还提供了一些超链接的功能，即在文本中包含了与其他文本的链接。超文本文档中存在着大量的超链接，每个超链接都是将某些单词或图像以特殊的方式显示出来，如特殊的颜色、加下画线或是高亮度，在 WWW 中称这些链接为"热字"。

万维网是一个分布式的超媒体（Hypermedia）系统，它是超文本系统信息多媒体化的扩充。超媒体除包含文本信息外，还可以是声音、图形、图像、动画以及视频图像等多种信息。用户通过超链接不仅能从一个文本跳转到另一个文本，还可以激活一段声音，显示一个图形，甚至可能播放一段动画。

7.3.3　超文本标记语言与超文本传输协议

超文本标记语言（Hyper Text Mark Language，HTML）是一种用来定义信息表现方式的格式化语言，它告诉 WWW 浏览器如何显示信息，如何进行链接。因此，一份文件如果想通过 WWW 主机来显示，那么就必须要求它符合 HTML 的标准。

HTML 具有通用性、简单性、可扩展性、平台无关性等特点，并且支持不同方式创建 HTML 文档。

超文本传输协议（Hyper Text Transfer Protocol，HTTP）是 WWW 客户机与 WWW 服务器之间的应用层传输协议，也是浏览器访问 Web 服务器上的超文本信息时所使用的协议。HTTP 是 TCP/IP 协议簇中的一个协议，也是 Web 操作的基础，它保证了正确传输超文本文档，是一种最基本的客户机/服务器的访问协议。它可以使浏览器更加高效，使网络传输流量减少。

7.3.4 统一资源定位符 URL

统一资源定位符 URL 是用来表示从互联网上得到的资源的位置和访问这些资源的方法。URL 给资源的位置提供一种抽象的识别方法，并用这种方法给资源定位。只要能够对资源定位，系统就可以对资源进行各种操作，如存取、更新、替换和查找其属性。由此可见，URL 实际上就是在互联网上的资源的地址。只有知道这个资源在互联网上的什么地方，才能对它进行操作。显然，互联网上的所有资源，都有一个唯一确定的 URL。

这里所说的"资源"是指在互联网上可以被访问的任何对象，包括文件目录、文件、文档、图像、声音等，以及与互联网相连的任何形式的数据。URL 的一般形式由以下 4 个部分组成：

<协议>://<主机>:<端口>/<路径>

（1）协议：URL 的第一部分是最左边的<协议>，又称信息服务类型。这里的<协议>就是指使用什么协议获取该万维网文档。常用的协议如下。

❑　http：超文本传输协议。

❑　https：安全的超文本传输协议。

❑　ftp：文件传输协议。

❑　telnet：远程登录协议。

❑　file：本地文件。

（2）端口号：端口号可以省略，省略时使用默认的端口号。否则，应在此处指明它。Internet 上每个应用协议的端口号是由 Internet 的专门机构分配的，常用的 Internet 协议端口号如下。

❑　E-mail 的指定端口号为 25。

❑　Telnet 的指定端口号为 23。

❑　HTTP 的指定端口号为 80。

❑　FTP 的指定端口号为 21。

❑　Gopher 协议的端口号为 70。

❑　域名服务协议的端口号为 101。

❑　POP3 协议的端口号 110。

（3）路径：用来指明用户所要获取文件的路径、文件名以及扩展名。省略时，服务器会向浏览器返回一个默认的文件。浏览器访问 Web 服务器时，如果省略路径，则一般返回的是主页文件。

7.3.5   WWW 服务的特点

WWW 服务的特点在于高度的集成性，它能把各种类型的信息（如文本、图像、声音、动画、录像等）和服务（如 News、FTP、Telnet、Gopher、Mail 等）无缝连接，提供生动的图形用户界面（GUI）。WWW 为全世界的人们提供了查找和共享信息的手段，是人们进行动态多媒体交互的最佳方式。

WWW 服务的特点主要有以下 4 点。

（1）以超文本方式组织网络多媒体信息。

（2）用户可以在世界范围内任意查找、检索、浏览及添加信息。

（3）提供生动直观、易于使用、统一的图形用户界面。

（4）网点间可以互相链接，以提供信息查找和漫游的透明访问。

7.3.6   WWW 的工作模式及工作流程

WWW 采用的是客户机/服务器的工作模式，具体工作流程如下。

（1）在客户端建立连接，用户使用浏览器向 Web 服务器发出浏览信息请求。

（2）Web 服务器接收到请求，并向浏览器返回所请求的信息。

（3）客户机收到文件后，解释该文件并显示在客户机上。

7.4   FTP 服务

7.4.1   FTP 概述

FTP（File Transfer Protocol，文件传输协议）是 TCP/IP 协议簇中的协议之一，它由一系列规格的说明文档组成，目标是提高文件的共享性，提供非直接使用的远程计算机，使存储介质对用户透明，可靠高效地传送数据。FTP 是互联网上使用得最广泛的文件传送协议，它屏蔽了各计算机系统的细节，因而适合于在异构网络中的任意计算机之间传送文件。简而言之，FTP 就是完成两台计算机之间的复制，从远程计算机复制文件到自己的计算机上，称为下载（Download）文件。若将文件从自己的计算机中复制到远程计算机上，则称为上传（Upload）文件。

需要指明的是，FTP 是复制整个文件，其特点是：若要存取一个文件，就必须先获得一个本地的文件副本。如果要修改文件，则只能对文件的副本进行修改，然后再将修改后的文件副本传回到原节点。即计算机 A 要想修改计算机 B 上的文件，应先把计算机 B 上的文件复制到计算机 A，修改后再传送到计算机 B。

7.4.2　FTP 的工作原理

将文件从一台计算机复制到另一台可能相距很远的计算机中，看起来是一件很简单的事情，但实际上并非如此，原因如下。

（1）计算机存储数据的格式不同。

（2）文件的目录结构和文件命名的规定不同。

（3）对于相同的文件存取功能，操作系统使用的命令不同。

（4）访问控制方法不同。

FTP 能完美地解决上述问题，FTP 的主要功能是减少或消除不同操作系统之间文件的不兼容性，它使用 TCP 可靠的传输服务。

FTP 也使用客户机/服务器模式，它的工作原理如图 7-4 所示。

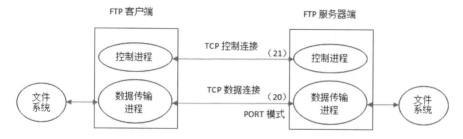

图 7-4　FTP 的工作原理示意图

在进行文件传输时，FTP 的客户和服务器之间要建立两个并行的 TCP 连接："控制连接"和"数据连接"。控制连接在整个会话期间一直保持打开，FTP 客户所发出的传送请求，通过控制连接发送给服务器端的控制进程，但控制连接并不用来传送文件。实际用于传输文件的是"数据连接"。服务器端的控制进程在接收到 FTP 客户发送来的文件传输请求后，就创建"数据传送进程"和"数据连接"，用来连接客户端和服务器端的数据传送进程。数据传送进程实际完成文件的传送，在传送完毕后关闭"数据传送连接"并结束运行。由于 FTP 使用了一个分离的控制连接，因此 FTP 的控制信息是带外（out of band）传送的。

为了文件传输，FTP 客户端和 FTP 服务器端都会使用两个端口，FTP 客户端开启两个大于 1024 的端口。在 FTP 主动（PORT）模式下，FTP 服务器开放的两个端口分别 21 和 20。

当用户想进行文件传输时，FTP 客户端会开启一个大于 1024 的端口，访问 FTP 服务器端的 21 号端口，FTP 服务器启动一个控制进程，在 FTP 客户端和 FTP 服务器端之间建立一条 TCP 控制连接，用来传输客户端的命令和服务器端口的响应。当客户端想要进行数据传输时，会发出数据传输命令和另一个大于 1024 的数据传输端口，服务器会使用 20 号端口主动与客户端建立一个 TCP 数据连接，进行文件传输。

7.4.3 匿名 FTP 服务

Internet 上的许多公司和研究机构都有大量的有价值的文件，它是 Internet 上的巨大信息资源。用户要访问 FTP 服务器，一般要提供自己的用户名和密码，即用户必须在 FTP 服务器上拥有自己的账户，否则无法使用 FTP 服务。这对于大量没有账户的用户来说是不方便的。为了便于用户获取 Internet 上公开的各种资源文件，许多机构提供了一种匿名 FTP（Anonymous FTP）服务。

匿名 FTP 服务的实质是：提供服务的机构在它的 FTP 服务器上建立一个公开的账户（一般为 Anonymous），并赋予该账户访问公共目录的权限。用户想要登录到这些 FTP 服务器时，无须事先申请用户账户，可以用"anonymous"作为用户名，有些 FTP 服务器会要求用户输入自己的电子邮件地址作为密码，这样用户就可以完成登录，获取 FTP 服务了。

目前，用户所使用的 FTP 服务大多是匿名服务。为了保证 FTP 服务器的安全性，几乎所有 FTP 匿名服务器只允许用户下载文件，而不允许用户上传文件。

知识拓展

1. FTP 主动（PORT）模式

第一步，客户端使用端口 N 连接 FTP 服务器的命令端口 21，建立控制连接，并告诉服务器我这边开启了数据端口 N+1。

第二步，在控制连接建立成功后，服务器会使用数据端口 20，主动连接客户端的 N+1 端口以建立数据连接。这就是 FTP 主动模式的连接过程。

2. FTP 被动（PASV）模式

第一步，客户端的命令端口 N 主动连接服务器命令端口 21，并发送 PASV 命令，告诉服务器用"被动模式"，控制连接建立成功后，服务器开启一个数据端口 P，通过 PORT 命令将 P 端口告诉客户端。

第二步，客户端的数据端口 N+1 去连接服务器的数据端口 P，建立数据连接。

这里需要补充以下两点。

第一，无论是主动模式还是被动模式，客户端的命令端口和数据端口在实际中并不一定是上文中提到的 N 和 N+1 的关系，但可以肯定的是两个数字会比较接近。

第二，在被动模式下，服务器的数据端口 P 是随机的，并不是固定不变的，不过 P 端口的范围是可以设置的。

▲ 7.5　远程登录服务

　　早期的个人计算机的功能相对简单，更多的计算机软硬件资源都集中在小型或者更高档次的计算机系统上，这些计算机系统可以同时为多个用户提供服务。而功能有限的个人计算机（或者终端）为了完成复杂的功能及为了获取更多的信息资源，常常作为一个仿真终端或智能终端登录到远程计算机系统上，以使用远程计算机系统上的资源。此时，对于用户而言，它的显示器和键盘就好像直接连到远程计算机系统上一样，这就是远程登录服务。

　　TCP/IP 协议簇中有两个远程登录协议：Telnet 协议和 Rlogin 协议。

　　Rlogin 协议是 Sun 公司专为 BSD UNIX 系统开发的远程登录协议，开始它只能工作在 UNIX 系统之间，现在已经可以在其他操作系统上运行。由于 UNIX 系统不为大家所熟知，所以本节重点介绍 Telnet 协议。

7.5.1　Telnet 的概念和意义

　　Telnet 是一种最老的 Internet 应用，起源于 1969 年的 ARPANET。它的名字是"电信网络协议（Telecommunication Network Protocol）"的缩写词。

　　Telnet 是指 Internet 用户从其本地计算机登录到远程服务器上，使自己的计算机暂时成为远程计算机的一个仿真终端的过程。一旦用户成功地实现了远程登录，用户使用的计算机就可以像一台与对方计算机直接连接的本地终端一样进行工作。

　　远程登录允许任意类型的计算机之间进行通信。远程登录之所以能够提供这种功能，主要是因为所有的运行操作都是在远程计算机上完成的，用户的计算机仅仅作为一台仿真终端，向远程计算机传送击键信息并显示结果。

　　Internet 远程登录服务的主要作用如下。

　　（1）允许用户与在远程计算机上运行的程序进行交互。

　　（2）当用户登录到远程计算机时，可以执行远程计算机上的任何应用程序，并且能屏蔽不同型号计算机之间的差异。

　　（3）用户可以利用个人计算机去完成许多只有大型计算机才能完成的任务。

7.5.2　Telnet 基本工作原理

　　系统的差异性给计算机系统的互操作性带来了很大困难。Telnet 协议的主要优点之一是能够解决多种不同计算机系统之间的互操作问题。所谓系统的差异性（heterogeneity），就是指不同厂家生产的计算机在硬件或软件方面的不同。

Telnet 能够适应许多计算机和操作系统的差异。不同计算机系统的差异性首先表现在不同系统对终端键盘输入命令的解释上。例如，对于文本中一行的结束，有的系统使用 ASCII 码的回车（CR），有的系统使用换行（LF），还有的系统使用回车加换行符的组合表示。又如，在中断一个程序时，许多系统使用 Ctrl+C 快捷键，但也有系统使用 Esc 键。为了适应这种差异，Telnet 定义了数据和命令应怎样通过互联网。这些定义就是所谓的网络虚拟终端 NVT（Network Virtual Terminal）。

Telnet 同样采用客户机/服务器模式，如图 7-5 所示，Telnet 客户机和服务器建立 TCP 连接。客户软件把用户的击键和命令转换成 NVT 格式并送交服务器。服务器软件把收到的数据和命令从 NVT 格式转换成远地系统所需的格式。向用户返回数据时，服务器把远地系统的格式转换为 NVT 格式，本地客户再从 NVT 格式转换到本地系统所需的格式。

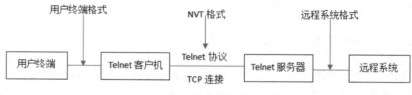

图 7-5　Telnet 客户机/服务器模型

7.5.3　Telnet 的使用

使用 Telnet 的条件是用户本身的计算机或向用户提供 Internet 访问的计算机是否支持 Telnet 命令。同时，用户进行远程登录时有以下两个条件。

（1）用户进行远程登录时，在远程计算机上应该具备自己的用户账户，包括用户名与用户密码。

（2）远程计算机提供公共的用户账户，供没有账户的用户使用。

用户使用 Telnet 命令进行远程登录时，首先应在 Telnet 命令中给出对方的主机名或 IP 地址，然后根据对方系统的询问，正确输入自己的用户名和密码，有时还要根据对方的要求，回答自己所使用的仿真终端类型，即可实现远程登录。

7.6　电子邮件服务

7.6.1　电子邮件的简介及特点

电子邮件即 E-mail（Electronic mail），它利用计算机的存储、转发原理，克服时间、地理上的差距，通过计算机终端和通信网络进行文字、声音、图像等信息的传递。它是 Internet 为用户提供的最基本的服务之一，也是

Internet 上最广泛的应用之一。

电子邮件之所以受到人们的青睐，是因为与传统的通信方式相比，电子邮件具有以下优点。

（1）与传统邮件相比，传递迅速，花费更少，可到达的范围广，且比较可靠。

（2）与电话系统相比，它不需要通信双方都在场，而且不需要知道通信对象在网络中的具体位置。

（3）可以实现一对多的邮件传送，使得一位用户向多人发送通知的过程变得很容易。

（4）可以将文字、图像、语音等多种类型的信息集成在一个邮件里传送，因此，它成为多媒体信息传送的重要手段。

7.6.2　电子邮件的地址格式

TCP/IP 体系的电子邮件系统规定电子邮件地址（E-mail Address）的格式如下：

$$用户名@邮件服务器的域名 \qquad (7\text{-}1)$$

在式（7-1）中，符号"@"读作"at"，表示"在"的意思。例如，在电子邮件地址"zhangsan@sina.com"中，"sina.com"就是邮件服务器的域名，表示新浪的邮件服务器地址，而"zhangsan"就是在这个邮件服务器中收件人的用户名，即收件人邮箱名，也就是收件人为自己定义的字符串标识符。

7.6.3　简单邮件传输协议

简单邮件传输协议（Simple Mail Transfer Protocol，SMTP）是一种提供可靠且有效的电子邮件传输的协议。SMTP 是建立在 FTP 文件传输服务上的一种邮件服务，主要用于系统之间的邮件信息传递并提供有关来信的通知。SMTP 是一个相对简单的基于文本的协议。在其上指定了一条消息的一个或多个接收者（在大多数情况下被确认是存在的），然后消息文本会被传输。SMTP 使用的 TCP 端口号为 25。

SMTP 的工作过程可分为以下 3 个过程。

（1）建立连接：在这一阶段，SMTP 客户请求与服务器的 25 号端口建立一个 TCP 连接。一旦连接建立，SMTP 服务器和客户就开始相互通告自己的域名，同时确认对方的域名。

（2）邮件传送：利用命令，SMTP 客户将邮件的源地址、目的地址和邮件的具体内容传递给 SMTP 服务器，SMTP 服务器进行相应的响应并接收邮件。

（3）连接释放：SMTP 客户发出退出命令，服务器在处理命令后进行响应，随后关闭 TCP 连接。

7.6.4   邮件读取协议 POP3 和 IMAP

邮局协议（Post Office Protocol，POP），POP3 是邮局协议的第 3 个版本。POP 是一个非常简单但功能有限的邮件读取协议。POP 最初公布于 1984 年。经过几次更新，现在使用的是 1996 年的 POP3，它已成为互联网的正式标准。大多数的 ISP 都支持 POP3。

POP3 也使用客户机/服务器的工作方式。在接收邮件的用户计算机中的用户代理必须运行 POP3 客户程序，而在收件人所连接的 ISP 的邮件服务器中，则运行 POP3 服务器程序。只有用户输入正确的用户名和口令后，POP3 服务器才允许用户对邮箱进行读取。

POP3 协议的一个特点就是只要用户从 POP3 服务器读取了邮件，POP3 服务器就把该邮件删除。

另一个读取邮件的协议是网际报文存取协议（Internet Message Access Protocol，IMAP），它比 POP3 复杂得多。IMAP 和 POP 都按客户机/服务器方式工作，但它们有很大的差别。IMAP 现在较新的版本是 2003 年 3 月修订的版本 4，即 IMAP4，它目前也是互联网的建议标准。不过在习惯上，对于这个协议大家很少加上版本号"4"，而经常简单地用 IMAP 表示 IMAP4。

IMAP 是一个联机协议，用户在自己的计算机上就可以操纵邮件服务器的邮箱，就像在本地操纵一样。与 POP3 不同的是，用户未发出删除命令前，IMAP 服务器邮箱中的邮件被一直保存着。IMAP 在进行阅读邮件、删除邮件、新建自定义文件夹、保存草稿等操作时，客户端与 IMAP 服务器邮箱会同步更新。

7.6.5   电子邮件的工作原理

一个电子邮件系统应具有如图 7-6 所示的 3 个主要组成部分，这就是用户代理（User Agent，UA）、邮件传输代理（邮件服务器）以及发送、读取电子邮件所用的协议。

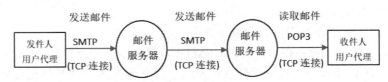

图 7-6   电子邮件系统的组成

前面已经介绍过发送和接收电子邮件的协议了，注意图 7-6 中的 POP3 协议也可以换成 IMAP4。

电子邮件的工作原理可以概括如下。

（1）发件人调用计算机中的用户代理，撰写和编辑要发送的邮件。

（2）用户代理把邮件用 SMTP 协议发给发送方邮件服务器。

（3）发送方服务器收到用户代理发来的邮件后，就把邮件临时存放在邮件缓存队列中，等待发送到接收方的邮件服务器。

（4）发送方邮件服务器的 SMTP 客户与接收方邮件服务器的 SMTP 服务器建立 TCP 连接，然后就把邮件缓存队列中的邮件依次发送出去。

（5）接收方邮件服务器收到邮件后，把邮件放入收件人的用户邮箱中，等待收件人读取。

（6）收件人在打算收信时，运行计算机中的用户代理，使用 POP3（或 IMAP）协议读取发送给自己的邮件。

7.7　本章小结

当今已经进入信息时代，全球最大的广域网 Internet 为人们获取信息提供了最快、最简单的有效通道，计算机网络应用已经成为人们日常学习、生活必不可少的部分，因此学习和了解计算机网络应用是非常必要的。本章主要学习了 TCP/IP 应用层相关的协议，通过本章的学习，可以了解互联网的域名结构；掌握 DNS 解析过程；掌握 WWW 服务的特点和工作流程；掌握 FTP 的工作原理；掌握电子邮件的工作原理；掌握 Telnet 的基本工作原理等。

7.8　练习题

一、填空题

1. 应用层的协议一般采用_____工作模式。

2. DNS 规定，域名中的标号都由英文字母和数字组成，每一个标号不超过_____个字符。

3. DNS 域名查询有_____查询和_____查询。

4. HTTP 默认的端口号是_____。

5. 超文本标记语言的英文缩写是_____，超文本传输协议的英文缩写是_____。

6. TCP/IP 协议簇中有两个远程登录协议，它们分别是_____和_____。

7. 电子邮件读取协议有_____和_____。

8. 一个电子邮件系统应具有 3 个主要组成部分，这就是_____、邮件传输代理（邮件服务器）以及发送、读取电子邮件所用的_____。

二、选择题

1. 在计算机网络应用中，远程登录使用的命令是（　　　）。

　　A. FTP　　　　B. Telnet　　　　C. Mail　　　　D. OPEN

2．在电子邮件中所包含的信息（　　）。

  A．只能是文字

  B．只能是文字与图形图像信息

  C．只能是文字与声音信息

  D．可以是文字、声音、图形图像信息

3．abc@163.com 是一种典型的用户（　　）。

  A．数据　　　　　　　　　　B．硬件地址

  C．电子邮件地址　　　　　　D．WWW 地址

4．将文件从 FTP 服务器传输到客户机的过程称为（　　）。

  A．下载　　　　B．浏览　　　　C．上传　　　　D．邮寄

5．在以下的顶级域名中，（　　）表示的是非营利性组织。

  A．int　　　　B．org　　　　C．biz　　　　D．com

6．在以下的顶级域名中，（　　）表示的是航空运输企业。

  A．aero　　　B．mobi　　　C．info　　　D．jobs

7．Telnet 默认的端口号是（　　）。

  A．21　　　　B．22　　　　C．23　　　　D．110

8．电子邮件服务器之间采用（　　）传送邮件。

  A．POP3　　　B．IMAP　　　C．SMTP　　　D．FTP

9．电子邮件系统传输电子邮件，建立（　　）连接。

  A．TCP　　　　B．UDP　　　C．永久　　　D．不可靠

三、问答题

1．C/S 架构有什么优点？

2．域名有哪些特点？

3．假定本地主机 A 想访问另一台主机（域名为 www.abc.com）的主页，请写出本地域名服务器采用迭代查询的步骤。

4．什么是超文本？什么是超媒体？

5．WWW 服务的特点是什么？

6．简述 WWW 的工作过程。

7．匿名 FTP 服务的实质是什么？

8．什么是远程登录？远程登录有什么作用？

9．与传统通信方式相比，电子邮件具有哪些优点？

10．简述电子邮件的工作原理。

第8章

网络安全

引言

随着计算机网络的发展，大量在网络中存储和传输的数据需要保护，网络的安全问题变得越来越突出，人们已经意识到网络管理与安全的重要性。本章在介绍网络安全的基础上，对于一些常见的网络安全技术进行了介绍。

本章主要学习内容如下。

- ❑ 网络安全的定义和威胁。
- ❑ 网络扫描的常用工具。
- ❑ 网络监听原理。
- ❑ 特洛伊木马的工作原理及防范措施。
- ❑ 常见的拒绝服务（DoS）攻击。
- ❑ PGP 工作原理。
- ❑ 防火墙的作用及技术。

8.1 网络安全概述

8.1.1 网络安全的定义

网络安全是一门涉及计算机科学、网络技术、通信技术、密码技术、信息安全技术、应用数学、数论、信息论等多种学科的综合性学科。网络安全是指网络系统的硬件、软件及其中的数据受到保护，不受偶然的或恶意的原因而遭到破坏、更改、泄露，系统连续、可靠、正常地运行，网络服务不中断。

8.1.2 网络安全面临的主要威胁

影响网络安全的因素很多，既有自然因素，也有人为因素，其中人为因素的危害比较大，归结起来，主要有以下 5 个方面。

1．黑客的恶意攻击

黑客是一群利用自己的技术专长攻击网站和计算机而不暴露身份的计算机用户，由于目前存在着众多的黑客网站，黑客技术逐渐被越来越多的人掌握和发展，因而任何网络系统、站点都有遭受黑客攻击的可能。

2．网络自身的缺陷

Internet 的共享性和开放性使网上信息安全存在先天不足，因为其赖以生存的 TCP/IP 协议簇缺乏相应的安全机制，而且 Internet 最初的设计考虑是该网不会因局部故障而影响信息的传输，基本没有考虑安全问题，因此在安全可靠、服务质量、带宽和方便性等方面存在不适应性。

3．管理的欠缺

网络系统的严格管理是企业、机构及用户免受攻击的重要措施。事实上，很多企业、机构及用户的网站或系统都疏于这方面的管理。据调查显示，美国 90%的 IT 企业对黑客攻击准备不足。目前，美国约 80%的网站都抵挡不住黑客的攻击，约有 75%的企业网上信息失窃。

4．软件的漏洞或"后门"

随着软件系统规模的不断增大，系统中的安全漏洞或"后门"也不可避免，如常用的操作系统，无论是 Windows 还是 UNIX，几乎都存在或多或少的安全漏洞，众多的各类服务器、浏览器、桌面软件等都被发现过存在安全隐患。大家熟悉的许多病毒都是利用操作系统的漏洞侵入计算机网络，从而给用户造成巨大损失，可以说任何一个软件系统都可能会因为程序员的疏忽、设计中的缺陷等原因而存在漏洞，这也是网络安全的主要威胁之一。

5．企业网络内部

网络内部用户的误操作、资源滥用和恶意行为令许多防范措施失去效用。例如，防火墙无法防止来自网络内部的攻击，也无法对网络内部的滥用做出反应。

8.2　网络扫描与监听

8.2.1　网络扫描

1．网络扫描概述

网络扫描的目的就是利用各种工具对攻击目标的 IP 地址或地址段的主机查找漏洞。采取模拟攻击的形式对目标可能存在的已知安全漏洞进行逐项检查，目标可以是工作站、服务器、交换机、路由器和数据库应用等。根据扫描结果，向扫描者或管理员提供周密可靠的分析报告。

网络扫描一般分为两种策略：一种是主动式策略；另外一种是被动式策略。

主动式策略是基于网络的，它通过执行一些脚本文件，模拟对系统进行攻击的行为并记录系统的反应，从而发现其中的漏洞。主动式扫描对系统进行模拟攻击，可能会对系统造成破坏。常用工具为 X-Scan，可以对指定 IP 地址段（或单机）进行安全漏洞检测。

主动式扫描一般可以分成以下几种。

（1）活动主机探测。

（2）ICMP 查询。

（3）网络 Ping 扫描。

（4）端口扫描。

（5）标识 UDP 和 TCP 扫描。

（6）指定漏洞扫描。

（7）综合扫描。

被动式策略是基于主机上的，对系统中不合适的设置、脆弱的口令及其他同安全规则相抵触的对象进行检查，被动式扫描不会对系统造成破坏。常用的工具有 GetNTUser，用于系统用户扫描；PortScan 用于开放端口扫描；Shed 用于共享目录扫描。

2．扫描器的作用

扫描器对于攻击者来说是必不可少的工具，但它也是网络管理员在网络安全维护中的重要工具。扫描器的定义比较广泛，不限于一般的端口扫描，也不限于针对漏洞的扫描，它也可以是某种服务、某个协议。

扫描器的主要作用如下。

（1）检测主机是否在线。

（2）扫描目标系统开放的端口，有的还可以测试端口的服务信息。

（3）获取目标操作系统的敏感信息。

（4）破解系统口令。

（5）扫描其他系统的敏感信息。

一个优秀的扫描器能检测整个系统中各个部分的安全性，能获取各种敏感的信息，并能试图通过攻击以观察系统的反应等。扫描的种类和方法不尽相同，有的扫描方式甚至相当怪异且很难被发觉，但却相当有效。

3. 常用网络扫描工具

网络扫描工具非常多，前面也已经提到了几种，下面介绍两种常用的网络扫描工具。

1）X-Scan 扫描器

X-Scan 采用多线程方式对指定 IP 地址段（或单机）进行安全漏洞检测，支持插件功能，提供了图形界面和命令行两种操作方式。扫描内容包括远程服务类型、操作系统类型及版本、各种弱口令漏洞、后门、应用服务漏洞、网络设备漏洞、拒绝服务漏洞等二十多个大类。X-Scan 扫描器如图 8-1 所示。

2）端口扫描程序 Nmap

在诸多端口扫描器中，Nmap 是其中的佼佼者，它提供了大量的基于 DOS 的命令行选项，还提供了支持 Windows 系统的 GUI（图形用户界面），能够灵活地满足各种扫描要求，而且输出格式丰富。端口扫描程序 Nmap 如图 8-2 所示。

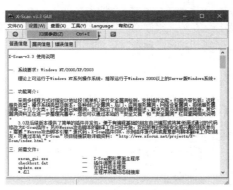

图 8-1　X-Scan 设置扫描参数

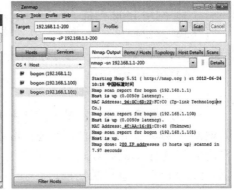

图 8-2　Nmap 参数扫描结果

8.2.2　网络监听

1. 网络监听原理

网络监听是黑客在局域网中常用的一种技术，它在网络中监听别人的数据包，监听的目的就是分析数据包，从而获得一些敏感信息，如账号和密码等。其实网络监听原本是网络管理员经常使用的一个工具，主要用来监视网络的流量、状态、数据等信息，比如 Wireshark 就是许多系统管理员手中的必备工具。

2．网络监听工具 Wireshark 的使用

Wireshark 是网络包分析工具。网络包分析工具的主要作用是尝试捕获网络包，并尝试显示包的尽可能详细的情况。与很多其他网络工具一样，Wireshark 也使用 pcap network library 进行封包捕捉。

分析数据包有 3 个步骤：选择数据包、分析协议、分析数据包内容。

（1）选择数据包。每次捕获的数据包的数量成百上千，首先根据时间、地址、协议、具体信息等对需要的数据进行简单的手工筛选，在这么多数据中选出所要分析的那一个。

（2）分析协议。我们在协议窗口直接获得的信息是以太帧头、IP 头、TCP 头和应用层协议中的内容。

（3）分析数据包内容。一次完整的嗅探过程并不是只分析一个数据包，可能是在成千上万个数据包中找出有用的几个或几十个进行分析，理解数据包对于网络安全具有至关重要的意义。

8.3　木马与拒绝服务攻击

8.3.1　木马

1．木马的概述

特洛伊木马（其名称取自古希腊神话中的特洛伊木马记），英文名称为 Trojan Horse，以下简称"木马"。

木马是指隐藏在正常程序中的一段具有特殊功能的恶意代码，是具备破坏和删除文件、发送密码、记录键盘和攻击 DoS 等特殊功能的后门程序。

就像神话传说一样，木马程序往往表面上看起来无害，甚至对没有警戒性的用户还颇有吸引力，它们经常隐藏在游戏或图形软件中，但却怀有恶意。这些表面上看似友善的程序在运行后，会进行一些非法的活动。例如删除文件、格式化硬盘、收集信息并发给一个未经授权的用户等。

世界上第一个计算机木马是出现在 1986 年的 PC-Write 木马。至今，木马共经历了 3 代，第 1 代木马是伪装型病毒，第 2 代木马是 AIDS 型木马，第 3 代木马是网络传播型木马。

第 3 代木马兼备伪装和传播两种特性，并结合 TCP/IP 网络技术四处泛滥，同时它还添加了"后门"和击键记录等功能。所谓后门就是一种可以为计算机系统秘密开启访问入口的程序。一旦被安装，这些程序能够使攻击者绕过安全程序，进入系统。该功能的目的就是收集系统中的重要信息。击键记录的功能主要是记录用户所有的击键内容，然后形成击键记录的日志文件，发送给恶意用户。

2．木马的工作原理

木马是一种基于远程控制的黑客工具（病毒程序）。常见的普通木马一般是客户端/服务器（C/S）模式，客户端/服务器之间采用 TCP/UDP 的通信方式，攻击者控制的是相应的客户端程序，服务器端程序是木马程序，木马程序被植入了毫不知情的用户的计算机中。以"里应外合"的工作方式，服务器端程序打开特定的端口并进行监听（Listen），这些端口好像"后门"一样，所以也有人把特洛伊木马叫作后门工具。攻击者所掌握的客户端程序向该端口发出请求（Connect Request），木马便和它连接起来了，攻击者就可以使用控制器进入计算机，通过客户端程序命令达到控制服务器端的目的，如图 8-3 所示。

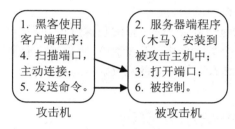

图 8-3　木马的工作原理

3．木马的类型

木马一般分为以下几种类型。

1）破坏型木马

破坏型木马唯一的功能是破坏并删除文件，其可自动删除 DLL、INI、EXE 格式的文件。

2）密码发送型木马

可在计算机中查找隐藏密码并把它们发送到指定邮箱。

3）远程访问型木马

应用最广泛的木马。只需有人运行服务器端程序，如果客户知晓了服务器端的 IP 地址，那么就可以实现远程控制。利用程序可以观察受害者正在干什么，当然这个程序完全可以用在正道上，比如计算机远程监控和远程排错等。

4）键盘记录木马

这种木马是非常简单的。这种木马只做一件事情，就是记录受害者的键盘敲击并在 LOG 文件里查找密码。

5）DoS 攻击木马

当攻击者入侵一台机器后，将给计算机安装上 DoS 攻击木马，这台计算机就成为 DoS 攻击的得力助手，这台计算机也称为肉鸡。控制的肉鸡数量越多，发动 DoS 攻击取得成功的概率就越大。

除上述几种外，还有代理木马、FTP 木马、程序杀手木马、反弹端口型木马等类型的木马。

4．木马的传播

木马无孔不入，其传播方式可谓五花八门，下面介绍几种常见的方式。

1）捆绑欺骗

把木马服务器端和某个游戏/软件捆绑成一个文件，通过 QQ、MSN 或者邮件发送给别人，或者通过制作 BT 木马种子进行快速扩散。服务器端运行后会看到游戏程序正常打开，却不会发觉木马程序已经悄悄运行，可以起到很好的迷惑作用。

2）钓鱼欺骗

网络钓鱼（Phishing）是最常见的欺骗手段，黑客利用人们的猎奇、贪心等心理，伪装构造一个链接或者一个网页，利用社会工程学欺骗方法，引诱单击。当用户打开一个看似正常的页面时，网页代码随之运行，隐蔽性极高。欺骗用户输入某些个人隐私信息，然后进行窃取。

3）漏洞攻击

利用操作系统和应用软件的漏洞进行攻击，木马和蠕虫技术的结合可以使木马轻松植入用户的计算机。

4）网页挂马

网页挂马就是攻击者在正常的页面中（通常是网站的主页）插入一段代码。浏览者在打开该页面时，这段代码被执行，然后下载并运行某木马的服务器端程序，进而控制浏览者的主机。

网页挂马技术又分为框架嵌入式挂马、JS 调用型网页挂马以及图片伪装挂马等。

5．木马程序的防范措施

对于个人用户，应做好以下防范措施。

（1）使用正版防毒软件并及时更新防毒病毒码。

（2）及时打上系统和软件补丁。

（3）不要访问色情、黑客等不良网站。

（4）不要轻易相信"朋友"发来的链接和程序，对于下载的软件应该先查毒，然后才能运行。

（5）不要轻易打开陌生人的邮件。

（6）定期更新密码，尤其是银行账号、游戏账号等的密码。

（7）使用防毒软件定期扫描系统。

对于企业用户而言，还应做好以下几点。

（1）加强网络管理，关闭不必要的网络端口和应用。

（2）使用网络版的防毒软件，可以进行全网管理。

（3）加强用户的安全意识教育。

（4）做好安全监控和病毒事件应急响应。

（5）监控 Web 服务器是否挂马，有条件者可以寻求专业防毒机构和专业人士的支持。

知识拓展

计算机病毒

1．计算机病毒的定义

在《中华人民共和国计算机信息系统安全保护条例》中，计算机病毒是这样定义的：指编制或者在计算机程序中插入的破坏计算机功能或者破坏数据，影响计算机使用并且能够自我复制的一组计算机指令或者程序代码。

2．计算机病毒的特征

计算机病毒通常具有以下特征。

1）传染性

传染性是计算机病毒最重要的特性。计算机病毒的传染性是指病毒具有把自身复制到其他程序中的特性，会通过各种渠道从已被感染的计算机扩散到未被感染的计算机。传染性是判断程序代码是否为计算机病毒的根本依据。

病毒的传染可以通过各种渠道，如可以通过软盘、光盘、电子邮件、计算机网络等迅速地传染给其他计算机。随着人们在工作和生活上对网络越来越依赖，E-mail 的广泛使用甚至代替了大量的传统通信方式，计算机病毒的传播能力正以惊人的速度发展。例如，"美丽莎"和"求职信"这些 E-mail 病毒，可以在 24 小时之内传遍全世界，更令人不可思议的是，它们除了通过电子邮件进行传播外，还可以通过局域网文件的共享和操作系统的漏洞等多种方式进行传播，进一步加强了病毒的传播能力。

2）破坏性

任何计算机病毒只要侵入系统，就会对系统及应用程序产生不同程度的影响。轻者会降低计算机的工作效率，占用系统资源（如占用内存空间、占用磁盘存储空间等），有的只显示一些画面、音乐及无聊的语句，或者根本没有任何破坏性动作。例如，"圣诞节"病毒藏在电子邮件的附件中，计算机一旦感染上，就会自动重复转发。重者会使系统不能正常使用，破坏数据，泄露个人信息，导致系统崩溃，甚至破坏计算机的硬件。如当"米开朗基罗"病毒发作时，会将硬盘的前 17 个扇区彻底破坏，使整个硬盘上的数据无法恢复；又如"CIH"病毒，不仅破坏硬盘的引导区和分区表，还破坏计算机系统 Flash BIOS 芯片中的系统程序。

3）潜伏性

有些病毒像定时炸弹一样，让它什么时间发作是预先设计好的。例如，著名的黑色星期五病毒，每逢 13 号且为星期五时发作。一个编制精巧的计

算机病毒程序，在进入系统后一般不会马上发作，可以在几周、几个月甚至几年内隐藏在合法文件中，潜伏性越好，其在系统中的存在时间越长，病毒的传染范围就越大。潜伏性的第一种表现是指，病毒程序不用专用检测程序是检查不出来的，因此病毒可以静静地藏在磁盘或磁带中几天甚至几年，一旦时机成熟，得到运行机会，就会四处繁殖、扩散。潜伏性的第二种表现是指，计算机病毒的内部往往有一种触发机制，在不满足触发条件时，计算机病毒除传染外，不做任何破坏。

4）可触发性

计算机病毒一般都有各自的触发条件。当满足这些触发条件时，病毒开始进行传播或者破坏。触发的实质是病毒设计者设计的一种条件的控制，按照设计者的设计要求，病毒在条件满足的情况下进行攻击。这些触发的条件可以是特定的文件、特定的计算机操作、特定的时间或者是病毒内部的计数器等。例如"欢乐时光"病毒在满足条件"月份+日期=13"时发作。

5）隐蔽性

病毒都是"非法"的程序，不可能在用户的监视下，光明正大地存在和运行。因此，病毒必须具备隐蔽性，才能够达到传播和破坏的目的。计算机病毒往往是短小精悍的程序，若不经过代码分析，病毒程序和普通程序是不容易区分开的。正因为如此，才使得病毒在被发现之前已进行了广泛的传播。

6）衍生性

计算机病毒本身是一段可执行的程序，又由于计算机病毒本身由几部分组成，所以它可以被恶作剧者或恶意攻击者模仿，甚至对计算机病毒的几个模块进行修改，使之衍生为不同于原病毒的另一种计算机病毒。例如"震荡波"病毒，其变种就有好几种。

3．计算机病毒的分类

目前，全球计算机病毒有数万种，对计算机病毒的分类方法也不同，常见的分类有以下 4 种。

（1）按照病毒存在的媒体进行分类，病毒可以划分为网络病毒、文件病毒、引导型病毒。

（2）按照病毒传染的方法进行分类，病毒可分为驻留型病毒和非驻留型病毒。

（3）按照病毒的破坏能力进行分类，病毒可分为无害性病毒、无危险性病毒、危险性病毒和非常危险性病毒。

（4）按照病毒的链接方式分类，可分为源码型病毒、嵌入型病毒、外壳型病毒和操作系统型病毒。

4．计算机感染病毒的症状

（1）计算机的运行速度比平常慢。

（2）计算机经常停止响应或死机。

（3）计算机每隔数分钟就会崩溃，然后重新启动。

（4）计算机会自动重新启动，然后无法正常运行。

（5）计算机上的应用程序无法正常运行。

（6）无法访问磁盘或磁盘驱动器。

（7）无法正常打印。

（8）看到异常错误消息。

（9）看到变形的菜单和对话框。

5．计算机病毒诊断

（1）检查是否有异常的进程。

（2）查看系统当前启动的服务是否正常。

（3）在注册表中查找异常启动项。

（4）用浏览器进行网上判断。

（5）显示所有系统文件和隐藏文件，查看是否有隐藏的病毒文件。

（6）根据杀毒软件能否正常运行，判断计算机是否中毒。

6．计算机病毒的清除

常用的国产杀毒软件主要有瑞星、江民、金山毒霸、360 等；常见的国外杀毒软件有 Kaspersky、Norton、McAfee 等。不管选择哪种杀毒软件，一定要使用正版的杀毒软件。

8.3.2　拒绝服务攻击

1．拒绝服务攻击的定义

拒绝服务（Denial of Service，DoS）指的是对服务加以干涉，使得其可用性降低或失去可用性。例如，一个计算机系统崩溃或带宽耗尽，又或是其硬盘被填满，导致其不能提供正常的服务，就构成拒绝服务。

广义上拒绝服务攻击可以指任何导致网络设备（服务器、防火墙、交换机、路由器等）不能正常提供服务的攻击，现在一般指的是针对服务器的 DoS 攻击。这种攻击可能就是泼到服务器上的一杯水，或者网线被拔下，又或者是网络的堵塞等，最终导致正常用户不能使用其需要的服务。

DoS 攻击的目的是拒绝服务访问，破坏组织的正常运行，最终会使部分 Internet 连接和网络系统失效。有些人认为 DoS 攻击是没有用的，因为 DoS 攻击不会直接导致系统渗透。但是，黑客使用 DoS 有以下目的。

（1）使服务器崩溃并让其他人也无法访问。

（2）黑客为了冒充某个服务器，就会对服务器进行 DoS 攻击，导致其瘫痪。

（3）黑客为了安装的木马启动，要求系统重启，DoS 攻击可以用于强制服务器重启。

2. 拒绝服务攻击分类

DoS 攻击方式有很多种，根据其攻击的手法和目的的不同，有两种不同的存在形式。

一种是以消耗目标主机的可用资源为目的，使目标服务器忙于应付大量非法的、无用的连接请求，占用了服务器所有的资源，造成服务器对正常的请求无法再做出及时响应，从而形成事实上的服务中断，这也是最常见的拒绝服务攻击形式。这种攻击主要利用的是网络协议或是系统的一些特点及漏洞进行攻击，主要的攻击方法有死亡之 Ping、SYN Flood、UDP Flood、ICMP Flood、Land、Teardrop 等，针对这些漏洞的攻击，目前在网络中都有大量的现成工具可以使用。

另一种拒绝服务攻击是以消耗服务器链路的有效带宽为目的，攻击者通过发送大量有用或无用的数据包，将整条链路的带宽全部占用，从而使合法的用户请求无法通过链路到达服务器。例如蠕虫对网络的影响。几种常见的拒绝服务攻击如下。

1）SYN Flood 攻击（SYN 洪水攻击）

SYN Flood 利用的是 TCP 缺陷。通常一次 TCP 连接的建立包括 3 次握手过程，简述如下。

（1）客户端向被攻击服务器发送一个包含 SYN 标志的 TCP 报文，SYN（Synchronize）即同步。

（2）服务器在收到 SYN 报文后，将返回一个 SYN+ACK 的报文，ACK（Acknowledgment）即确认。

（3）最后，客户端发送 ACK 包。这样，两者之间的连接就建立起来了，并可以通过连接传送数据。

SYN Flood 攻击就是攻击者大量伪造虚假 IP 地址，向服务发送 TCP SYN 报文，服务器分配必要的资源，然后向虚假 IP 地址返回 SYN+ACK 包。由于是虚假 IP 地址，就无法返回第三次握手的 ACK 包，如图 8-4 所示。服务器继续发送 SYN+ACK 包，并将半连接放入端口的积压队列中，虽然一般的主机都有超时机制和默认的重传次数，但是由于端口的半连接队列的长度是有限的，如果不断地向服务器发送大量的 TCP SYN 报文，那么半连接队列就会很快被填满，服务器拒绝新的连接，将导致该端口无法响应其他机器的连接请求，最终使受害主机的资源耗尽。

图 8-4　虚假 IP 地址无法发回 ACK

2）死亡之 Ping

死亡之 Ping（Ping of Death）是最古老、最简单的拒绝服务攻击，通过发送畸形的、超大尺寸的 ICMP 数据包，如果 ICMP 数据包的大小超过 64KB 的上限，主机就会出现内存分配错误，导致 TCP/IP 堆栈崩溃，从而使主机死机。

3）UDP Flood 攻击

攻击者利用简单的 TCP/IP 服务，如 CHARGEN（Character Generator Protocol，字符发生器协议）和 Echo，传送毫无用处的占满带宽的数据。通过伪造与某一主机的 CHARGEN 服务之间的一次 UDP 连接，回复地址指向开着 Echo 服务的一台主机，这样就生成了在两台主机之间存在着的很多的无用数据流，这些无用数据流就会导致带宽的服务攻击。

4）Land 攻击

Land 攻击的原理是：用一个特别打造的 SYN 包，它的源地址和目标地址都被设置成了某一个服务器地址。此举将导致接受服务器向它自己的地址发送 SYN+ACK 消息，结果这个地址又发回 ACK 消息并创建一个空连接。

5）Teardrop（泪滴）攻击

泪滴攻击是利用在 TCP/IP 堆栈中实现信任 IP 分片里的包的标题头所包含的信息，实现自己的攻击。其攻击原理是向被攻击者发送多个分片的 IP 包（IP 分片数据包中包括该分片数据包属于哪个数据包以及在数据包中的位置等信息），某些操作系统收到含有重叠偏移的伪造分片数据包时，会出现系统崩溃、重启等现象。

3. 分布式拒绝服务攻击

分布式拒绝服务（Distributed Denial of Service，DDoS）攻击是一种基于 DoS 的特殊形式的攻击，是一种分布、协作的大规模攻击方式，主要攻击比较大的站点，例如商业公司、搜索引擎和政府部门的站点。

与早期的 DoS 相比，DDoS 借助数百台、数千台甚至数万台受控制的机器，向同一台机器同时发起攻击，如图 8-5 所示。这种来势迅猛的攻击令人难以防备，具有很大的破坏力。

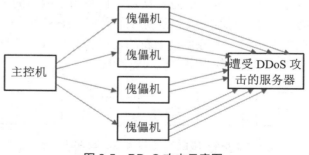

图 8-5　DDoS 攻击示意图

⚠ 8.4 PGP 协议

8.4.1 PGP 概述

优良保密协议（Pretty Good Privacy，PGP）是由 Zimmermann 于 1991 年发布的一个完整的电子邮件安全软件包，其提供了私密性、认证、数字签名和压缩功能，而且所有这些功能都非常易于使用。包括源程序在内的整个软件包可以从互联网免费下载，因此 PGP 在 MS-DOS、Windows 以及 Linux 等平台上得到了广泛的应用。

PGP 使用国际数据加密算法（International Data Encryption Algorithm，IDEA）128 位的块密码加密数据，使用 RSA 管理加密密钥，使用 MD5 保证数据完整性。

值得注意的是，虽然 PGP 已被广泛使用，并且成为了电子邮件的事实上的标准，但 PGP 并不是互联网的正式标准。

8.4.2 PGP 的工作原理

PGP 的工作原理并不复杂。它提供了电子邮件的安全性、发送方鉴别和报文完整性。

以 A 向 B 发送邮件为例说明 PGP 的原理，已知信息如下。

- ❑ A 要发送的明文：P。
- ❑ A 的私钥和公钥：D_A、E_A。
- ❑ B 的私钥和公钥：D_B、E_B。

PGP 的运行步骤如下（如图 8-6 所示，该图只包括前 7 步，由于接收方 B 的 PGP 处理过程和发送方 A 的处理过程基本对称，在此就不画图了）。

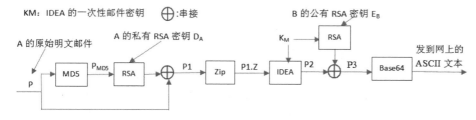

图 8-6 发送方 A 的 PGP 处理过程

（1）使用 MD5 算法计算出明文 P 的散列值 P_{MD5}。

（2）使用 A 的私钥 D_A 对 P_{MD5} 进行加密，将加密的结果同 P 拼接在一起，得到 P1。

（3）对 P1 进行 Zip 压缩，得到 P1.Z。

（4）使用随机生成的 128 位密钥 K_M，根据 IDEA 算法对 P1.Z 进行加密，得到 P2。

（5）使用 B 的公钥 E_B 对密钥 K_M 进行加密，并将其与 P2 进行拼接，得到 P3。

（6）将 P3 进行 Base64 编码，得到最终要发到网上的 ASCII 码文本。

（7）将发到网上的 ASCII 码文本放在邮件中，发送给 B。

（8）B 接收到 PGP 邮件后，先做 Base64 解码，得到 P3。

（9）B 使用自己的私钥 D_B，将 P3 中的 K_M 解密出来。

（10）使用 K_M 解密 P2，得到 P1.Z。

（11）对 P1.Z 进行解压缩，得到 P1。

（12）使用 A 的公钥 E_A 对 P1 中的签名进行解密，得到 P_{MD5}。

（13）对明文 P 进行 MD5 计算，并将结果与 P_{MD5} 进行比较。

（14）如此，便可以确定该信息是否被篡改了，是否的确来自 A（如相同，表示没被篡改）。

 知识拓展

数据加密技术

数据加密（Encryption）是指将明文信息（Plaintext）采取数学方法进行函数转换成密文（Ciphertext），只有特定的接收方才能将其解密（Decryption），还原成明文。

数据加密模型的三要素：信息明文、密钥、信息密文，如图 8-7 所示。

图 8-7　数据加密模型的三要素

相关定义如下。

❑ 明文（Plaintext）：加密前的原始信息。

❑ 密文（Ciphertext）：明文被加密后的信息。

❑ 密钥（Key）：控制加密算法和解密算法得以实现的关键信息，分为加密密钥和解密密钥。

❑ 加密（Encryption）：将明文通过数学算法转换成密文的过程。

❑ 解密（Decryption）：将密文还原成明文的过程。

1．两类密码体制

1）对称密钥密码体制

对称密钥密码体制又称为私钥密码体制，所谓对称密钥加密体制，即加密密钥与解密密钥使用相同的密码体制。

数据加密标准（Data Encryption Standard，DES）属于对称密钥密码体制。它由 IBM 公司研制，于 1977 年被美国定为联邦信息标准，在国际上引起了极大的重视。ISO 曾将 DES 作为数据加密标准。DES 是一种分组密码，使用的密钥占有 64 位（实际密钥长度为 56 位，外加 8 位用于奇偶校验）。

对称加密算法的优点：算法公开、计算量小、加密速度快、加密效率高。

对称加密算法的缺点：交易双方都使用同样的密钥，安全性得不到保证。此外，每对用户每次使用对称加密算法时，都需要使用其他人不知道的唯一钥匙，这会使得发、收信双方所拥有的钥匙数量成几何级数增长，密钥管理成为用户的负担。随着计算能力的提高，56 位的 DES 的加密强度已经不能满足安全的需要，因此在 20 世纪 90 年代出现了一批 128 位密钥长度的算法，其中包括 IDEA、RC2、RC5、CAST5 和 BLOWFISH 等。

在 DES 之后，1997 年美国标准与技术协会（NIST）开始了对高级加密标准（Advanced Encryption Standard，AES）的遴选，以取代 DES。最后两位年轻的比利时学者 Joan Daemen 和 Vincent Rijmen 提交的 Rijndael 算法被选中，在 2001 年正式成为高级加密标准 AES。

2）非对称密钥密码体制

非对称密钥密码体制又称为公钥密码体制。其概念是由斯坦福（Stanford）大学的研究人员 Diffie 与 Hellman 于 1976 年提出的。公钥加密体制使用不同的加密密钥与解密密钥。

公钥密码体制提出不久，人们就找到了 3 种公钥加密体制。目前最著名的是由美国科学家 Rivest、Shamir 和 Adleman 于 1976 年提出并在 1978 年正式发表的 RSA 体制，它是目前网络上进行保密通信和数字签名的最有效的安全算法之一，其安全性依赖于大数分解问题，该问题至今仍然没有高效的分解方法。所以，只要 RSA 采用足够大的整数，因子分解越困难，密码就越难以破译，加密强度就越高。

在公钥密码体制中，加密密钥 PK（Public Key，公钥）是向公众公开的，而解密密钥 SK（Secret Key，私钥或秘钥）则是需要保密的。加密算法 E 和解密算法 D 也都是公开的。

2．数字证书

1）什么是数字证书

数字证书是网络通信中标志通信各方身份信息的一系列数据，是各类实体（持卡人/个人、商户/企业、网关/银行等）在网上进行信息交流及商务活动的身份证明。数字证书由一个权威机构——证书授权（Certificate Authority，CA）中心发行。CA 中心作为电子商务交易中受信任的第三方，承担公钥体系中公钥的合法性检验的责任，负责产生、分配并管理所有参与网上交易的个体所需的数字证书，因此是安全电子交易的核心环节。

从证书的用途来看，数字证书可分为签名证书和加密证书。签名证书主要用于对用户信息进行签名，以保证信息的不可否认性；加密证书主要用于对用户传送的信息进行加密，以保证信息的真实性和完整性。最简单的数字证书包含公开密钥、名称以及证书授权中心的数字签名。一般情况下，证书中还包括密钥的有效时间、发证机关（证书授权中心）的名称、该证书的序列号等信息，证书的格式遵循 ITUT X.509 国际标准。

2）数字证书的原理

数字证书采用公钥加密体制，即利用一对互相匹配的密钥进行加密、解密。每个用户自己设定一把特定的、仅为本人所知的私钥，用私钥进行解密和签名；同时设定一把公钥并由本人公开，为一组用户所共享，用于加密和验证签名。当发送一份保密文件时，发送方使用接收方的公钥对数据加密，而接收方则使用自己的私钥解密，这样信息就可以安全无误地到达目的地了。该加密过程是一个不可逆过程。

3．数字签名

书信或文件是根据亲笔签名或印章来证明其真实性的。但在计算机网络中传送的文电又如何盖章呢？这就要使用数字签名。数字签名必须保证能够实现以下 3 点功能。

（1）接收者能够核实发送者对报文的签名。也就是说，接收者能够确信该报文的确是发送者发送的。其他人无法伪造对报文的签名。这叫作报文鉴别。

（2）接收者确信所收到的数据和发送者发送的完全一样而没有被篡改过。这叫作报文的完整性。

（3）发送者事后不能抵赖对报文的签名。这叫作不可否认。

4．报文鉴别

1）密码散列函数

理论上讲，数字签名能够实现对报文的鉴别。然而这种方法有一个很大的缺点，就是对较长的报文进行数字签名会使计算机增加非常大的负担，因为需要较多的时间进行运算。因此，我们需要找出一种相对简单的方法，对报文进行鉴别。这种方法就是使用密码散列函数（Cryptographic Hash Function）。

2）实用的密码散列函数 MD5 和 SHA-1

通过许多学者的不断努力，已经设计出一些实用的密码散列函数（或称为散列算法），其中最出名的就是 MD5 和 SHA-1。MD 就是 Message Digest 的缩写，意思是报文摘要。MD5 是报文摘要的第 5 个版本。

报文摘要算法 MD5 公布于 1991 年，并获得了非常广泛的应用。MD5 的设计者 Rivest 曾提出一个猜想，即根据给定的 MD5 报文摘要代码，要找出一个与原来报文有相同报文摘要的另一报文，其难度在计算上几乎是不可能的。但在 2004 年，中国学者王小云证明可以用系统的方法找出一对报文，这对报文具有相同的 MD5 报文摘要。"密码散列函数的逆向变换是不可能的"这一传统概念已受到了颠覆性的动摇。于是 MD5 最终被另一种叫作安全散列算法（Secure Hash Algorithm，SHA）的标准所取代。

SHA 是由美国标准与技术协会 NIST 提出的一个散列算法系列。SHA 和 MD5 相似，但其码长为 160 位（比 MD5 的 128 位多了 25%）。SHA 也是用 512 位长的数据块经过复杂运算得出的。SHA 比 MD5 更安全，但计算起来却比 MD5 要慢些。1995 年发布的新版本 SHA-1，在安全性方面有了很大改进，但后来 SHA-1 也被证明其实际安全性并未达到设计要求。虽然现在 SHA-1 仍在使用，但估计很快就会被另外的两个版本（SHA-2 和 SHA-3）所替代。

8.5 防火墙

8.5.1 防火墙的概念及作用

防火墙（Firewall）是设置在被保护网络和外部网络之间的一道屏障，以防止发生不可预测的、潜在的破坏性侵入。通过在内部网络和外部网络（如 Internet）之间设置路卡，防火墙监视所有出入专用网的信息流，它可通过监测、限制跨越防火墙的数据流，决定哪些是可以通过的，哪些是不可以通过的，并尽可能地对外屏蔽网络内部的信息、结构和运行状况，以此实现对内外的安全保护。

在逻辑上，防火墙是分离器、限制器，也是分析器，其有效地监控了内部网络和外部网络之间的任何活动，保证了内部网络的安全。

防火墙能有效地防止外来入侵，它在网络系统中的作用如下。

（1）控制进出网络的信息流向和信息包。

（2）提供使用和流量的日志和审计。

（3）隐藏内部 IP 地址及网络结构的细节。

（4）提供 VPN 功能。

8.5.2 防火墙技术

防火墙技术可以分为包过滤技术、应用层网关、代理服务技术和状态检测技术等 4 大类型，也有人把代理服务技术归于应用层网关。

1. 包过滤技术

包过滤技术指在网络中适当的位置对数据包有选择地通过，选择的依据是系统内设置的过滤规则，只有满足过滤规则的数据包才被转发到相应的网络接口，其余的数据包从数据流中被删除。包过滤一般由过滤路由器完成，过滤路由器是一种可以根据过滤规则对数据包进行阻塞和转发的路由器。包过滤技术是一种简单有效的安全控制技术，它通过在网络间相互连接的设备上加载，允许、禁止来自某些特定源地址、目的地址、端口号、协议等的规则，对通过设备的数据包进行检查，限制数据包进出内部网络。

包过滤技术的优点如下。

（1）逻辑简单，价格便宜，对网络性能的影响较小，传输性能高，有较强的透明性。

（2）它的工作和应用层无关，无须改动任何客户机和主机上的应用，易于安装使用。

包过滤技术的缺点如下。

（1）该技术是安防强度最弱的防火墙技术。

（2）虽然有一些维护工具，但是维护起来十分困难。

（3）IP包的源地址、目的地址、端口号是可以用于判断是否允许通过的信息。

（4）只能阻止一种类型的地址欺骗，即外部主机伪装内部主机IP。而对外部主机伪装其他外部主机IP则不能阻止，不能防止DNS欺骗。

（5）如果外部用户被允许访问内部主机，则其可以直接访问内部网络上的任何主机。

2. 应用层网关

应用层网关（Application Level Gateway，ALG）是在网络应用层上，建立协议过滤和转发功能。它针对特定的网络应用服务数据过滤逻辑，并在过滤的同时，对数据包进行必要的分析、登记和统计，形成报告，在实际中应用网关通常安装在专用工作站系统上。

3. 代理服务技术（代理服务器）

代理服务（Proxy Service）技术是运行于内部网络与外部网络之间的主机（堡垒主机）上的一种应用。当用户需要访问代理服务器另一端的主机时，对符合安全规则的连接，代理服务器将代替主机响应，并重新向主机发送一个相同的请求。当此连接请求得到回应并建立起连接之后，内部主机和外部主机之间的通信将通过代理程序，将相应连接映射以实现。

代理服务技术的特点是将所有跨越防火墙的网络通信链路分为两段，外部计算机的网络链路只能到达代理服务器，从而起到了隔离防火墙内外计算机系统的作用。此外，代理服务器也对过往的数据包进行分析、注册登记、形成报告，同时当发现攻击迹象时，会向网络管理员发出警报并保留攻击痕迹。

4. 状态检测技术

状态检测技术又称动态包过滤技术，是包过滤技术的延伸。传统的包过滤防火墙只是通过检测IP包头的相关信息，决定数据流是通过还是拒绝，而状态检测技术采用的是一种基于连接的状态检测机制，将属于同一连接的所有包作为一个整体的数据流看待，构成连接状态表，通过规则表与状态表的共同配合，对表中的各个连接状态因素加以识别，判断其是否属于合法连接，从而实现动态过滤。状态检测防火墙基本保持了包过滤防火墙的优点，摒弃了包过滤防火墙仅仅考察进出网络的数据包而不关心数据包状态的缺点，在防火墙的核心部分建立状态连接表，维护了连接，将进出网络的数据当成一个个的事件处理。因此，与传统包过滤防火墙的静态过滤规则表相比，它具有更好的灵活性和安全性。

状态检测技术的特点如下。

（1）高安全性：工作在数据链路层和网络层之间，确保截取和检查所有通过网络的原始数据包。虽然工作在协议簇的较低层，但是可以监视所有应用层的数据包，从中提取有用的信息，安全性得到了较大提高。

（2）高效性：一方面，通过防火墙的数据包都在协议簇的低层进行处理，减少了高层协议簇的开销；另一方面，由于不需要对每个数据包进行规则检查，从而使性能得到了较大提高。

（3）可伸缩和易扩展：由于状态表是动态的，当有一个新的应用时，它能动态地产生新的规则，而无须另外编写代码，因而具有很好的可伸缩和易扩展特性。

（4）应用范围广：不仅支持基于 TCP 的应用，而且支持基于无连接的应用。

知识拓展

防火墙有多种分类方法，以下为 4 种分类方法。

（1）基于具体实现方法分类，可分为软件防火墙、硬件防火墙和专用防火墙。

（2）根据防火墙采用的核心技术分类，可分为"包过滤型"和"应用代理型"两大类。

（3）根据防火墙的结构分类，可分为单一主机防火墙、路由器集成式防火墙和分布式防火墙 3 种。

（4）根据防火墙的应用部署位置分类，可以分为边界防火墙、个人防火墙和混合防火墙 3 大类。

8.6 本章小结

随着网络应用的发展，网络在各种信息系统中的作用变得越来越重要，人们也越来越关心网络安全与网络管理问题。本章在介绍网络安全的基础上，对于一些常见的网络安全技术进行了介绍。通过本章的学习，应了解网络安全的定义及网络安全面临的威胁；了解黑客攻击的手段，如 DoS 攻击或者 DDoS 攻击；掌握维护网络安全的技术，如 PGP 应用于电子邮件，构建防火墙等；网络扫描与监听工具是双刃剑，网络管理员和黑客使用它的目的是截然不同的。

⚠8.7 练习题

一、填空题

1．网络扫描一般分为两种策略：一种是_____策略；另外一种是_____策略。

2．网页挂马技术又分为_____挂马、_____挂马以及图片伪装挂马等。

3．第三代木马是_____。

4．常见的普通木马一般是客户端/服务器（C/S）模式，攻击者控制的是相应的_____程序，_____程序是木马程序。

5．DoS 攻击方式有很多种，根据其攻击的手法和目的不同，有两种不同的存在形式。一种是以消耗目标主机的可用资源为目的，另一种是以消耗_____的有效带宽为目的。

6．Land 攻击的原理是：用一个特别打造的 SYN 包，它的_____和_____都被设置成某一个服务器地址。

7．PGP 使用_____128 位的块密码加密数据，使用_____管理加密密钥，使用_____保证数据的完整性。

8．防火墙技术主要有 4 种，它们分别是_____、_____、_____和状态检测技术。

9．基于具体实现方法分类，防火墙可分为_____、_____和_____。

二、选择题

1．网络扫描的主动策略是基于（　　）。
A．网络　　　　　　　　B．主机
C．服务器　　　　　　　D．网络硬件

2．以下是主动式扫描工具的是（　　）。
A．GetNTUser　　　　　B．PortScan
C．Shed　　　　　　　　D．X-Scan

3．任何对服务的干涉，使得其可用性降低或者失去可用性，均称为（　　）。
A．拒绝服务　　　　　　B．宕机
C．性能干扰　　　　　　D．服务干扰

4．SYN Flood 利用的是（　　）协议缺陷。
A．FTP　　　　　　　　B．ICMP
C．TCP　　　　　　　　D．UDP

5. 死亡之 Ping 发送的 ICMP 数据包的大小超过（　　）KB 的上限。

  A．32　　　　　　　　　　　B．64

  C．128　　　　　　　　　　　D．256

6. 计算机病毒会造成计算机（　　）的损坏。

  A．硬件、软件和数据　　　　B．硬件和软件

  C．软件和数据　　　　　　　D．硬件和数据

7. 以下对计算机病毒的描述，不正确的是（　　）。

  A．计算机病毒是人为编制的一段恶意程序

  B．计算机病毒不会破坏计算机硬件系统

  C．计算机病毒的传播途径主要是数据存储介质的交换及网络链接

  D．计算机病毒具有潜伏性

8. 网上"黑客"是指（　　）的人。

  A．匿名上网　　　　　　　　B．总在晚上上网

  C．在网上私闯他人计算机系统　D．不花钱上网

9. 计算机病毒是一种（　　）。

  A．传染性细菌　　　　　　　B．机器故障

  C．能自我复制的程序　　　　D．机器部件

三、问答题

1. 网络安全面临的主要威胁有哪些？

2. 主动式扫描可以分成几部分？

3. 扫描器主要有哪些作用？

4. 什么是木马？简述木马的工作原理。

5. 木马的传播，常见的有几种方式？

6. 黑客使用 DoS 有哪些目的？

7. 防火墙的定义及作用。

8. 状态检测技术的特点。

第 9 章

网络故障分析与排除

引言

现如今，我们工作和生活的方方面面均与计算机网络密切相关，网络应用被大量开发，组网设备种类繁杂、数量庞大，不过由于网络的复杂性及这些网络产品的技术非常复杂，导致在使用过程中经常会遇到无法联网、无法上网等问题。本章将介绍网络故障的种类、故障产生的原因及处理方法等。

本章主要学习内容如下。

❑ 网络故障原因分析。
❑ 常用网络故障测试命令工具。
❑ 无线网络故障分析与排除。

9.1 网络故障原因分析

网络故障的原因多种多样，概括起来主要包括网络连接性问题、配置文件和选项问题及网络协议问题。

1. 网络连接性问题

网络连接性是故障发生后首先应当考虑的原因。连通性的问题通常涉及网卡、跳线、信息插座、网线、交换机、Modem 等设备和通信介质。其中，任何一个设备的损坏，都会导致网络连接的中断。通常可采用软件和硬件工具进行连通性测试验证。例如，当某一台计算机不能浏览网页时，在网络管理员的脑子里产生的第一个想法就是网络连通性的问题，到底是不是呢？可以通过测试进行验证。看得到网上邻居吗？可以收发电子邮件吗？ping 得到网络内的其他计算机吗？只要其中一项的回答为"Yes"，那就可以断定本机到交换机的连通性没有问题。当然，即使都回答"No"，也不能表明连通性肯定有问题，而是可能会有问题，因为如果计算机的网络协议的配置出现了问题，那么也会导致上述现象的发生。另外，看一看网卡和交换机接口上的指示灯是否闪烁及闪烁是否正常也很重要。

2．配置文件和选项问题

配置错误也是导致故障发生的重要原因之一。所有交换机、路由器、服务器、计算机都有配置选项，而其中任何一台设备的配置文件和配置选项设置不当，都会导致网络故障。如服务器权限设置不当会导致资源无法共享的故障；路由器的访问列表配置不当会导致网络连接故障；交换机设置不当可能会导致交换机间的通信故障，彼此无法访问；计算机网卡配置不当会导致无法连接的故障。

3．网络协议问题

世界上有各种不同类型的计算机，也有不同的操作系统，要想让这些装有不同操作系统的不同类型的计算机互相通信，就必须有统一的标准，网络协议就提供这种通信标准。网络协议是两个通信的主体达成一致的通信规则，如果没有网络协议，那么网络内的设备和计算机之间就无法通信。因此，网络协议的配置在网络中的地位非常重要，它决定着网络能否正常运行。

9.2 常用网络故障测试命令工具

当遇到网络连接不通时，为了测试网络状态，一般会用到网络通信测试工具（命令）。可以肯定地说，对于初涉网络，正确掌握网络测试命令是解决网络故障的必需之道，下面对常见的测试命令的使用方法进行详细地讲解。

9.2.1 IP 信息查看工具——ipconfig 命令

在网络中，计算机的定位是靠 IP 地址来标识的。因此在网络维护中，首先要检查的就是计算机的 IP 地址，这一切就要靠 ipconfig 命令来完成。

ipconfig 诊断命令显示所有当前的 TCP/IP 网络配置值。在使用 DHCP 协议的系统上，该命令允许用户决定 DHCP 配置的 TCP/IP 配置值，了解计算机当前的 IP 地址、子网掩码和默认网关，这些实际上是进行测试和故障分析的必要项目。

首先来看看 ipconfig.exe 命令。按 Win+R 快捷键，打开"运行"对话框，然后输入"CMD"，单击"确定"按钮，打开"命令提示符"窗口。接着直接输入"ipconfig/?"，如图 9-1 所示，并按 Enter 键，即可显示 ipconfig 命令的各种参数信息，如图 9-2 所示。

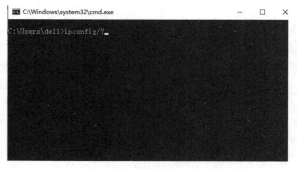

图 9-1　打开 ipconfig 命令

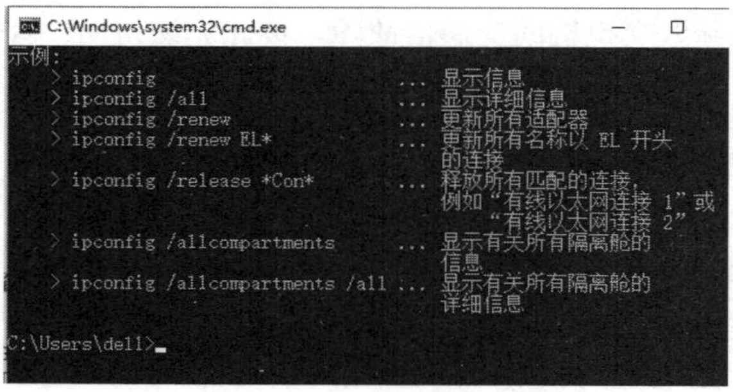

图 9-2　ipconfig 参数信息

1．查看 IP 信息

在进行网络维护时，第一步一般都需要查看本机的 IP 配置信息。使用 ipconfig 查看本机的 IP 信息非常简单，只需要在命令提示符下直接输入 "ipconfig"并按 Enter 键，即可显示 IP 地址、子网掩码、网关，如图 9-3 所示。这些信息是进行网络维护时最基本的参数，但是如果我们要查看更加详细的网络配置，则需要添加参数。

图 9-3　IP 信息

在命令提示符下输入"ipconfig/all"，并按 Enter 键，即可显示计算机的网络连接情况，包括 IP 地址、DNS、计算机 MAC 地址等信息，如图 9-4 所示。如果 IP 地址是从 DHCP 服务器获得的，那么还可以显示 DHCP 服务器地址和 IP 租用周期，掌握这些信息将有利于维护网络。

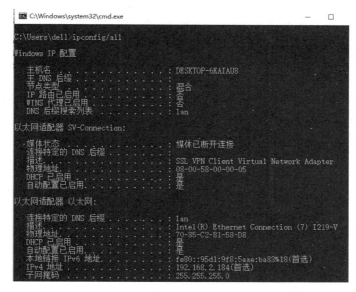

图 9-4　全部 IP 信息

2. 重新获取 IP

ipconfig 命令可以从 DHCP 服务器重新获得 IP 地址。其方法是在命令提示符下直接输入"ipconfig/renew"，并按 Enter 键，本机即会向 DHCP 服务器重新发出请求，并获得一个新的 IP 地址。不过更多时候获得的 IP 地址会和正在使用的保持一致，但是地址租用时间会延长，如图 9-5 所示。

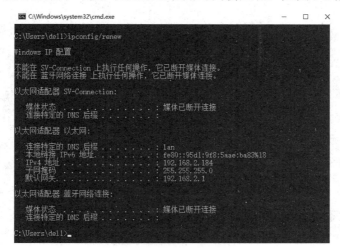

图 9-5　重新获得 IP 地址

![知识拓展图标] **知识拓展**

在命令提示符下直接输入"ipconfig/release"并按 Enter 键，那么所有接口的租用 IP 地址便重新交付给 DHCP 服务器（归还 IP 地址）。

9.2.2 IP 网络连通性测试——ping 命令

ping 命令可以用来测试网络连通、网络时延等。如果遇到断网，那么我们可以通过 ping 命令来测试。

ping 是使用频率极高的实用程序，凡是使用 TCP/IP 协议的计算机都可用 ping 命令来测试计算机网络是否通顺。它可以确定本地主机是否能与另一台主机交换（发送与接收）数据包。根据返回的信息，我们就可以推断 TCP/IP 参数是否设置正确以及运行是否正常。需要注意的是：成功地与另一台主机进行一次或两次数据包交换并不表示 TCP/IP 配置是正确的，必须执行大量的本地主机与远程主机的数据包交换，才能确信 TCP/IP 的正确性。

简单地说，ping 就是一个测试程序，如果 ping 运行正确，那么我们大体上就可以排除网络访问层、网卡、Modem 的输入输出线路、电缆和路由器等存在的故障，从而减小了问题的范围。但由于可以自定义所发数据包的大小及无休止地高速发送，ping 也被某些别有用心的人作为 DDoS 的工具，例如许多大型的网站就因被黑客利用数百台可以高速接入互联网的计算机连续发送大量 ping 数据包而瘫痪。

要想了解 ping 命令的参数，可在"运行"对话框中输入"CMD"，打开"命令提示符"窗口，然后输入"ping/?"并按 Enter 键，就能看见 ping 命令常见的参数，如图 9-6 所示。

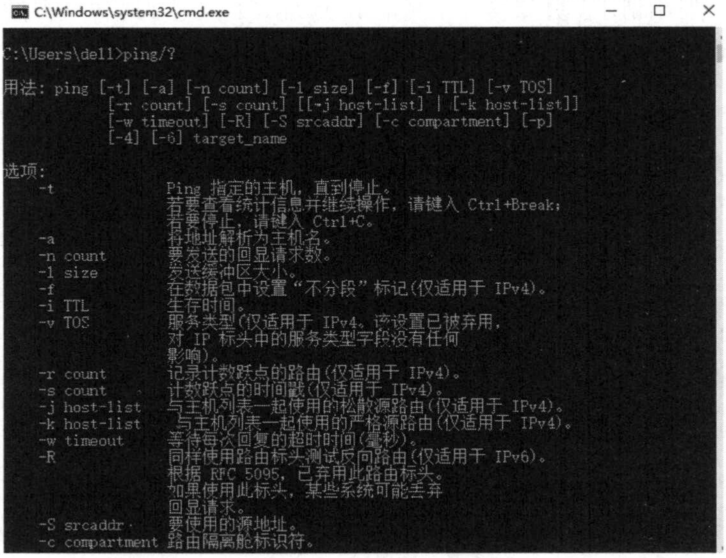

图 9-6 ping 命令的参数

如果我们要检测网络中计算机间的连通状态，则可输入"ping"命令，再输入对方计算机的 IP 地址即可，如输入"ping 192.168.2.1"，如图 9-7 所示。

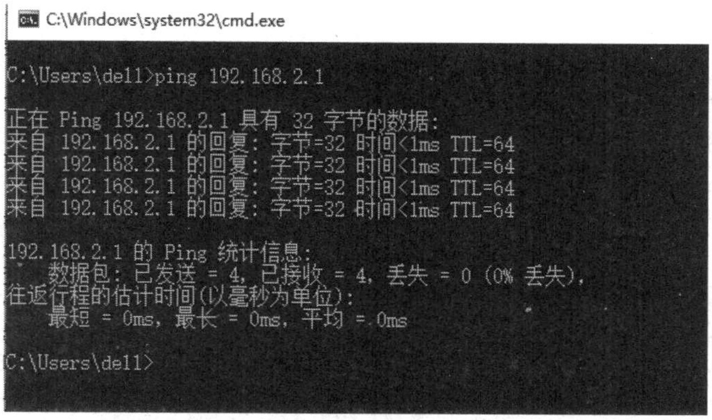

图 9-7 ping 对方计算机

按照默认设置，Windows 上运行的 ping 命令发送 4 个 ICMP（Internet 控制报文协议）回送请求，每个 32 字节数据，如果一切正常，那么我们应能得到 4 个回送应答，如图 9-7 所示。ping 能够以 ms 为单位显示发送回送请求到返回回送应答之间的时间量。如果应答时间短，则表示数据包不必通过太多的路由器或网络连接速度比较快。ping 还能显示 TTL（Time To Live，存在时间）值，我们可以通过 TTL 值推算一下数据包已经通过了多少个路由器：源地点 TTL 起始值（就是比返回 TTL 略大的一个 2 的乘方数）-返回时 TTL 值。例如，返回 TTL 值为 119，那么可以推算数据报离开源地址的 TTL 起始值为 128，而源地点到目标地点要通过 9（即 128-119）个路由器网段；如果返回 TTL 值为 246，则 TTL 起始值就是 256，源地点到目标地点要通过 10 个路由器网段。

正常情况下，当使用 ping 命令来查找问题所在或检验网络运行情况时，需要使用许多 ping 命令，如果所有 ping 命令都运行正确，那么我们就可以相信基本的连通性和配置参数没有问题；如果某些 ping 命令出现运行故障，则它也可以指明到何处去查找问题。

下面就给出一个典型的检测次序及对应的可能故障。

1. ping 127.0.0.1

对本主机进行 ping 的操作，功能是用于确定本地主机是否能与另一台主机成功交换（发送与接收）数据包，再根据返回的结果判断主机的连通性，如图 9-8 所示。

2. ping 本机 IP

这个命令被送到计算机所配置的 IP 地址，该计算机始终都应该对该 ping 命令做出应答，如果没有，则表示本地配置或安装存在问题。出现此问题时，局域网用户请断开网络电缆，然后重新发送该命令。如果网线断开后本命令正确，则表示另一台计算机可能配置了相同的 IP 地址。

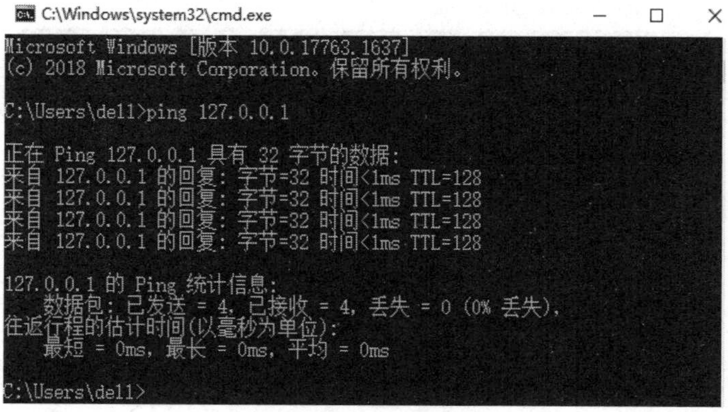

图 9-8　ping 127.0.0.1

3．ping 局域网内其他 IP

这个命令应该离开我们的计算机，经过网卡及网络电缆到达其他计算机，再返回。收到回送应答表明本地网络中的网卡和载体运行正确。但如果收到 0 个回送应答，那么表示子网掩码（进行子网分割时，将 IP 地址的网络部分与主机部分分开的代码）不正确、网卡配置错误或电缆系统有问题。

4．ping 网关 IP

这个命令如果应答正确，则表示局域网中的网关路由器正在运行并能够做出应答。

5．ping 远程 IP

如果收到 4 个应答，则表示成功地使用了默认网关。对于拨号上网用户，则表示能够成功地访问 Internet（但不排除 ISP 的 DNS 会有问题）。

6．ping www.baidu.com

对这个域名执行 ping www.baidu.com 地址，通常是通过 DNS 服务器，如果这里出现故障，则表示 DNS 服务器的 IP 地址配置不正确或 DNS 服务器有故障（对于拨号上网用户，某些 ISP 已经不需要设置 DNS 服务器了）。另外，我们也可以利用该命令实现域名对 IP 地址的转换功能。

如果上面列出的所有 ping 命令都能正常运行，那么我们对自己的计算机进行本地和远程通信的功能基本上就可以放心了。但是，这些命令的成功运行并不表示所有的网络配置都没有问题，例如，某些子网掩码错误就可能无法用这些方法检测到。

知识拓展

测试路由路径——tracert 命令

遇到网络问题，不一定就是本地网络的问题，本地网络包括本机的网络设置、路由器设置等，也可能是要访问的网络出了问题。要想知道哪里出了问题，就可以用 tracert 命令来一探究竟。

tracert 命令是路由跟踪实用程序，用于确定 IP 数据包访问目标所采取的路径。tracert 命令用 IP 生存时间（TTL）字段和 ICMP 错误消息来确定从一个主机到网络上其他主机的路由。

通过向目标发送不同 IP 生存时间（TTL）值的"Internet 控制报文协议"回应数据包，tracert 命令诊断程序确定到目标所采取的路由。要求路径上的每个路由器在转发数据包之前至少将数据包上的 TTL 递减 1。数据包上的 TTL 减为 0 时，路由器应该将"ICMP 已超时"的消息发回源系统。

tracert 先发送 TTL 为 1 的回应数据包，并在随后的每次发送过程中将 TTL 递增 1，直到目标响应或 TTL 达到最大值，从而确定路由。通过检查中间路由器发回的"ICMP 已超时"的消息确定路由。

要想了解 tracert 命令，可在"运行"对话框中输入"CMD"，打开"命令提示符"窗口，然后输入"tracert/?"并按 Enter 键，就能看见 tracert 命令常见的参数，如图 9-9 所示。

```
C:\Windows\system32\cmd.exe

Microsoft Windows [版本 10.0.17763.316]
(c) 2018 Microsoft Corporation。保留所有权利。

C:\Users\dell>tracert/?

用法: tracert [-d] [-h maximum_hops] [-j host-list] [-w timeout]
              [-R] [-S srcaddr] [-4] [-6] target_name

选项:
    -d                 不将地址解析成主机名。
    -h maximum_hops    搜索目标的最大跃点数。
    -j host-list       与主机列表一起的松散源路由(仅适用于 IPv4)。
    -w timeout         等待每个回复的超时时间(以毫秒为单位)。
    -R                 跟踪往返行程路径(仅适用于 IPv6)。
    -S srcaddr         要使用的源地址(仅适用于 IPv6)。
    -4                 强制使用 IPv4。
    -6                 强制使用 IPv6。
```

图 9-9　tracert 命令的参数

下面我们以一个例子来了解 tracert 命令的功能。

（1）首先在 Windows 系统下，按 Win+R 快捷键，打开"运行"对话框，然后输入"CMD"并单击"确定"按钮，打开"命令提示符"窗口。

（2）输入"tracert ip/domain（ip 表示要查看的 IP 地址，domain 是要查看的域名，IP 和 domain 输其一就可以）"。

（3）比如，跟踪腾讯的官方网站 http://www.qq.com，直接输入"tracert qq.com"，如图 9-10 所示。

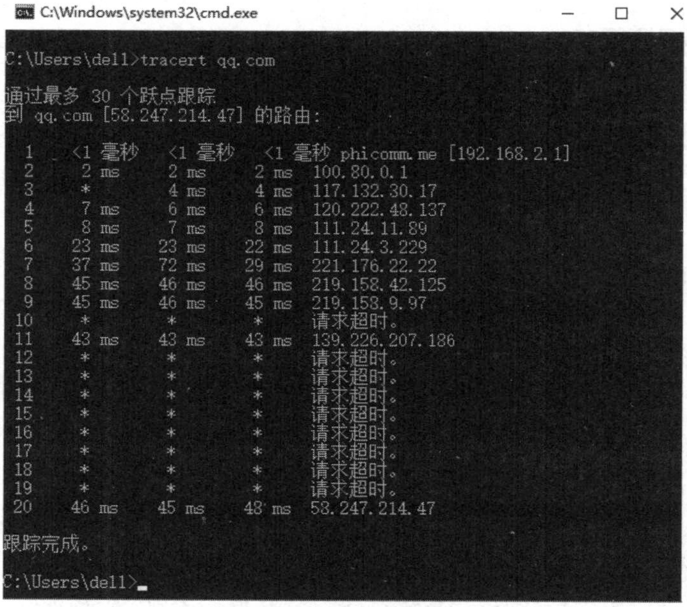

图 9-10　跟踪网站

从图 9-10 中可以看到，经过 21 个路由节点，可以到达腾讯的服务。中间这 3 列（单位是 ms）分别表示连接到每个路由节点的速度、返回速度和多次链接反馈的平均值。后面的 IP 地址，就是每个路由节点对应的 IP。

9.3　无线网络故障分析与排除

当一个无线网络发生问题时，应该首先从几个要害问题入手，进行排错。一些硬件的问题会导致网络错误，同时错误的配置也会导致网络不能正常工作。下面介绍一些无线网络排错的方法和技巧。

1. 检查无线网络的物理连接

如果无线网络发生问题，则首先应检查网络连接问题。对于小型无线网络（如家庭无线网络）可以检查指示灯是否亮，确保其与 ISP 互联网服务供应商相连接。通常硬件设备上连接有问题的网线接口，指示灯会不亮。其次还要检查调制解调器、路由器、无线访问点之间的网络电缆连接，并保障它们之间拥有安全的连接。松动的连接会导致频繁的连接中断。

对于大型无线网络，如果有些用户无法连接网络，而另一些用户却可以正常连接网络，那么很有可能是众多接入点中的某个接入点出现了故障。一般来说，通过察看有网络问题的客户端的物理位置，就能大概判定出是哪个接入点出现了问题。如果所有客户都无法连接网络，那么问题可能来自多方面。假如网络只使用了一个接入点，那么这个接入点可能有硬件问题或者配置有错误。另外，也有可能是由于无线电干扰过于强烈，或者是无线路由器与有线网络间的连接出现了问题。

2．检查无线路由器的可连接性

要确定无法连接网络问题的原因，首先需要检测一下网络环境中的计算机是否能正常连接无线路由器。简单的检测方法是在有线网络中的一台计算机中打开"命令提示符"窗口，然后 ping 无线路由器的 IP 地址。如果可以 ping 通，那么证实有线网络中的计算机可以正常连接到无线路由器。假如无线路由器没有响应，那么有可能是计算机与无线路由器间的无线连接出现问题，或者是无线路由器本身出现了故障。要确定到底是什么问题，可以从无线客户端 ping 无线路由器的 IP 地址。如果可以 ping 通，则说明刚才那台计算机的网络连接部分可能出现了问题，如网线损坏。

如果无线客户端无法 ping 到无线路由器，那么无线路由器本身工作异常。可以将其重新启动，等待大约 5 分钟后再通过有线网络中的计算机和无线客户端，利用 ping 命令查看它的连接性。

如果从这两方面 ping 无线路由器依然没有响应，那么可能是无线路由器已经损坏或者配置错误。此时可以将这个可能损坏了的无线路由器通过一段可用的网线连接到一个正常工作的网络，再检查它的 TCP/IP 配置。之后，再次在有线网络客户端 ping 这个无线路由器，如果依然失败，则表示这个无线路由器已经损坏。这时用户就应该更换新的无线路由器了。

3．测试网络信号强度

如果可以通过网线直接 ping 到无线路由器，而不能通过无线方式 ping 到它，基本上可以断定无线路由器的故障只是暂时的。假如经过调试，问题还没有解决，可以检测一下接入点的信号强度。可以通过一些第三方的测试软件来测试，改变无线路由器的信道。

如果经过测试，发现网络信号强度很弱，但是最近又没有做过搬移改动，可以试着改变无线路由器的信道，并通过一台无线终端检测信号是否有所加强。如果信号恢复正常，则需将网络中所有无线路由器的信道都修改一下。

应当指出，所有 802.11b 和 802.11g 的 WLAN 均运行在 2.4GHz 频率。大多数常见的电子设备，如无绳电话、监视设备、微波炉等都运行在 2.4GHz。因此，各种设备之间的冲突会引起问题。

所有的无线路由器设备都能够在 2.4GHz 频率范围内访问 11 个不同的频段，其中的 1、6、11 是不重叠的，而其余的 8 个是重叠的。因此，用户可以通过改变无线访问点和无线网卡的频段，解决冲突问题。

4．SSID 的问题

有很多用户，带着笔记本在家和单位之间移动，这两个地方的无线网络的 SSID 不同，这样可能导致在更换地点后，笔记本无法连接到无线网络。

这是由于没有重新将 SSID 修改回所在网络的标识所致。这时只要重新搜索并连接所在地的 SSID 即可解决。

5. DHCP 配置问题

DHCP 配置错误通常会引起无法成功地访问无线网络，网络中的 DHCP 服务器可以说是用户能否正常使用无线网络的一个重要因素。

很多无线路由器都自带 DHCP 服务器功能。一般来说，这些 DHCP 服务器都会将 192.168.0.x 或 192.168.1.x 地址段分配给无线客户端。而且 DHCP 也不会接受不是由自己分配的 IP 地址的连接请求。这意味着具有静态 IP 地址的无线客户端或者从其他 DHCP 服务器获取 IP 地址的客户端有可能无法正常连接到这个路由器。

比如，一台笔记本第一次连接到带有 DHCP 服务的无线路由器时，它会为笔记本分配一个 IP 地址。然而用户的网络的 IP 地址段是 147.100.x.y，这意味着虽然无线客户端可以连接到无线路由器并得到一个 IP 地址，但笔记本将无法与有线网络内的其他计算机通信，因为它们属于不同的地址段。

对于这种情况，有以下两种解决方法。

第一种：禁用无线路由器的 DHCP 服务，并让无线客户端从网络内标准 DHCP 服务器处获取 IP 地址。

第二种：修改 DHCP 服务的地址范围，使它适用于用户现有的网络。

6. 多个接入点的问题

如果有两个无线路由器同时按照默认方式工作，每个路由器都会为无线客户端分配一个 192.168.0.x 或 192.168.1.x 的 IP 地址。由此产生的问题是，两个无线路由器并不能区分哪个 IP 是由自己分配的，哪个又是由另一个路由器分配的。因此网络中有时会产生 IP 地址冲突的问题。要解决这个问题，应该在每个路由器上设定不同的 IP 地址分配范围，以防止地址重叠。

7. MAC 地址过滤的问题

目前大部分的无线路由器带有 MAC 地址过滤功能，只有过滤列表中的终端客户才可以访问无线路由器，因此这也有可能是网络问题的根源。这个列表记录了所有可以访问无线路由器的无线终端的 MAC 地址，从安全的角度来说，它可以防止那些未经认证的用户连接到用户的网络。通常这个功能是不被激活的，但是如果用户不小心激活了客户列表，这时由于列表中并没有保存任何的 MAC 地址，所有的无线客户端都无法连接到这个无线路由器了。

8. 注意无线路由器的有效范围和障碍

如果无线接入设备不在无线路由器的覆盖范围内，那么肯定是无法连接到无线网络的。无线路由器一般拥有的覆盖范围大约为半径 50～100 m，但障碍物或访问点的错误放置都能够限制或中断这个范围。此外，多数无线路由器的天线都是全方向的，在 360°范围内广播无线信号。因此要尽量将访问点靠近你想覆盖区域的中心位置。

9.4　本章小结

　　网络出现故障是极普遍的事，其种类也多种多样。在网络出现故障时对出现的问题及时进行维护，以最快的速度恢复网络的正常运行，掌握一套行之有效的网络维护理论方法和技术是至关重要的。作为网络管理人员，除了要有扎实的网络理论知识，也需要在日常的工作中积累经验。

　　通过本章的学习，可以对常见的网络故障有更深的认识和理解，同时可以熟练掌握常用的网络故障分析命令与工具，掌握网络故障分析和处理的规范流程，快速进行故障定位，处理网络故障，提高解决问题的能力。

9.5　练习题

一、选择题

1．如果要查看当前操作系统中的 TCP/IP 配置，应该使用（　　　）。
　　A．控制面板　　　　　　　　　　　B．winipcfg 命令
　　C．ipconfig 命令　　　　　　　　　D．ping 命令

2．（　　　）命令可以用来测试网络连通、网络时延等。
　　A．控制面板　　　　　　　　　　　B．winipcfg 命令
　　C．ipconfig 命令　　　　　　　　　D．ping 命令

3．ping 172.31.2.1 的结果全是 Request timed out，下面表述正确的是（　　　）。
　　A．网络可能不通
　　B．本计算机可能没有联网
　　C．一定是本计算机没有联网
　　D．目的计算机可能没有联网

4．ping 127.0.0.1 指（　　　）。
　　A．验证 TCP/IP 是否配置正确
　　B．验证本地计算机是否添加到网络
　　C．验证是否能与本地网络上的本地主机通信
　　D．验证是否与其他计算机连通

5．ping 本地主机 IP 地址指（　　　）。
　　A．验证 TCP/IP 是否配置正确
　　B．验证本地计算机是否添加到网络
　　C．验证是否能与本地网络上的本地主机通信

D．验证是否与其他计算机连通
6．ping 默认网关指（　　　）。
A．验证 TCP/IP 是否配置正确
B．验证本地计算机是否添加到网络
C．验证是否能与本地网络上的本地主机通信
D．验证是否与其他计算机连通

二、问答题

1．简述网络故障的原因。
2．简述用 ping 命令诊断网络故障的步骤。
3．无线网络排错的方法有哪些？

第 10 章

项 目 实 训

🔺 10.1 双绞线的制作与测试

1. 实训目的

（1）掌握使用压线钳制作具有 RJ-45 接头的双绞线的技能。

（2）能够使用网线测试仪测试双绞线的连通性。

（3）培养初步的协同工作能力。

2. 实训设备

（1）RJ-45 压线钳一把。

（2）超 5 类双绞线若干。

（3）测线仪一个。

（4）水晶头若干。

3. 实训任务

（1）制作一条 5 类双绞线的直通线。

（2）制作一条 5 类双绞线的交叉线。

4. 实训步骤

1）制作标准与跳线类型

每条双绞线中都有 8 根导线，导线的排列顺序必须遵循一定的规律，否则就会导致链路的连通性故障或影响网络传输速率。

（1）T568-A 与 T568-B 标准。目前，最常用的布线标准有两个，分别是 EIA/TIA T568-A 和 EIA/TIA T568-B。在一个综合布线工程中，可采用任何一种标准，但所有的布线设备及布线施工必须采用同一标准。通常情况下，在布线工程中采用 EIA/TIA T568-B 标准，如图 10-1 所示。

（2）按照 T568-B 标准布线水晶头的 8 针（也称插针）与线对的分配如图 10-1 所示。线序从左到右依次为：1-白橙、2-橙、3-白绿、4-蓝、5-白蓝、6-绿、7-白棕、8-棕。4 对双绞线电缆的线对 2 插入水晶头的 1、2 针，线对 3 插入水晶头的 3、6 针。

（3）按照 T568-A 标准布线水晶头的 8 针与线对的分配如图 10-2 所示。线序从左到右依次为：1-白绿、2-绿、3-白橙、4-蓝、5-白蓝、6-橙、7-白棕、8-棕。4 对双绞线对称电缆的线对 2 接信息插座的 3、6 针，线对 3 接信息插座的 1、2 针。

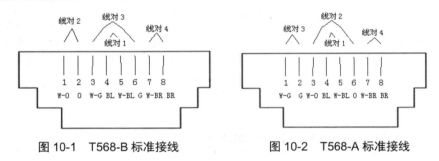

图 10-1　T568-B 标准接线　　　　图 10-2　T568-A 标准接线

2）判断跳线线序

只有搞清楚如何确定水晶头针脚的顺序，才能正确判断跳线的线序。将水晶头有塑料弹簧片的一面朝下，有针脚的一面朝上，使有针脚的一端指向远离自己的方向，有方型孔的一端对着自己。此时，最左边的是第 1 脚，最右边的是第 8 脚，其余依次顺序排列。

3）跳线的类型

按照双绞线两端线序的不同，通常划分为两类双绞线。

（1）直通线。

根据 EIA/TIA 568-B 标准，两端线序排列一致，一一对应，即不改变线的排列，称为直通线。直通线线序如表 10-1 所示，当然也可以按照 EIA/TIA 568-A 标准制作直通线，此时跳线的两端的线序依次为：1-白绿、2-绿、3-白橙、4-蓝、5-白蓝、6-橙、7-白棕、8-棕。

表 10-1　直通线线序

端 1	白橙	橙	白绿	蓝	白蓝	绿	白棕	棕
端 2	白橙	橙	白绿	蓝	白蓝	绿	白棕	棕

（2）交叉线。

根据 EIA/TIA 568-B 标准，改变线的排列顺序，采用"1-3、2-6"的交叉原则排列，称为交叉线。交叉线线序如表 10-2 所示。

表 10-2 交叉线线序

端 1	白橙	橙	白绿	蓝	白蓝	绿	白棕	棕
端 2	白绿	绿	白橙	蓝	白蓝	橙	白棕	棕

5. 双绞线直通线的制作

制作过程可分为 4 步，简单归纳为"剥""理""查""压"4 个字，具体如下。

步骤 1：准备好 5 类双绞线、RJ-45 插头和一把专用的压线钳，如图 10-3 所示。

步骤 2：用压线钳的剥线刀口将 5 类双绞线的外保护套管（塑料外套）划开（小心不要将里面的双绞线的绝缘层划破），刀口距 5 类双绞线的端头至少 2 cm，如图 10-4 所示。

图 10-3 步骤 1   图 10-4 步骤 2

步骤 3：压线钳顺势朝下旋转一下，然后用力往外将划开的外保护套管剥去（旋转、向外抽），如图 10-5 所示。

图 10-5 步骤 3

步骤 4：露出 5 类电缆中的 4 对双绞线，如图 10-6 所示。

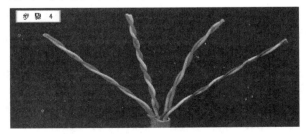

图 10-6 步骤 4

步骤 5：将 4 对双绞线两两分开，从左至右，按照 EIA/TIA T568-B 标准（白橙、橙、白绿、蓝、白蓝、绿色、白棕、棕）的顺序排列好，如图 10-7 所示。

步骤 6：将 8 根导线平坦整齐地平行排列，导线间不留空隙，如图 10-8 所示。

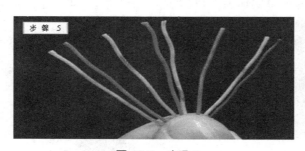

图 10-7　步骤 5

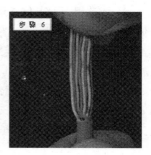

图 10-8　步骤 6

步骤 7：准备用压线钳的剪线刀口将 8 根导线剪断，如图 10-9 所示。

步骤 8：剪断电缆线。用压线钳的切线口切去过长的线，留下的长度一般要小于水晶头的长度（20 mm），约为 15 mm 左右为宜，这样正好能全部插入水晶头中。

请注意：一定要剪得很整齐；剥开的导线长度不可太短；可以先留长一些；不要剥开每根导线的绝缘外层，如图 10-10 所示。

图 10-9　步骤 7

图 10-10　步骤 8

步骤 9：右手握住水晶头，将有塑料弹片的一面朝下，有金属片的一面朝上，线头的插孔朝向左手一侧，将双绞线插入水晶头中（必须用力，使导线的线心一直顶到金属弹片插槽的最底端）。可以先将剪断的电缆线放入 RJ-45 插头试试长短（要插到底），最后电缆线的外保护层应能够在 RJ-45 插头内的凹陷处被压实。反复进行调整，如图 10-11 所示。

步骤 10：在确认一切都正确后（特别要注意不要将导线的顺序排列反），将 RJ-45 插头放入压线钳的压头槽内，准备最后压实，如图 10-12 所示。

步骤 11：双手紧握压线钳的手柄，用力压紧，如图 10-13 所示。

请注意：在这一步骤完成后，水晶头的 8 个针脚（8 片金属片）接触点就穿过导线（双绞线）的绝缘外层，分别和 8 根导线紧紧地压接在一起了。

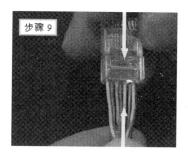

图 10-11　步骤 9

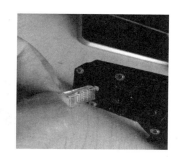

图 10-12　步骤 10

（a）

（b）

图 10-13　步骤 11

步骤 12：完成，把水晶头翻过来看的话，在上面能看到亮晶晶的界面，就是铜导线的界面，如图 10-14 所示。

图 10-14　步骤 12

6．双绞线交叉线的制作

制作双绞线交叉线的步骤和操作要领与制作直通线一样，只是交叉线的两端中，一端按 EIA/TIA T568-B 标准，另一端按 EIA/TIA T568-A 标准。

7．跳线的测试

制作完成双绞线后，下一步需要检测它的连通性，以确定是否有连接故障。

通常使用电缆测试仪进行检测。建议使用专门的测试工具（如 Fluke DSP4000 等）进行测试。也可以购买廉价的网线测试仪，如图 10-15 所示。

测试时将双绞线两端的水晶头分别插入主测试仪和远程测试端的 RJ-45 端口，将开关开至"ON"（S 为慢速档），主机指示灯从 1 至 8 逐个顺序闪亮。

若连接不正常，按下述情况显示。

（1）当有一根导线断路，则主测试仪和远程测试端对应线号的灯都不亮。

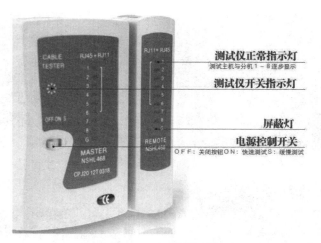

图 10-15   网线测试仪

（2）当有几条导线断路，则相对应的几条线都不亮，当导线少于两根联通时，灯都不亮。

（3）当两头网线乱序，则与主测试仪端连通的远程测试端的线号亮。

（4）当导线有两根短路时，则主测试仪显示不变，而远程测试端显示短路的两根导线灯都亮。若有 3 根以上（含 3 根）线短路时，则所有短路的几条线对应的灯都不亮。

（5）如果出现红灯或黄灯，则说明存在接触不良等现象，此时最好先用压线钳压制两端水晶头一次，再测，如果故障依旧存在，那么就得检查一下芯线的排列顺序是否正确。如果芯线顺序错误，那么就应重新进行制作。

请注意：如果测试的线缆为直通线缆的话，那么测试仪上的 8 个指示灯应该依次闪烁。如果线缆为交叉线缆的话，其中一侧同样是依次闪烁，而另一侧则会按 3、6、1、4、5、2、7、8 的顺序闪烁。

▲ 10.2   网络打印机配置

1．实训目的

熟练掌握网络共享打印机的安装调试方法。

2．实训设备

计算机两台、打印机。

3．实训任务

完成网络打印机的配置、调试与测试。

4．实训步骤

步骤 1：先确认直接连打印机的计算机安装了打印机驱动并可以正常打

印测试页。

步骤 2：检查该计算机的"文件和打印机共享"是否开启，如未开启，则在"网络和共享中心"下的高级共享设置界面上选中"启用文件和打印机共享"单选按钮，保存退出，如图 10-16 所示。

图 10-16 启用文件和打印机共享

步骤 3：打开需要连接网络打印机的另一台计算机，在"Windows 设置"下找到打印机选项，然后单击"添加打印机和扫描仪"，系统就会自动搜索网络中的共享打印机。如果自动搜索不到，则会出现"我需要的打印机不在列表中"，单击进入，手动添加打印机，如图 10-17 所示。

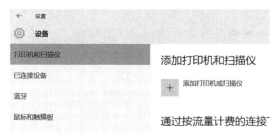

图 10-17 添加打印机

步骤 4：进入"添加打印机向导"，选择"按名称选择共享打印机"，在文本框中手动输入打印机在对方计算机中的路径(\\计算机名称\打印机名称或者\\计算机 IP 地址\打印机名)，如图 10-18 所示。

步骤 5：自动安装打印机驱动程序，在 Windows 10 中使用内置驱动程序安装设备比较快捷。添加完成后返回打印机列表，可以看到刚才添加的打印机了，如图 10-19 所示。

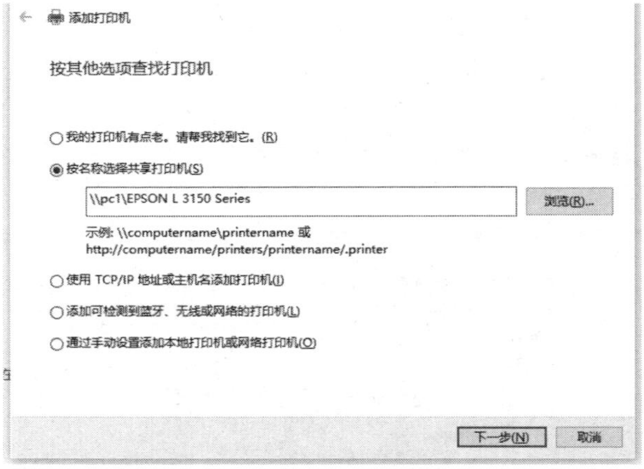

图 10-18 选择添加打印机方式

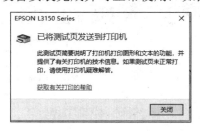

图 10-19 已添加网络打印机状态

步骤 6：为检测网络打印机是否成功连接，可执行打印机管理界面下的打印测试页，测试能否正常打印。若出现"已将测试页发送到打印机"的提示性信息，则说明设备安装完成并可正常使用，如图 10-20 所示。

图 10-20 打印测试页

10.3 无线路由器配置

1. 实训目的

（1）掌握无线路由器的基本配置方法。

（2）了解无线路由器的安全配置方法。

2．实训设备

（1）无线路由器。

（2）计算机、手机。

（3）网线。

3．实训任务

使用计算机完成对无线路由器的基本配置，并连接手机测试。

4．实训步骤

步骤 1：正确连接无线路由器。

配置无线路由器之前，首先将计算机与无线路由器用网线连接起来，网线的另一端要接到无线路由器的端口上，然后将 Modem 出来的公网线路连接到无线路由器的 WAN 口，并且将无线路由器连接电源。无线路由器如图 10-21 所示，power 为电源、（1、2、3、4）LAN 为输出端口、WAN 为公网线路插入端口、RESET 为复位按钮（需重置时拿尖物按住 5s）。

图 10-21　无线路由器

步骤 2：配置计算机 IP 地址。

在与无线路由器相连的计算机的浏览器上输入"192.168.1.1（多数的无线路由器默认管理 IP 是 192.168.1.1）"。如果输入"192.168.1.1"之后打不开，那就是 PC 的网络设置问题，打开"网络和共享中心"下的连接属性，IP 地址选择自动分配或者手动配置为 192.168.1.x（x 为 2～255 的数），网关可以不设置，如图 10-22 所示。

步骤 3：登录到无线路由器的管理界面。

成功连接后出现如图 10-23 所示的界面，其中一般用户名和密码都是admin，说明书上都有注明登录无线路由器的管理界面的用户名和密码。

图 10-22   配置计算机 IP 地址

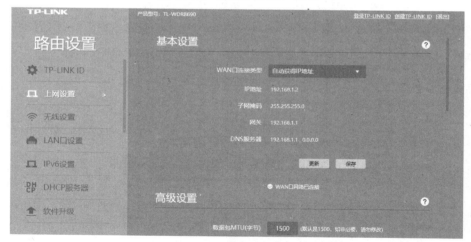

图 10-23   无线路由器配置界面

步骤 4：按照"设置向导"完成无线路由器的基本配置。

无线路由器配置界面，如图 10-23 所示，首先选择上网方式，家庭使用无线路由器一般选择 PPPoE（ADSL 虚拟拨号），填入网络服务商提供的 ADSL 上网账号及口令；单位局域网内使用的无线路由器一般选择动态 IP 或者静态 IP，填入局域网分配的 IP 地址。

然后输入 SSID（无线网络名称），设置用户连接无线网络的密码，如图 10-24 所示。接下来就完成了配置，界面如图 10-25 所示。

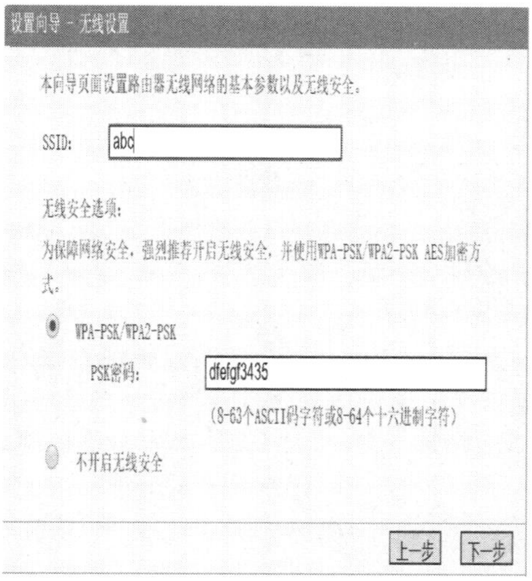

图 10-24 设置 SSID 与连接密码 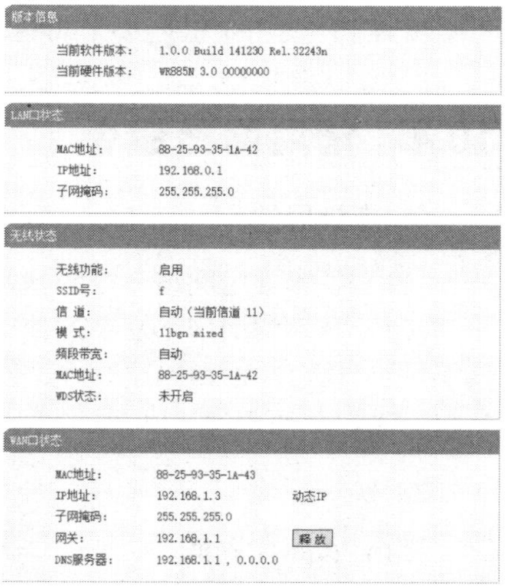　　　图 10-25 配置完成界面

步骤 5：其他安全设置。

为增加无线网络的安全性，可采取修改设备默认的 SSID（非授权用户不易猜测）或直接关闭广播 SSID（计算机或手机需要手动添加 SSID 才可以连接）的方法，如图 10-26 所示。

图 10-26 关闭 SSID 广播

步骤 6：还可以使用 MAC 地址过滤功能，仅允许添加到列表中的终端 MAC 地址访问无线网络，如图 10-27 所示。

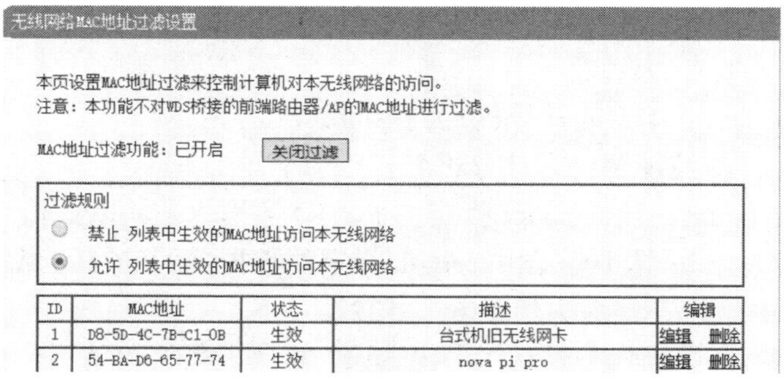

图 10-27 开启无线网络的 MAC 地址过滤

步骤 7：使用手机连接无线网络测试。

10.4　常用网络命令

1．实训目的

（1）了解常用网络命令的基本功能。
（2）掌握常用网络命令的使用方法。
（3）熟悉和掌握网络管理、网络维护的基本内容，掌握使用网络命令观察网络状态的方法。

2．实训环境

（1）联网计算机。
（2）Windows 10 操作系统。

3．实训任务

Windows 环境下常用网络命令的使用。

4．实训步骤

本实训介绍常用网络命令的使用，需要打开"命令提示符"。首先按 Win+R 快捷键打开运行框，然后输入"cmd"进入命令提示符界面。

1）ping 命令

用于验证与远程计算机的连接。只有在安装了 TCP/IP 协议后该命令才可以使用。ping 命令的主要作用是通过发送数据包并接收应答信息来检测两台计算机之间的网络是否连通。当网络出现故障时，可以用这个命令来预测故障和确定故障地点。ping 命令成功只能说明当前主机与目的主机之间存在一条连通的路径。如果不成功，则考虑网线是否连通、网卡设置是否正确、IP 地址是否可用等。

（1）ping 命令的格式。

```
ping [-t] [-a] [-n count] [-l length] [-f] [-i ttl] [-v tos] [-r count] [-s count] [[-j compute
r-list] | [-k computer-list]] [-w timeout] destination-list
```

（2）主要参数含义。

❑　-t：ping 指定的计算机直到中断。
❑　-a：将地址解析为计算机名。
❑　-n count：发送 count 指定的 ECHO 数据包数，默认值为 4。
❑　-l length：发送包含由 length 指定的数据量的 ECHO 数据包。默认为 32 字节；最大值是 65，527。
❑　-f：在数据包中发送"不要分段"标志。数据包就不会被路由上的网关分段。

❑　-i ttl：将"生存时间"字段设置为 ttl 指定的值。

❑　-v tos：将"服务类型"字段设置为 tos 指定的值。

❑　-r count：在"记录路由"字段中记录传出和返回数据包的路由。count 可以指定最少 1 台，最多 9 台计算机。

❑　-s count：指定 count 指定的跃点数的时间戳。

❑　-j computer-list：利用 computer-list 指定的计算机列表路由数据包。连续计算机可以被中间网关分隔（路由稀疏源），IP 允许的最大数量为 9。

❑　-k computer-list：利用 computer-list 指定的计算机列表路由数据包。连续计算机不能被中间网关分隔（路由严格源），IP 允许的最大数量为 9。

❑　-w timeout：指定超时间隔，单位为 ms。destination-list 指定要 ping 的远程计算机。

（3）通常用 ping 命令测试某两台计算机之间是否连通。

ping 目的主机的 IP。如果 ping 命令的结果是"Reply from „ : bytes＝„ time<„ TTL=„"，则表示当前主机与目的主机之间是连通的；如果结果是"Request timed out"，则表示发送的数据包没有到达目的地。此时，可能存在两种情况：一种是网络不连通；另一种是网络连通状况不好。

（4）利用 ping 命令测试网络状况的主要步骤如下。

❑　ping 127.0.0.1。该命令利用环回地址，验证本次计算机上安装的 TCP/IP 协议以及配置是否正确。如果没有回应，则说明本地 TCP/IP 的安装和运行不正常。

❑　ping localhost。localhost 是操作系统保留名，也是 127.0.0.1 的别名。每台计算机应该都能将该名字转换为地址。

❑　ping 本机 IP 地址。本地计算机始终都会对该命令做出回应。

❑　ping 局域网内其他机器 IP。用于验证本地网络的网卡和线路是否正确。

❑　ping 默认网关 IP 地址。验证本地主机是否与默认网关连通。

❑　ping 远程主机 IP。验证本地主机与远程主机的连通性。

（5）其他带参数的常用 ping 命令。

❑　ping IP-t

❑　ping IP-l 2000

❑　ping IP-n

2）ipconfig 命令

该命令显示所有当前的 TCP/IP 网络配置值。

（1）ipconfig 命令格式。

```
ipconfig [/? | /all | /release [adapter] | /renew [adapter]
```

（2）主要参数含义。

❑ /all：显示所有网络适配（网卡、拨号连接等）的完整 TCP/IP 配置信息。与不带参数的用法相比，它的信息更全更多，如 IP 是否动态分配、显示网卡的物理地址等。

❑ /release_all 和/release N：释放全部（或指定）适配器的由 DHCP 分配的动态 IP 地址。此参数适用于 IP 地址非静态分配的网卡，通常和下文的 renew 参数结合使用。

❑ /renew_all 或 ipconfig/renew N：为全部（或指定）适配器重新分配 IP 地址。此参数同样仅适用于 IP 地址非静态分配的网卡，通常和上文的 release 参数结合使用。

（3）基本用法。

❑ C:\>ipconfig：不带任何参数的 ipconfig 命令，只显示 IP 地址、子网掩码和默认网关，如图 10-28 所示。

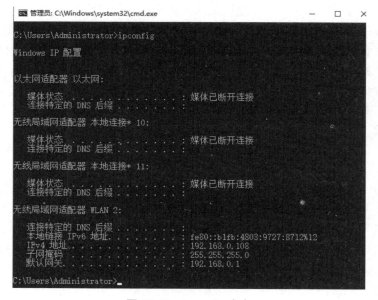

图 10-28   ipconfig 命令

❑ C:\>ipconfig /all：使用/all 参数时，除了显示已配置的 TCP/IP 信息外，还显示内置于本地网卡中的物理地址以及主机名等信息。

3）arp 命令

该命令显示和修改"地址解析协议（ARP）"缓存中的项目。ARP 缓存中包含一个或多个表，它们用于存储 IP 地址及经过解析的以太网或令牌环物理地址。计算机上安装的每一个以太网或令牌环网络适配器，都有自己单独的表。如果在没有参数的情况下使用，则 arp 命令将显示帮助信息。

（1）arp 命令格式。

arp[-a [InetAddr] [-N IfaceAddr]] [-g [InetAddr] [-N IfaceAddr]] [-d InetAddr [Iface

Addr]] [-s InetAddr EtherAddr [IfaceAddr]]

（2）主要参数含义。

- InetAddr 和 IfaceAddr：十进制表示的 IP 地址。
- EtherAddr：十六进制记数法表示的物理地址，用连字符隔开（比如 00-AA-00-4F-2A-9C）。
- -a [InetAddr] [-N IfaceAddr] -g [InetAddr]：显示所有接口的当前 ARP 缓存表。要显示特定 IP 地址的 ARP 缓存项，请使用带有 InetAddr 参数的 arp -a，此处的 InetAddr 代表 IP 地址。如果未指定 InetAddr，则使用第一个适用的接口。要显示特定接口的 ARP 缓存表，请将-N IfaceAddr 参数与-a 参数一起使用，此处的 IfaceAddr 代表指派给该接口的 IP 地址。-N 参数区分大小写。
- -d InetAddr [IfaceAddr]：删除指定的 IP 地址项，此处的 InetAddr 代表 IP 地址。对于指定的接口，要删除表中的某项，请使用 IfaceAddr 参数，此处的 IfaceAddr 代表指派给该接口的 IP 地址。要删除所有项，请使用星号（*）通配符代替 InetAddr。
- -s InetAddr EtherAddr [IfaceAddr]：向 ARP 缓存添加可将 IP 地址 InetAddr 解析成物理地址 EtherAddr 的静态项。要向指定接口的表添加静态 ARP 缓存项，请使用 IfaceAddr 参数，此处的 IfaceAddr 代表指派给该接口的 IP 地址。

注意：通过-s 参数添加的项属于静态项，它们不会 ARP 缓存超时。如果终止 TCP/IP 协议后再启动，则这些项会被删除。要创建永久的静态 ARP 缓存项，需要将适当的 arp 命令置于批处理文件中，并在启动时使用"任务计划"运行该批处理文件。

（3）基本使用。

- arp-a：显示所有接口的 ARP 缓存表。
- arp-a-N 10.0.0.99：对于指派的 IP 地址为 10.0.0.99 的接口，显示其 ARP 缓存表。
- arp-s 10.0.0.80 00-AA-00-4F-2A-9C：添加将 IP 地址 10.0.0.80 解析成物理地址 00-AA-00-4F-2A-9C 的静态 ARP 缓存项。

4）netstat 命令

该命令用于显示网络的整体使用情况，它可以显示当前计算机中正在活动的网络连接的详细信息，如采用的协议类型、当前主机与远端相连主机的 IP 地址以及它们的连接状态等。

（1）命令格式。

netstat[-a][-e][-n][-s][-p proto][-r][interval]

（2）主要参数含义。

- -a：显示所有主机连接和监听的端口号。

❑ -e：显示以太网统计信息。

❑ -n：以数字表格形式显示地址和端口。

❑ -s：显示每个协议的使用状态，这些协议主要有 TCP、UDP、ICMP 和 IP 等。

❑ -p proto：显示特定协议的具体使用信息。

❑ -r：显示路由信息。

（3）基本使用 netstat -an。

常用该命令来显示当前主机的网络连接状态，可以看到有哪些端口处于打开状态，有哪些远程主机连接到本机。

5）tracert 命令

这个命令可以判断数据包到达目的主机所经过的路径，显示数据包经过的中继节点清单和到达时间。

（1）命令格式。

tracert [-d] [-h maximum_hops] [-j host-list] [-w timeout] target_name

（2）主要参数含义。

❑ -d：不解析主机名。

❑ -h maximum_hops：指定搜索到目的地址的最大跳数。

❑ -j host-list：沿着主机表释放源路由。

❑ -w timeout：指定超时时间间隔，单位为 ms。

❑ target_name：目标主机。

（3）基本使用。

tracert 某远程主机的 IP 地址或者域名。该命令常用来跟踪到达这台主机的路由。例如，跟踪 TCP/IP 数据包从本地计算机到百度网站所采用的路径，格式如图 10-29 所示。

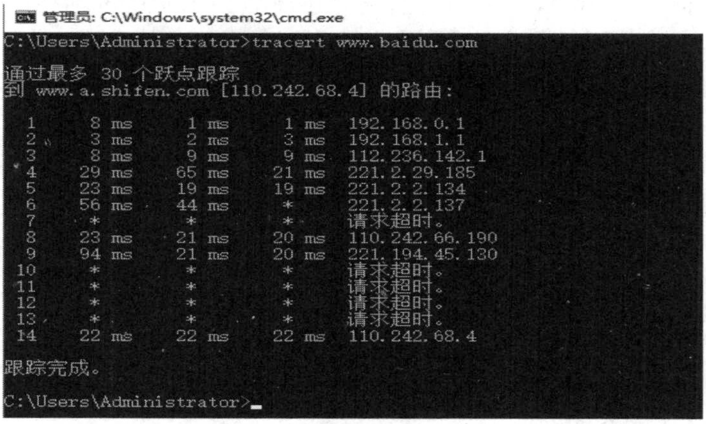

图 10-29 tracert 命令使用

10.5 Wireshark 网络抓包工具使用

1．实训目的

（1）熟悉并掌握 Wireshark 的基本使用。

（2）深入理解 TCP/IP 协议。

2．实训设备

（1）联网计算机。

（2）Wireshark 软件。

3．实训任务

使用 Wireshark 抓取网络上的数据包并进行分析。

4．实训步骤

Wireshark 是一种可以运行在 Windows、UNIX、Linux 等操作系统上的分组嗅探器，是一个开源免费软件。作为一款网络封包分析软件，其功能是撷取网络封包，并尽可能显示出最为详细的网络封包资料。

步骤 1：启动 Wireshark 程序。Wireshark 是捕获机器上的某一块网卡的网络包，当计算机上有多块网卡时，需要选择一个网卡。

选择 Caputre→Interfaces，出现如图 10-30 所示的对话框，选择正确的网卡。

图 10-30 网卡选择对话框

单击 Start 按钮，进入 Wireshark 图形用户界面，开始监控流量，如图 10-31 所示。

Wireshark 主要有 5 个组成部分。

（1）Display Filter（显示过滤器），用于过滤。

（2）Packet List Pane（封包列表），显示捕获到的封包，有源地址、目标地址及端口号。

（3）Packet Details Pane（封包详细信息），显示封包中的字段。

（4）Dissector Pane（十六进制数据）。

（5）Miscellanous（地址栏、杂项）。

显示过滤器

封包列表

封包详细
信息

十六进制数据

地址栏

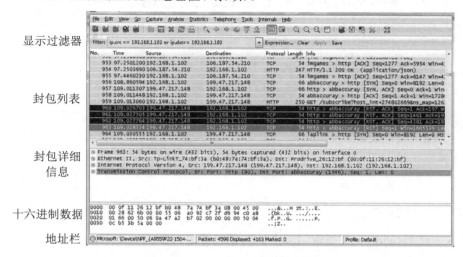

图 10-31　Wireshark 图形用户界面

步骤 2：设置显示过滤器。使用过滤是非常重要的，可在大量的数据中迅速找到需要的信息。过滤器有两种：一种是显示过滤器，如图 10-32 所示，用来在捕获的记录中找到所需要的记录；另一种是捕获过滤器，用来过滤捕获的封包，在 Capture→Capture Filters 中设置。

Filter: ip.src ==192.168.1.102 or ip.dst==192.168.1.102 ▾　Expression... Clear Apply Save

图 10-32　显示过滤器栏

过滤表达式的规则主要有以下 5 种，常用的过滤表达式如表 10-3 所示。

表 10-3　常用的过滤表达式

过滤表达式	用　　途
http	只查看 HTTP 协议的记录
ip.src ==192.168.1.102 or ip.dst==192.168.1.102	源地址或者目标地址是 192.168.1.102

1）协议过滤

比如 TCP，只显示 TCP 协议。

2）IP 过滤

比如 ip.src==192.168.1.102，显示源地址为 192.168.1.102，ip.dst==192.168.1.102，目标地址为 192.168.1.102。

3）端口过滤

tcp.port ==80，端口为 80 的。

tcp.srcport == 80，只显示 TCP 协议的源端口为 80 的。

4）HTTP 模式过滤

http.request.method=="GET"，只显示 HTTP GET 方法的。

5）逻辑运算符为 AND/OR

步骤 3：查看封包列表（Packet List Pane）。封包列表的面板中显示编号、时间戳、源地址、目标地址、协议、长度以及封包信息，如图 10-33 所示。可以看到不同的协议用了不同的颜色显示，当然也可以在 View→Coloring Rules 下修改这些显示颜色的规则。

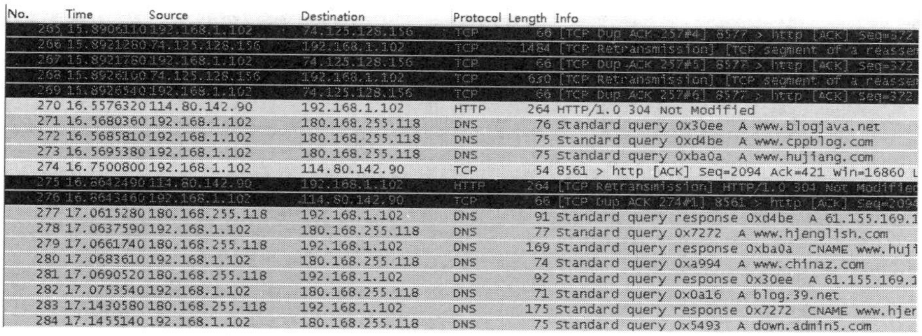

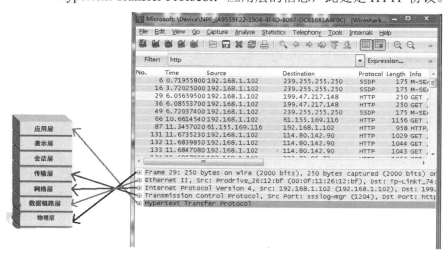

图 10-33　封包列表（Packet List Pane）

步骤 4：分析封包详细信息（Packet Details Pane），如图 10-34 所示。该部分用来查看协议中的每一个字段，各行信息分别如下。

- ❑　Frame：物理层的数据帧概况。
- ❑　Ethernet II：数据链路层以太网帧头部信息。
- ❑　Internet Protocol Version 4：互联网层 IP 包头部信息。
- ❑　Transmission Control Protocol：传输层 T 的数据段头部信息，此处是 TCP。
- ❑　Hypertext Transfer Protocol：应用层的信息，此处是 HTTP 协议。

图 10-34　封包详细信息（Packet Details Pane）

通过查看 TCP 包的具体内容，可以看到 Wireshark 捕获到的 TCP 包中的每个字段，如图 10-35 所示。

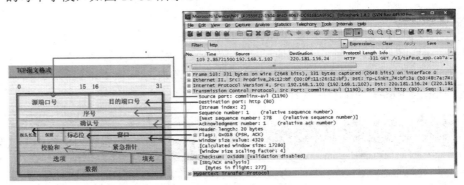

图 10-35　TCP 包具体内容

附　录

课后习题答案

△ 1.6　练习题参考答案

一、填空题

1. 自主　通信协议　资源共享
2. 通信子网
3. 局域网　城域网　广域网
4. 总线形拓扑　星形拓扑　树形拓扑　环形拓扑　网状形拓扑

二、选择题

1. A　2. D　3. C　4. D　5. B　6. A　7. D　8. D　9. A　10. B

三、问答题

1. 答：所谓计算机网络，就是利用通信设备和通信线路将地理位置不同、功能独立的多个计算机系统互联起来，在网络通信协议、网络管理软件的管理和协调下，实现资源共享和信息传递的系统。

2. 答：计算机网络的主要功能是实现资源共享和数据通信。资源共享就是共享网络上的硬件资源、软件资源和信息资源。数据通信是指计算机网络中的计算机与计算机之间、计算机与终端之间，可以快速可靠地相互传递各种信息，如数据、程序、文件、图形、图像、声音、视频流等。计算机网络除上述功能外，还可以提高系统的可靠性，实现分布式处理等功能。

3. 答：资源子网主要由计算机系统、终端、联网外部设备、各种软件资源和信息资源等组成，完成全网的数据处理业务，向网络用户共享其他计算机上的硬件资源、软件资源和数据资源等网络资源与网络服务。通信子网由通信控制处理机、通信线路和其他通信设备组成，完成网络数据传输、交换、控制和存储等通信处理任务，实现联网计算机之间的数据通信。

4．答：计算机网络中常用的拓扑结构有总线形拓扑、星形拓扑、树形拓扑、环形拓扑、网状形拓扑。

2.6 练习题参考答案

一、选择题

1．B 2．A 3．A 4．D 5．D 6．C 7．A 8．C 9．B 10．A
11．A 12．A 13．D 14．B 15．C

二、填空题

1．数据 模拟 数字
2．电信号 脉冲序列
3．幅度 频率 相位 调幅 调频 调相
4．采样 量化 编码
5．编码
6．FDM TDM
7．电路交换 报文交换 分组交换 分组交换
8．频分多路复用 时分多路复用 波分多路复用

三、判断题

1．√ 2．× 3．√ 4．× 5．√ 6．√

四、问答题

1．答：

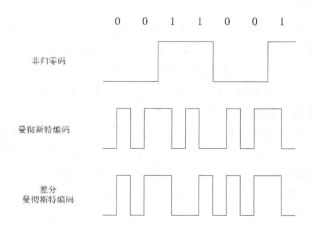

2．答：单工数据传输的数据只能在一个方向上传输；半双工数据传输的数据在某一时刻向一个方向传输，在需要的时候，又可以向另外一个方向传输，它实质上是可切换方向的单工通信；全双工数据通信允许数据在两个方向上同时传输，它在传输能力上相当于两个单工通信方式的结合。

3．答：串行传输和并行传输不同的是它们的传输速度，串行传输是信号一个接一个地传，而并行传输中有多个数据位同时在两个设备之间传输。一般来说，串行传输适用于长距离传输，并行传输适用于短距离传输。

同步传输方式中发送方和接收方的时钟是统一的，字符与字符间的传输是同步无间隔的。异步传输方式不要求发送方和接收方的时钟完全一样，字符与字符间的传输是异步的。异步传输是面向字符的传输，而同步传输是面向比特的传输。同步传输通常要比异步传输快得多。

4．答：频分多路复用、时分多路复用、波分多路复用。

5．答：通常数据通信主要有电路交换、报文交换和分组交换 3 种交换方式。电路交换的特点：有通话的建立过程，通话建立以后源与目的间有一条专用的通路存在；报文交换的特点：无呼叫建立和专用通路，属于存储-转发式的发送技术；分组交换的特点：无呼叫建立和专用通路，将数据分成有大小限制的分组后发送，也属于存储-转发式的发送技术。

3.6 练习题参考答案

一、填空题

1．语义 语法 时序
2．应用层 表示层 会话层 传输层 网络层 数据链路层 物理层
3．机械特性 电气特性 功能特性 规程特性
4．链路管理 帧定界/帧同步 流量控制 差错控制 将数据和控制信息区分开 透明传输 寻址
5．帧
6．硬件地址 物理地址
7．面向连接的网络服务 无连接的网络服务
8．提供可靠的传输服务 为端到端连接提供流量控制 差错控制 服务质量 提供可靠的信息目的地

二、选择题

1．A 2．A 3．C 4．D 5．B

三、判断题

1．√   2．×   3．×   4．√

四、问答题

1．答：网络的体系结构指计算机网络的各层及其协议的集合（architecture），或精确定义为这个计算机网络及其部件所应完成的功能。计算机网络的体系结构综合了 OSI 和 TCP/IP 的优点，本身由 5 层组成：应用层、运输层、网络层、物理层和数据链路层。为的就是安全和有个全世界公用的标准。

2．答：为进行网络中的数据交换而建立的规则、标准及约定称为网络协议。网络协议主要由下列 3 个要素组成：语法、语义和同步（指事件实现中顺序的详细说明）。

3．答：OSI 即开放式通信系统互联参考模型（Open System Interconnection Reference Model），是国际标准化组织（ISO）提出的一个试图使各种计算机在世界范围内互连为网络的标准框架，简称 OSI。

4．答：OSI 是规定意义上的国际标准；TCP/IP 是事实上的国际标准。现在通用的是后者，前者是七层，后者是四层，只是分层方法不一样，没有什么不同。

5．答：（1）物理层。

（2）网络层。

（3）传输层。

（4）表示层。

（5）物理层。

（6）应用层。

（7）数据链路层。

6．答：（1）简化了相关的网络操作。

（2）提供即插即用的兼容性和不同厂商之间的接口标准。

（3）使各个厂商能够设计出具备互操作性的网络设备，加快数据通信网络发展。

（4）防止一个区域网络的变化移向另一个区域网络，因此每一个区域网络能单独快速升级。

（5）把复杂的网络问题分解为小的简单问题，易于学习和操作。

总而言之，采用分层的方法解决计算机的通信问题，方便简洁、兼容性强、独立性高、易于学习操作。

4.6 练习题参考答案

一、填空题

1．介质访问控制方法　拓扑结构

2．物理　数据链路

3．边听边发　冲突停发

4．虚拟局域网

5．网卡的物理地址

6．48　十六

7．IEEE 802.11

二、选择题

1．D　2．A　3．A　4．D　5．D　6．A　7．B　8．C

三、问答题

1．答：局域网是指在有限的地理范围内（一般不超过几千米），一个机房、一幢大楼、一个学校或一个单位内部的计算机、外设和网络互联设备连接起来形成的以数据通信和资源共享为目的的计算机网络系统。

从应用角度看，局域网具有以下 4 个方面的特点。

（1）局域网覆盖有限的地理范围，计算机之间的联网距离通常小于10km。适用于校园、机关、公司、工厂等有限范围内的计算机、终端与各类信息处理设备连网的需求。

（2）数据传输速率高，误码率低。

（3）可采用多种通信介质。例如价格低廉的双绞线、同轴电缆、光纤等，可根据不同需求选用。

（4）局域网一般为一个单位所有，工作站数量不多，一般为几台到几百台，易于建立、管理与维护。

2．答：网络的拓扑结构主要有总线形、星形、环形、树形、网状形、混合形拓扑结构。

3．答：载波监听方法降低了冲突概率，但仍不能完全避免冲突。第一，当两个站点同时对信道进行测试，测试结果为空闲，则两站点同时发送信息帧，必然会引起冲突；第二，当某一站点 B 测试信道时，另一站点 A 已在发送一信息帧，但由于总线较长，信号传输有一定延时，在站点 B 测试总线时，A 站点发出的载波信号并未到达 B，这时 B 误认为信道空闲，立即向总线发送信息帧，则必然引起两信息帧的冲突。

为了避免这种冲突的发生，可增加冲突检测。

CSMA/CD 方式遵循"先听后发、边听边发、冲突停发、随机重发"的原理，控制数据包的发送。

4．答：虚拟局域网（Virtual Local Area Network，VLAN）是以交换式网络为基础，把网络上的用户（终端设备）分为若干个逻辑工作组，每个逻辑工作组就是一个 VLAN。

VLAN 的优点如下。

（1）提高了网络构建的灵活性。

（2）提高了网络的安全性。

（3）减少网络流量，节约带宽。

（4）VLAN 内部成员之间提供低延迟、线速的通信。

（5）简化网络管理。

（6）减少设备投资。

5．答：无线局域网的基础还是传统的有线局域网，是有线局域网的技术扩展。它是在有线局域网的基础上通过无线路由器、无线网桥和无线网卡等设备实现无线通信。

6．答：（1）无线局域网的优点。

① 灵活性和移动性。

② 安装便捷。

③ 易于进行网络规划和调整。

④ 故障定位容易。

⑤ 易于扩展。

（2）无线局域网的缺点。

① 性能易受外界影响。

② 速率受限。

③ 安全性不足。

7．答：（1）无线网卡：无线局域网通过无线连接网络进行上网所使用的无线终端设备。

（2）无线接入点 AP：用作无线信号集线器。

（3）无线路由器：结合了无线 AP 和宽带路由器的功能，通过无线路由器可以实现无线共享 Internet 连接。

（4）无线天线：用来放大信号，以适应更远距离的传送，从而延长网络的覆盖范围。

5.7 练习题参考答案

一、填空题

1．局域网　城域网

2．专线方式　电路交换方式　分组交换方式

3．001

4．全球路由前缀　子网 ID　接口 ID

5．环回地址

6．单播地址　组播地址　任播地址

7．PPTP　L2F　L2TP　IPSec

8．静态转换方式　动态转换方式　端口多路复用方式

二、选择题

1．D　2．C　3．D　4．C　5．C　6．B　7．A　8．C　9．D　10．B
11．A　12．D

三、问答题

1．答：广域网又称外网、公网，是连接不同地区局域网或城域网计算机通信的远程网。广域网通常跨接很大的物理范围，所覆盖的范围从几十千米到几千千米，它能连接多个地区、城市和国家，或横跨几个洲并能提供远距离通信，形成国际性的远程网络。

2．答：1）10.0.0.5 255.255.255.252
子网号：10.0.0.4　　广播地址：10.0.0.7
主机号范围：10.0.0.5～10.0.0.6
2）172.18.15.5 255.255.255.128
子网号：172.18.15.0　　广播地址：172.18.15.127
主机号范围：172.18.15.1～172.18.15.126
3）192.168.100.37 255.255.255.248
子网号：192.168.100.32　　广播地址：192.168.100.39
主机号范围：192.168.100.33～192.168.100.38
4）192.168.100.66 255.255.255.224
子网号：192.168.100.64　　广播地址：192.168.100.95
主机号范围：192.168.100.65～192.168.100.94

3．答：和 IPv4 相比，IPv6 的变化体现在以下 5 个重要方面。

1）扩展了地址空间

IPv6 提供了更大的地址空间。IPv6 将地址长度从 IPv4 的 32 位增大到了 128 位，相应的地址空间由 2^{32} 扩展到了 2^{128}。

2）简化了报头格式

IPv6 报头是由 40 字节，共 8 个字段（其中两个字段分别是源地址和目的地址，共 32 字节）构成的；IPv4 由 12 个字段构成。IPv6 中协议字段的减少，将加快转发 IP 分组的速度。IPv6 报头采用固定长度的格式，使选路效率更高。

3）改进了选项扩展

IPv4 可在 IP 报头固定部分后面加入可选项；IPv6 把选项加在单独的扩展头中。IPv6 的扩展头是作为 IPv6 数据报净荷内容处理的，因此 IPv6 扩展头不影响 IPv6 数据报的处理速度。

4）新增了流的概念

IPv4 对所有数据报大致同等对待，这意味着中间路由器按自己的方式处理 IP 数据报；IPv6 需要对流跟踪并保持一定的路由处理信息。在 IPv6 中，流是从一个特定的源点发向一个特定目标的数据报序列，源点希望中间路由器对这些数据报进行差异化处理。在 IPv6 报头中，由专门的字段标识不同的流。

5）身份验证和保密

IPv6 使用两种安全性扩展：IP 身份验证头（AH）、IP 封装安全性净荷（ESP）。AH 头用于保证 IPv6 数据报的完整性，ESP 封装安全机制用于加密 IPv6 数据报净荷，或者在加密整个 IP 包后以隧道方式在 Internet 上传输。

4. 答：1）可管理性

VPN 需要一套完善的管理系统。管理的目标为：经济性高、扩展性强、可靠性好、网络风险小。在 VPN 技术管理内容方面，主要包含：配置、安全、设备、访问控制列表、服务质量 QoS 等。在便捷性上，能够保证运营商和用户都能非常方便快捷地进行管理和维护。

2）安全保障

在公用网络平台上传输数据，必须保证其专用性和安全性，而众多 VPN 技术的实现都是以此为前提的。隧道技术主要是通过建立一个公用 IP 网络上逻辑的、点对点的非面向连接，使用特定算法对通信数据进行加密处理，接收者和发送者协商加密算法的类型和口令，使得数据只有双方能够解密。

3）费用低廉

VPN 技术有费用低廉的优点，原来通过租用高昂的专线来达到的目的，现在只需要通过廉价的公用网络完成，适合各种规模的公司和企业，这种质高价廉的技术被广泛应用于传输私密信息。

4）服务质量（QoS）保证

流量控制策略与流量预测是 QoS 服务质量保证的主要手段，带宽管理通过优先级分配带宽资源实现，合理高效地先后发送数据，最终达到无数据堵塞和网速减慢。多种等级的 QoS 服务质量保证是 VPN 网络为企业数据提供的基本安全保障服务要求。不同的企业用户对于数据的优先级别要求是不同的，这也从实际应用中要求 VPN 网络提供相应的 QoS 保障。

5）可扩充性和灵活性

VPN 技术具有相当高的可扩充性和灵活性，在新增节点方面能够支持多种网络类型的数据流接入（如 Intranet 和 Extranet 等），也可满足语音、图像等多数据类型和多传输媒介类型对高质量、高速度传输的需求。

▲6.6　练习题参考答案

一、填空题

1. 非屏蔽双绞线　屏蔽双绞线
2. 单模　多模
3. 物理层
4. 冲突　广播

5. 广播　不同　不同　568A　568B　568B

二、选择题

1．C　2．B　3．C　4．A　5．C　6．C　7．D

三、判断题

1．√　2．×　3．×　4．√

四、问答题

1．答："互连网络（Internetwork）"与"因特网（Internet）"不是同一个概念。

"互连网络"指的是用实际的物理通信介质及相应的设备把两个或两个以上的网络连接起来的一种网络，如一个 LAN 可以看成是一个互连网络，一个 WAN 也可以看成是一个互连网络。

因特网是人们给予的一种称呼，它可以看作是把世界各地的广域网互连的网络，工作于应用层的一种网络。

2．答：网络互连有以下类型。

（1）局域网与局域网互连。

（2）局域网与广域网互连。

（3）局域网-广域网-局域网。

（4）广域网与广域网互连。

在我们的现实生活里，如一个学校不同部门的局域网互连，属于 LAN-LAN。另外一个学校通过路由接入 Internet 网，属于局域网与广域网的互连。

3．答：网桥是在数据链路层上实现网络互连的设备。一般用于局域网之间的互连，它具有以下特征。

网桥能够互连两个采用不同数据链路层协议、不同传输介质、不同传输速率的网络。

网桥通过存储转发和地址过滤的方式，实现互连网络之间的通信。

用网桥互连的网络在数据链路层以上采用相同的协议。

4．答：路由器是互连网络的重要设备之一，它工作在 OSI 模型的网络层，一般具有以下特征。

路由器是在网络层上实现多个网络之间互连的设备。

路由器为两个以上网络之间的数据传输，实现最佳路径选择。

路由器要求节点在网络层以上的各层中，使用相同的协议。

5．答：光缆的抗干扰能力比较强，并且由于光纤在介质中是直线传播且传输损耗较小，所以能够传送较远的距离。另外，由于不使用电信号而使用光信号传输数据，在户外架设时就不用担心雷击问题。

6．答：（1）连接功能。路由器不但可以连接不同的 LAN，还可以连接不同的网络类型（如 LAN、WAN）、不同速率的链路及子网接口。

（2）网络地址判断、最佳路由选择和数据处理功能。路由器为每一种网络层协议建立路由表，并对其加以维护。

（3）设备管理。由于路由器工作在网络层，因此可以了解更多的高层信息，可以通过软件协议本身的流量控制功能控制数据转发的流量，以解决拥塞问题。路由器还可以提供对网络配置管理、容错管理和性能管理的支持。

7.8 练习题参考答案

一、填空题

1．客户机/服务器或 C/S
2．63
3．递归　迭代
4．80
5．HTML　HTTP
6．Telnet Rlogin
7．POP3　IMAP
8．用户代理　协议

二、选择题

1．B　2．D　3．C　4．A　5．B　6．A　7．C　8．C　9．A

三、问答题

1．答：C/S 架构主要有以下 3 条优点。

（1）C/S 架构的界面和操作可以很丰富。

（2）安全性能可以很容易保证，实现多层认证也不难。

（3）由于只有一层交互，因此响应速度较快。

2．答：（1）域名只是一个逻辑概念，并不代表计算机所在的物理地点。

（2）定长的域名和使用有助记忆的字符串，是为了便于人们使用。而 IP 地址是定长的 32 位二进制数字，则非常便于机器进行处理。

（3）域名中的"."和点分十进制 IP 地址中的"."并无一一对应的关系。点分十进制 IP 地址中一定包含 3 个"."，但每一个域名中"."的数目则不一定正好是 3 个。

3．答：（1）主机 A 先向其本地域名服务器进行递归查询。

（2）本地域名服务器采用迭代查询。它先向一个根域名服务器查询。

（3）根域名服务器告诉本地域名服务器，下一次应查询的顶级域名服务器 dns.com 的 IP 地址。

（4）本地域名服务器向顶级域名服务器 dns.com 进行查询。

（5）顶级域名服务器 dns.com 告诉本地域名服务器，下一次应查询的域名服务器 dns.abc.com 的 IP 地址。

（6）本地域名服务器向域名服务器 dns.abc.com 进行查询。

（7）域名服务器 dns.abc.com 告诉本地域名服务器，所查询的主机的 IP 地址。

（8）最后本地域名服务器把查询结果告诉主机 A。

4．答：带超链接的文本称为超文本（hypertext），超文本中除文本信息外，还提供了一些超链接的功能，即在文本中包含了与其他文本的链接。

超媒体（hypermedia）是超文本系统信息多媒体化的扩充。超媒体除包含文本信息外，还可以是声音、图形、图像、动画以及视频图像等多种信息。

5．答：（1）以超文本方式组织网络多媒体信息。

（2）用户可以在世界范围内任意查找、检索、浏览及添加信息。

（3）提供生动直观、易于使用、统一的图形用户界面。

（4）网点间可以互相连接，以提供信息查找和漫游的透明访问。

6．答：（1）在客户端建立连接，用户使用浏览器向 Web Server 发出浏览信息请求。

（2）Web 服务器接收到请求，并向浏览器返回所请求的信息。

（3）客户机收到文件后，解释该文件并显示在客户机上。

7．答：提供服务的机构在它的 FTP 服务器上建立一个公开的账户（一般为 anonymous），并赋予该账户访问公共目录的权限。用户想要登录到这些 FTP 服务器时，无须事先申请用户账户，可以用 anonymous 作为用户名，有些 FTP 服务器会要求用户输入自己的电子邮件地址作为密码，这样用户就可以完成登录，获取 FTP 服务。

8．答：Telnet 是指 Internet 用户从其本地计算机登录到远程服务器上，使自己的计算机暂时成为远程计算机的一个仿真终端的过程。

Internet 远程登录服务的主要作用如下。

（1）允许用户与在远程计算机上运行的程序进行交互。

（2）当用户登录到远程计算机时，可以执行远程计算机上的任何应用程序，并且能屏蔽不同型号计算机之间的差异。

（3）用户可以利用个人计算机去完成许多只有大型计算机才能完成的任务。

9．答：（1）与传统邮件相比，传递迅速，花费更少，可达到的范围广且比较可靠。

（2）与电话系统相比，它不需要通信双方都在场，而且不需要知道通信对象在网络中的具体位置。

（3）可以实现一对多的邮件传送，可以使一位用户向多人发送通知的过程变得很容易。

（4）可以将文字、图像、语音等多种类型的信息集成在一个邮件里传送，因此，它将成为多媒体信息传送的重要手段。

10．答：（1）发件人调用计算机中的用户代理，撰写和编辑要发送的邮件。

（2）用户代理把邮件用 SMTP 协议发给发送方邮件服务器。

（3）发送方服务器收到用户代理发来的邮件后，就把邮件临时存放在邮件缓存队列中，等待发送到接收方的邮件服务器。

（4）发送方邮件服务器的 SMTP 客户与接收方邮件服务器的 SMTP 服务器建立 TCP 连接，然后把邮件缓存队列中的邮件依次发送出去。

（5）接收方邮件服务器收到邮件后，把邮件放入收件人的用户邮箱中，等待收件人读取。

（6）收件人在打算收信时，就运行计算机中的用户代理，使用 POP3（或 IMAP）协议读取发送给自己的邮件。

8.7　练习题参考答案

一、填空题

1．主动式　被动式

2．框架嵌入式　JS 调用型网页

3．网络传播型木马

4．客户端　服务器端

5．服务器链路

6．源地址　目标地址

7．国际数据加密算法（或 IDEA）　RSA　MD5

8．包过滤技术　应用层网关　代理服务技术（或代理服务器）

9．软件防火墙　硬件防火墙　专用防火墙

二、选择题

1．A　2．D　3．A　4．C　5．B　6．A　7．B　8．C　9．C

三、问答题

1．答：（1）黑客的恶意攻击。

（2）网络自身的缺陷。

（3）管理的欠缺。

（4）软件的漏洞或"后门"。

（5）企业网络内部。

2．答：（1）活动主机探测。

（2）ICMP 查询。

（3）网络 ping 扫描。

（4）端口扫描。

（5）标识 UDP 和 TCP 扫描。

（6）指定漏洞扫描。

（7）综合扫描。

3．答：（1）检测主机是否在线。

（2）扫描目标系统开放的端口，有的还可以测试端口的服务信息。

（3）获取目标操作系统的敏感信息。

（4）破解系统口令。

（5）扫描其他系统敏感信息。

4．答：木马是指隐藏在正常程序中的一段具有特殊功能的恶意代码，是具备破坏和删除文件、发送密码、记录键盘和攻击 DoS 等特殊功能的后门程序。

木马是一种基于远程控制的黑客工具（病毒程序）。常见的普通木马一般是客户端/服务器（C/S）模式，客户端/服务器之间采用 TCP/UDP 的通信方式，攻击者控制的是相应的客户端程序，服务器端程序是木马程序，木马程序被植入了毫不知情的用户的计算机中。以"里应外合"的工作方式，服务程序通过打开特定的端口并进行监听（Listen），这些端口好像"后门"一样，所以也有人把特洛伊木马叫作后门工具。攻击者所掌握的客户端程序向该端口发出请求（Connect Request），木马便和它连接起来了，攻击者就可以使用控制器进入计算机，通过客户端程序命令达到控制服务器端的目的。

5．答：（1）捆绑欺骗。

（2）钓鱼欺骗。

（3）漏洞攻击。

（4）网页挂马。

6．答：（1）使服务器崩溃并让其他人也无法访问。

（2）黑客为了冒充某个服务器，就会对服务器进行 DoS 攻击，导致其瘫痪。

（3）黑客为了安装的木马启动，要求系统重启，DoS 攻击可以用于强制服务器重启。

7．答：防火墙（firewall）是设置在被保护网络和外部网络之间的一道屏障，以防止发生不可预测的、潜在的破坏性侵入。

防火墙能有效地防止外来的入侵，它在网络系统中的作用如下。

（1）控制进出网络的信息流向和信息包。

（2）提供使用和流量的日志和审计。

（3）隐藏内部 IP 地址及网络结构的细节。

（4）提供 VPN 功能。

8．答：（1）高安全性。

（2）高效性。

（3）可伸缩和易扩展。

（4）应用范围广。

9.5　练习题参考答案

一、选择题

1．C　2．D　3．ABD　4．A　5．B　6．C

二、问答题

1．答：网络故障的原因多种多样，概括起来主要包括：网络连接性问题、配置文件和选项问题及网络协议问题。

2．答：1）ping 127.0.0.1

对本主机进行 ping 的操作，功能是用于确定本地主机是否能与另一台主机成功交换（发送与接收）数据包，再根据返回的结果判断主机的连通性。

2）ping 本机 IP

这个命令被送到计算机所配置的 IP 地址，该计算机始终都应该对该 ping 命令做出应答，如果没有，则表示本地配置或安装存在问题。出现此问题时，局域网用户请断开网络电缆，然后重新发送该命令。如果网线断开后本命令正确，则表示另一台计算机可能配置了相同的 IP 地址。

3）ping 局域网内其他 IP

这个命令应该离开我们的计算机，经过网卡及网络电缆到达其他计算机，再返回。收到回送应答表明本地网络中的网卡和载体运行正确。但如果收到 0 个回送应答，那么表示子网掩码（进行子网分割时，将 IP 地址的网络部分与主机部分分开的代码）不正确、网卡配置错误或电缆系统有问题。

4）ping 网关 IP

这个命令如果应答正确，则表示局域网中的网关路由器正在运行并能够做出应答。

5）ping 远程 IP

如果收到 4 个应答，则表示成功地使用了默认网关。对于拨号上网用户，则表示能够成功地访问 Internet（但不排除 ISP 的 DNS 会有问题）。

6）ping www.baidu.com

对这个域名执行 ping www.baidu.com 地址，通常是通过 DNS 服务器，如果这里出现故障，则表示 DNS 服务器的 IP 地址配置不正确或 DNS 服务器有故障（对于拨号上网用户，某些 ISP 已经不需要设置 DNS 服务器了）。

另外，我们也可以利用该命令实现域名对 IP 地址的转换功能。

如果上面所列出的所有 ping 命令都能正常运行，那么我们对自己的计算机进行本地和远程通信的功能，基本上就可以放心了。但是，这些命令的成功并不表示我们所有的网络配置都没有问题，例如，某些子网掩码错误就可能无法用这些方法检测到。

3. 答：当一个无线网络发生问题时，首先应该从几个要害问题入手，进行排错。一些硬件的问题会导致网络错误，同时错误的配置也会导致网络不能正常工作。以下是常见的排错方法。

（1）检查无线网络的物理连接。

（2）检查无线路由器的可连接性。

（3）测试网络信号强度。

（4）SSID 的问题。

（5）DHCP 配置问题。

（6）多个接入点的问题。

（7）MAC 地址过滤的问题。

（8）注意无线路由器的有效范围和障碍。